普通高等院校计算机类专业规划教材·精品系列

计算机网络基础

（第二版）

蔡京玫　宋文官　编著

中国铁道出版社有限公司
CHINA RAILWAY PUBLISHING HOUSE CO., LTD.

内 容 简 介

本书按照理论知识学习和实际能力培养并重的原则编写而成，比较完整地讲解了计算机网络的基本概念和基本原理。全书共分 9 章，内容包括计算机网络概述、数据通信基础、OSI参考模型、局域网、网络操作系统、网络互联与设备、TCP/IP 协议、Internet 技术与应用、网络安全技术。

本书所讲内容尽可能多地涵盖计算机网络学科领域的核心主题，技术深度适合初学者的认知过程；读者可扫描二维码获得内容讲解视频。另外，本书还有配套的实验教材。

本书适合作为普通高等院校计算机或信息技术专业的教材，也可作为成人高校计算机网络课程的教材，以及对网络技术感兴趣的读者的自学用书。

图书在版编目（CIP）数据

计算机网络基础/蔡京玫，宋文官编著. —2 版. —北京：
中国铁道出版社，2019.2（2021.1重印）
普通高等院校计算机类专业规划教材. 精品系列
ISBN 978-7-113-25193-2

Ⅰ.①计…　Ⅱ.①蔡…　②宋…　Ⅲ.①计算机网络-高等
学校-教材　Ⅳ.TP393

中国版本图书馆 CIP 数据核字（2018）第 280542 号

书　　名：计算机网络基础	
作　　者：蔡京玫　宋文官	

策　　划：周海燕	编辑部电话：(010) 63549508
责任编辑：周海燕　彭立辉	
封面设计：穆　丽	
封面制作：刘　颖	
责任校对：张玉华	
责任印制：樊启鹏	

出版发行：中国铁道出版社有限公司（100054，北京市西城区右安门西街 8 号）
网　　址：http://www.tdpress.com/51eds/
印　　刷：北京建宏印刷有限公司
版　　次：2007 年 5 月第 1 版　　2019 年 2 月第 2 版　　2021 年 1 月第 2 次印刷
开　　本：787 mm×1 092 mm　　1/16　　印张：16.25　　字数：357 千
书　　号：ISBN 978-7-113-25193-2
定　　价：42.00 元

前言（第二版）

《计算机网络基础》的第一版已经使用较长的时间，曾受到学生的积极评价。鉴于目前网络领域的发展和变化，为了适应计算机网络教学的要求，新版教材对前一版本的内容进行了较大幅度的修订和更新。

由于计算机网络课程的主要目标是涵盖尽可能多的主题而不追求深度，故新版教材保留了第一版的基础知识框架，删减了过时技术的阐述，补充了一些新技术和发展趋势等内容。针对计算机网络教材中知识点数量多，有大量术语、网络缩略语和行业用语出现，内在逻辑关联性不大等特性，新版教材在每章的组织结构方面做了较大幅度的调整，提炼出每一章的基本概念和技术要点，以层次结构组织，增强逻辑性。虽然网络一直在变化、技术一直在更新，但原理基本上延续不变。为了突出学习基本概念和原理的重要性，新教材为每一小节配置适量的自测题，学生可通过练习达到快速复习、巩固所学知识的效果。

相对于第一版，本书各章节的一些主要变化包括：第1章计算机网络概述，对于网络4个发展阶段的划分、定义和分类、组成、拓扑结构、协议和体系结构，做了较大幅度的更新，采用了更权威的阐述，概念解释更加清晰透彻。第2章数据通信基础，结构上前后做了较大的调整，篇幅有所精简，更加集中于数据通信的核心概念和技术原理，增加了通信信道的几个重要概念，使得逻辑更加连贯。第3章OSI参考模型，删减了一些比较旧的阐述，增加了PPP协议，补充了数据链路层协议的完整性。第4章局域网，删去ARC Net和Token Ring网络，突出以太网技术，扩展了无线局域网部分。第5章网络操作系统，将网络操作系统的结构和分类修改为局域网的工作模式，介绍了操作系统在局域网中的重要作用，删去了UNIX小节，对Linux系统和Windows系统的主要特征、在局域网账户和文件资源管理中的应用示例，做了较多的修正和完善。第6章网络互联与设备，精简为网络互联概念和具体设备两部分，区分了二层和三层交换机在互联时的不同作用，删去了网络互联技术一节，精简后并入第8章的Internet接入方式。第7章TCP/IP协议，涵盖的内容和第一版本基本相同，做了一些修订和更新，IP地址部分增加无分类编址（CIDR），在修订传输层和应用层协议时，增加了深度，加了一些示例帮助说明和理解，并把最后两小节内容搬到第8章的

TCP/IP 配置和实用命令小节。第 8 章 Internet 技术与应用，结构和第一版本基本相同，增加了从第 7 章搬迁过来的一个小节，整体内容进行了扩充、更新，删除了不常用到的远程登录服务，因内容和第 7 章的应用层内容部分重复，故删除了文件传送服务。第 9 章网络安全技术，在篇幅和内容上，做了适当的精减和修改，力求内容更加全面和实用。另外，本书还增加了内容讲解视频，读者可通过扫描二维码获得。

　　本书共分 9 章，第 1～3 章集中介绍了网络的基本概念和技术，第 2～6 章介绍了局域网络的技术基础和应用，第 7 章、第 8 章介绍了 TCP/IP 协议和 Internet 技术与应用，第 9 章介绍了网络安全技术基础。本书的参考学时数为 48～72 学时，在课程学时数较少的情况下，教师可以通过鼓励学生多阅读、多做练习，来复习和加深对概念和原理的理解。本书包含给学生和教师使用的视频资料，可以访问上海商学院的 SPOC 网站（http://spoc.sbs.edu.cn），获取更多课程教学资源。

　　本书每章后配有一定数量的练习题和部分习题参考答案，列出了每章中的重要术语。新版本对扩展阅读材料和引用的网络资源做了修订和筛选，确保网络资源链接的有效性，并适合学生拓展学习。每章后所附的学习过程自评表，简单易操作，反馈信息既有助于学生反思，也有助于教师改进教学过程。

　　本书第二版的修订和更新工作，得到上海商学院多个与计算机网络课程相关的教学改革项目的支持，修订过程中得到上海商学院信息计算机学院计算机系老师和学生们大力帮助，在此表示诚挚的谢意。修订过程中参阅并借鉴了国内外优秀教材和相关资料，在此表示深深的感谢！

　　由于网络技术不断发展，编者水平有限，书中疏漏与不妥之处在所难免，敬请专家、教师和读者批评指正。

编　者

2018 年 9 月

目 录

计算机网络概述 <<<

第 1 章

【本章导读】

计算机网络是计算机技术和通信技术紧密结合的产物，是 20 世纪最伟大的科学技术成就之一。经过几十年的发展，网络技术已经深入到人们的生活与工作的方方面面，甚至影响到现代人的思想意识和思维方式，对当代社会的发展产生了重要的作用。本章在介绍计算机网络的产生与发展历史的基础上，着重解释了计算机网络定义、分类、组成、结构和功能等基本概念，探讨网络的应用领域和发展途径。学完本章后，可对计算机网络形成一个较完整的认识，为后续章节的学习打下基础。

【学习目标】

- 了解：计算机网络的形成过程和发展趋势。
- 理解：计算机网络的定义和分类方法。
- 掌握：计算机网络的组成与拓扑结构。
- 了解：计算机网络的基本功能和应用。
- 掌握：计算机网络层次体系结构和分层方法、网络协议的定义和作用。
- 了解：OSI 和 TCP/IP 网络参考模型的异同点。

【内容架构】

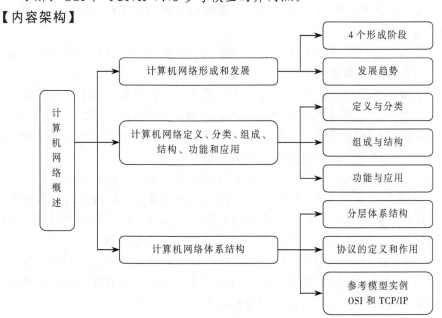

1.1　计算机网络的发展历程

计算机网络是计算机技术和通信技术相结合的产物，伴随着二者的相互融合和渗透得到飞速的发展。通信技术为计算机之间的数据传输提供了必要的传输通道和通信手段，计算机技术反过来又应用于通信领域，提高通信系统的性能。这宗"联姻"使得计算机网络技术很快在信息技术领域占据重要地位，计算机网络技术已成为衡量一个国家现代化水平的重要标志之一。

计算机网络形成
和发展视频

1946 年，当世界上第一台电子数字计算机（ENICA）在美国诞生时，标志着人类开始走向信息时代。但那时计算机数量极少，价格昂贵，一个中型公司或一所大学可能会有一两台计算机，大型的研究机构最多也只有几十台，用户需要带着他们的数据到特别保护的计算机房去处理。在这一阶段，计算机技术和通信技术并无关联。1954 年，终端器诞生后，人们尝试用通信线路把终端与计算机连接起来，用户在办公室的终端使用中心计算机，这种新型使用模式开启了数据通信技术和计算机网络的研究。

纵观计算机网络的发展史，大致可划分为 4 个主要阶段：面向终端的远程联机系统、多台计算机互联的计算机网络、国际标准化的计算机网络、以 Internet 为核心的高速互联网络。

1.1.1　面向终端的远程联机系统

20 世纪 50 年代初，利用通信线路将地理位置分散的多个终端连接到中心计算机，用户在各自终端（仅有输入/输出功能）输入程序代码，通过通信线路传输到中心计算机，中心计算机分时运行各用户的程序，运行结果再由通信线路回送显示在各个用户的终端。人们将这类以单机为中心的通信系统称为面向终端的远程联机系统，可划分为 3 种结构，如图 1-1 所示。

（1）计算机经通信线路与若干（T）终端直接相连，如图 1-1（a）所示。采用这种结构时，当连接的终端数增加时，通信线路增加，费用也随之增加。

（2）为了减少通信线路的费用，让若干终端共享通信线路，如图 1-1（b）所示。当多个终端共享一条通信线路时，突出的矛盾是多个终端同时要求与主机（HOST）通信时，主机为了解决选择哪一个终端通信的问题，需要增加相应的设备和软件，完成相应的通信协议转换，这使得主机工作负荷加重。

（3）为了减轻主机负担，对第二种结构加以改进，如图 1-1（c）所示。主机前增加前端机（FEP），或称为通信处理机（CCP），在终端云集的地方增加集中器，或称为多路复用器。前端处理机专门负责通信控制，而主机专门进行数据处理。集中器是设在远程终端的通信处理机，实现多个终端共享同一通信线路。

20 世纪 60 年代初，美国航空公司与 IBM 公司联合研制的预订飞机票系统，是一个典型的面向终端的远程联机系统，由一台计算机与分布在全国的 2 000 多个订票终端组成。这类系统具备了计算机网络的雏形，但不属于计算机网络。

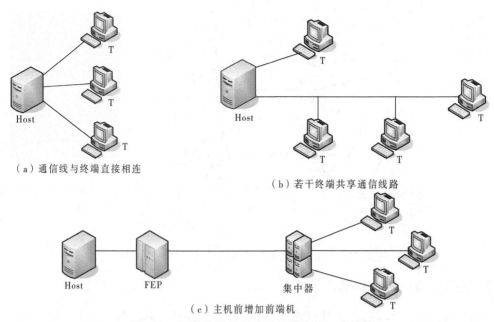

（a）通信线与终端直接相连

（b）若干终端共享通信线路

（c）主机前增加前端机

图 1-1　面向终端的远程联机系统的 3 种结构

1.1.2　多台计算机互联的计算机网络

20 世纪 60 年代末出现了多台计算机互联的计算机网络，这种网络是将分散在不同地点的计算机用通信线路互联。计算机之间没有主从关系，网络中的多个用户可以共享计算机网络中的软、硬件资源。典型代表是美国国防部高级研究计划局的网络阿帕网（ARPANET）。ARPANET 通过有线、无线和卫星通信线路，连接了从美国本土到欧洲的广阔地域的计算机。ARPANET 是计算机网络技术发展的一个里程碑，它对计算机网络技术发展的突出贡献表现在以下几方面：

（1）提出了资源子网与通信子网两级网络结构的概念，如图 1-2 所示。图中虚线内是通信子网，负责全部网络的通信工作，由接口信息处理机（IMP）负责通信处理。虚线外为资源子网，由主机、各类终端、软件及数据库构成。

（2）提出了报文分组交换的数据交换方法。

（3）采用层次的网络体系结构模型与协议体系。

ARPANET 的运行标志着计算机网络的兴起，其后出现了大量的计算机网络，仅美国国防部就资助建立了多个计算机网络，同时，还出现了一些研究试验性网络、公共服务网络和校园网。这一阶段形成计算机网络的定义："以能够相互共享资源为目的互联起来的具有独立功能的计算机之集合"。一些大的计算机公司纷纷提出各自的网络体系结构和协议，例如，1974 年 IBM 公司的系统网络体系结构（SNA），1975 年 DEC 公司推出的数字网络体系结构（DNA），这些研究成果为国际标准化的网络理论体系的形成提供了重要的经验。

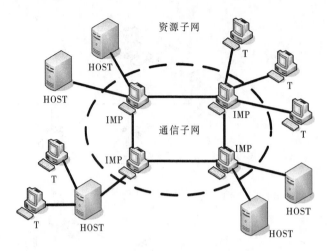

图1-2　资源子网与通信子网组成的两级网络结构

1.1.3　国际标准化的计算机网络

20世纪70年代后期，在计算机网络技术、产品和应用发展的同时，人们认识到不同公司的网络体系结构和通信协议标准化不统一，将会限制计算机网络的发展和推广应用。在20世纪80年代，国际标准组织ISO正式公布了开放系统互连参考模型（OSI），即国际标准OSI 7498。OSI参考模型有7层，每层都规定了相应的服务和协议标准，凡是符合OSI参考模型的系统都可以互连。由于多种因素限制，现实世界的网络并未参照OSI参考模型建立，而是基于TCP/IP模型。虽然人们对OSI模型褒贬不一，但OSI参考模型和协议的研究成果为计算机网络向国际标准化方向发展提供了重要依据。

这一阶段，美国电气和电子工程师协会（IEEE）成立了IEEE 802局域网络标准委员会，制定了一系列局域网国际标准，以太网、令牌总线和令牌环的局域网产品大量涌现，光纤分布式数据接口（FDDI）网络标准和产品也相继问世，从而为推动计算机局域网络技术广泛应用和发展奠定了良好的基础。

1.1.4　以Internet为核心的高速互联网络

20世纪90年代开始，美国宣布建立国家信息基础设施（NII），其他国家也纷纷仿效制定和建立本国的信息高速公路计划，推动计算机网络技术向着全面互联、高速和智能化方向发展。计算机网络的发展进入了第四个阶段。

这一阶段因特网（Internet）被广泛应用，基于Web技术的Internet应用迅速发展，全球以Internet为核心的高速计算机互联网络已经形成，Internet已经成为人类最重要、最大的知识宝库。随着电信网、有线电视网和计算机数据网络融为一体，网络层上可以实现互联互通、业务上相互渗透和交叉，应用层上使用统一的TCP/IP协议，可更好满地足社会对高速、大容量、综合性、数字信息传递等多方位的需求，提供语音、视频、图像、数据和文本的综合化服务。移动计算网络、网络多媒体计算、网格计算、存储区域网络、网络分布式对象、云计算等各种网络计算技术正成为新的Internet应用研究的热点。

这一阶段高速网络技术的发展也引人关注，主要表现在：高速通信网络技术、基于光纤的宽带城域网和宽带接入网技术、交换式局域网和虚拟局域网技术、无线网络和宽带无线接入技术，确保未来网络拥有足够的带宽。不断发展中的网络信息安全技术则为网络应用推广普及提供了必要的安全保障。

自 测 题

一、单选题

1. 人们利用通信线路将地理位置分散的多个终端连接到中心计算机，构成以单机为中心的通信系统称为（　　　）。
   A. 面向终端的远程联机系统　　　　B. 大型计算机中心
   C. 计算机网络　　　　　　　　　　D. 终端系统

2. ARPANET 对计算机网络技术的发展的突出的贡献表现在三方面，其中包括（　　）。
   A. 接口信息处理机
   B. 层次的网络体系结构模型与协议体系
   C. 主机
   D. 软件及数据库

3. OSI 参考模型有（　　　）层，每层都规定了相应的服务和协议标准。
   A. 4　　　　　　　　B. 5　　　　　　　　C. 6　　　　　　　　D. 7

4. 现实世界的网络都是基于（　　　）标准建立的。
   A. ISO/OSI 模型　　B. IEEE 802 模型　　C. TCP/IP 模型　　D. FDDI 模型

5. 计算机网络的发展进入第四个阶段的主要标志是（　　　）。
   A. 千兆等高速以太网的出现　　　　B. 有线电视宽带网
   C. 以 Internet 为核心的高速互联网络　　D. 高速 ATM 网络技术

二、填空题

1. 计算机网络综合了＿＿＿＿＿与＿＿＿＿＿两方面的技术。

2. 通信技术为多台计算机之间进行＿＿＿＿＿提供了必要的传输通道和通信手段。

3. 多台计算机互联的计算机网络中，主机之间无＿＿＿＿＿，网络中的多个用户可以共享网络中的软硬件资源，这种计算机网络称为共享资源的计算机网络。

4. 在网络发展第二阶段，一些大的计算机公司提出各自的网络体系结构和协议，例如，IBM 公司的＿＿＿＿＿（System Network Architecture），DEC 公司的＿＿＿＿＿（Digital Network Architecture）。

5. 国际标准化组织 ISO 正式公布了＿＿＿＿＿，即国际标准 OSI 7498。

6. ＿＿＿＿＿已经成为人类最重要、最大的知识宝库。

7. 电信网、有线电视网和＿＿＿＿＿将随着 Internet 技术的发展而逐步走向融合。

8. 不断发展中的＿＿＿＿＿技术为 Internet 应用提供了必要的安全保障。

9. 计算机网络的基本概念为："以能够＿＿＿＿＿为目的互联起来的具有独立功能的计算机之集合"。

10. 面向终端的远程联机系统存在＿＿＿＿＿种结构。

1.2 计算机网络的定义和分类

1.2.1 计算机网络的定义

在计算机网络技术发展的不同阶段，人们对计算机网络的认识不同，给出的定义也有所不同。例如，依据广义的观点、资源共享的观点和用户透明性观点对其进行定义。

计算机网络的
定义、分类、组成、
结构、功能和应用视频

1. 广义的观点

互联起来的自治的计算机的集合。两台计算机能互相交换信息即称为互联，互联的计算机之间的通信必须遵循共同的网络协议。互联的基础是物理连接，可以用铜线、光纤、微波或通信卫星等有线或无线介质连接。自治即指计算机是能够独立进行处理的设备，不是无自行处理能力的附属设备，例如终端或网络打印机。

2. 资源共享的观点

以能够相互共享资源的方式互联起来的自治计算机系统的集合。资源共享的定义描述了计算机网络建立的主要目的是实现资源的共享。

3. 用户透明性观点

具备能为用户自动管理资源的操作系统，由它来调用完成用户任务所需的资源，使整个网络像一个大的计算机系统一样对用户是透明的。严格地说，用户透明性观点的定义描述了一个分布式系统。计算机网络为分布式系统研究提供了技术基础，分布式系统是计算机网络发展的更高级形式。

1.2.2 计算机网络的分类方法

计算机网络技术发展迅速，网络应用广泛，各种形式的网络不断出现。根据网络在某些方面的特征，对现有的网络类型可做如下分类，如表 1-1 所示。

表 1-1　计算机网络的分类方法

序号	网络分类准则	网 络 类 型
1	覆盖的地理范围	局域网、城域网、广域网和互联网
2	拓扑结构	总线网、环形网、星形网、树形网、网状网和混合网
3	通信协议	TCP/IP 网、ATM 网、FDDI 网等
4	传输介质	双绞线网、光纤网、卫星网、有线网和无线网等
5	数据传输技术	广播式网络和点对点网络
6	数据的交换方式	电路交换网、分组交换网、帧中继网、信元交换网等
7	网络拥有单位的性质	企业网、校园网、园区网和政府网等
8	网络应用的行业性质	远程教育网、电子商务网、证券业务网等
9	网络的服务对象	专用网和公共网

1.2.3　按网络覆盖的地理范围分类

按计算机网络覆盖的地理范围分类方法是公认的最能反映网络技术本质的分类方法，具体的网络类型为局域网、城域网、广域网和互联网。在网络的距离、速度、技术细节三大因素中，距离影响速度，速度影响技术细节。

1. 局域网

局域网（LAN）是一种私有网络，用于将有限范围内（例如家庭、办公室、建筑物或园区）各种计算机、终端与外围设备互连成网，使它们能够共享资源和交换信息。局域网技术成熟、发展速度快，是计算机网络中最活跃的领域之一。

从局域网应用的角度来看，局域网的主要特点表现在以下几方面：

（1）覆盖有限的地理范围，最长距离不超过 10 km，适用于机关、校园、工厂等有限范围内的计算机、终端与各类信息处理设备联网的需求。

（2）提供高数据传输速率（10 Mbit/s～100 Gbit/s）、低误码率的高质量数据传输。

（3）一般由单一组织所有和使用，易于建立、维护、扩展和管理。

（4）局域网的拓扑结构简单、易于实现，大多采用总线、环状或星状拓扑结构；从介质访问控制方法角度来看，局域网可分为共享介质局域网和交换式局域网；从使用传输介质类型角度来看，局域网可分为有线局域网和无线局域网。

2. 城域网

城域网（MAN）是介于局域网与广域网之间的一种高速网络，作用范围为一个城市，一般在 10～100 km 范围内。城域网的目标是要满足几十千米范围内的大量企业、机关、公司的多个局域网互联的需求，以实现大量用户之间的数据、语音、图形与视频等多种信息的传输需要。

IEEE 为城域网定义了一个标准 IEEE 802.16，称为分布式双总线（DQDB），但DQDB 没有得到预期的应用。人们通常使用 WAN 或 LAN 的技术去构建与 MAN 目标范围大小相当的网络，显得更加方便与实用。

3. 广域网

广域网（WAN）作用的范围很大，可以是一个地区或者一个国家，一般在 100 km 范围以上，传输速率相对较低。广域网的通信子网主要使用分组交换技术，例如公用分组交换网、卫星通信网和无线分组交换网。WAN 的特点主要体现以下几方面：

（1）一般由主机和通信子网组成，通信子网通常归电信部门所有。

（2）一般为点对点网络，由许多连接构成，每一连接对应一对结点，源结点发送的数据只有唯一的目的结点可以接收。为了将分组从源结点经过网络传送到目的结点，一般需要经过多个中间结点进行转发。

（3）通信协议结构包括物理层、数据链路层和网络层，可进行分组转发和路由选择。

（4）网络拓扑一般比较复杂、不规则，大多为网状、树状，或者两者的混合型。

（5）为提高传输线路的利用率，经常采用多路复用技术。

例如，沃尔玛、IBM、惠普等大型跨国公司都拥有自己的广域网。网络之间的连接大多租用电信部门的专线，专线是指某条线路专门用于某一用户，其他用户不准使用的通信线路。

4. 互联网

将较大范围不同的网络相互连接在一起时，形成了互联网（internet）。例如，将一个局域网和一个广域网，或者把两个局域网连接起来构成互联网。互联网和单个网络相比，较显著的区分原则有以下两点：

（1）如果不同机构出资构建网络的不同部分，由各自运营出资构建的那部分网络，称为一个互联网而非单个网络。

（2）如果互联网络的不同部分采用了不同的底层技术，例如广播技术与点到点链路、有线与无线，该网络可称为互联网。使用网络间连接转换的设备——网关（Gateway）来实施互联，互联网上的每一台主机都需要有"地址"，通过共同的协议来进行通信。

全球最大的、开放的互联网是因特网（Internet），由全球的广域网、局域网、主机和网关设备，依据 TCP/IP 通信协议互联，提供特定的公共服务。

1.2.4 按传输技术分类

按网络的传输技术划分，计算机网络可以分为广播式网络和点对点网络。

1. 广播式网络

在广播式网络中，所有联网的计算机都共享一个公共通信信道，当一台计算机利用共享通信信道发送数据帧时，所有其他的计算机都会"收听"到这个数据帧。由于数据帧中带有接收地址（或称为目的地址）与发送地址（或称为源地址），接收到数据帧的计算机将检查接收地址是否与本机地址相同，如果相同，则接收该帧，否则丢弃该帧。在广播式网络中，帧的接收地址有 3 类：单播地址、组播地址和广播地址。

2. 点对点网络

在点对点网络中，每条物理线路连接一对计算机。假如两结点之间没有直接连接的线路，那么它们之间的数据传输就要通过中间结点的接收、存储与转发，直至到达目的计算机。由于中间结点互连结构可能是复杂的，因此从源结点到目的结点可能存在多条路径，决定选用哪一条路径需要应用路由选择算法。分组存储转发与路由选择机制是区分点对点网络与广播式网络的重要特性之一。

自 测 题

一、单选题

1. 在广义的计算机网络定义中，互联的计算机之间的通信必须遵循共同的（   ）。

    A. 主从关系   B. 网络协议

    C. 资源共享   D. 自治的概念

2. 点对点网络与广播式网络在数据传输技术上存在差异，点对点网络采用（   ）机制。

    A. 分组存储转发与路由选择   B. 共享公共通信信道

    C. 同步传输   D. 全双工通信

3．在网络的距离、速度、技术细节三大因素中，（　　　）。

    A．速度影响距离，速度影响技术细节　　B．距离影响速度和技术细节

    C．距离影响速度，速度影响技术细节　　D．三者同等重要

4．在资源共享的网络定义中，计算机网络建立的主要目的是实现（　　　）。

    A．信息的传输　　　　　　　　　　　　B．分布式的计算

    C．信息的共享　　　　　　　　　　　　D．资源的共享

5．广域网作用的范围一般在 100 km 范围以上，传输速率相对较低。广域网的通信子网主要使用（　　　）。

    A．分组交换技术　B．广播通信　　　　C．点到点通信　　　D．专线

二、填空题

1．计算机网络的定义分为 3 类：广义、_____与用户透明性观点。

2．网络互联的基础是物理连接，可以用_____、光纤、_____或通信卫星等介质连接。

3．按网络的传输技术来划分，计算机网络可以分为_____和点对点网络。

4．全球最大的、开放的互联网是因特网（Internet），由全球的_____、_____、单机和网关设备，按照 TCP/IP 通信协议互联组成的，提供特定的公共服务。

5．在广播式网络中，帧的目的地址可以是_____、组播和_____地址。

6．_____是介于局域网与广域网之间的一种高速网络。

7．局域网的拓扑结构简单、易于实现，大多采用总线、环状或_____拓扑结构。

8．广域网的网络拓扑一般比较复杂、不规则，大多为_____、树状或混合型。

9．在广域网中，为提高传输线路的利用率，经常采用_____。

10．从介质访问控制方法角度来看，局域网可分为共享介质和_____局域网；从使用传输介质类型角度来看，局域网可以分为_____和_____局域网。

1.3　计算机网络的组成

从计算机网络的物理组成角度出发，计算机网络由硬件和软件组成。从逻辑功能上理解，广域网可划分为资源子网和通信子网。由于局域网基于的广播通信原理和应用特性，一般不能明确地区分出通信子网和资源子网，只能从物理组成的角度进行讨论。本节主要讨论广域网和局域网的组成。

1.3.1　广域网的组成

1．物理组成

（1）硬件，可分为以下类型：

- 计算机：如微型计算机、大型计算机、工作站、服务器以及移动数字化设备等。
- 通信设备：用于网络数据传输、转发等通信处理任务，例如交换机和路由器等。
- 接口设备：作为计算机等设备与网络的接口，例如网络接口卡、调制解调器等。
- 传输介质：为计算机和通信设备之间提供通信线路，例如双绞线、同轴电缆、

光纤、无线电、微波和卫星通信链路等。

（2）软件，可分为以下类型：

- 通信协议：例如 TCP、UDP、ARP、HTTP 等。
- 网络软件：包括网络操作系统、网络应用基础平台、网络管理和网络安全系统。网络操作系统是网络软件的核心，常见的有 Windows、UNIX、Linux。

2．逻辑功能

（1）资源子网。资源子网由主计算机系统、终端和终端控制器、计算机外设、软件资源与网络协议等组成，负责数据处理业务，向网络用户提供各种网络资源和网络应用服务。主计算机系统简称主机，可以是大型机、中型机、小型机、工作站或微型计算机。主机是资源子网的主要组成单元，它通过高速通信线路与通信子网的通信控制处理器相连接，为本地用户访问网络其他主机与资源提供服务，同时也要为网络中远程用户共享本地资源提供服务。

（2）通信子网。通信子网由通信控制处理机、通信线路、其他通信设备、网络通信协议组成，完成网络数据传输、转发等通信处理任务。通信控制处理机在网络拓扑结构中被称为网络结点，它既作为与资源子网的主机、终端的连接接口，将主机和终端连入网内，又作为通信子网中的分组存储转发结点，完成分组的接收、校验、存储与转发等功能，实现将源主机报文准确发送到目的主机。

1.3.2　局域网的组成

局域网由资源、服务器、工作站、网络连接设备、传输介质、网络协议、网络操作系统等组成。

（1）资源：被服务器提供到网络上，供工作站使用的硬件、软件、数据库等，例如一个文件、文件夹、打印机、扫描仪等。

（2）服务器：在网络上提供资源的计算机。

（3）工作站：在网络上使用资源的计算机。

（4）网络连接设备：连接计算机与传输介质、网络与网络的设备，常用的设备有路由器、网络适配器、交换机、网桥、光电转换器等。

（5）传输介质：双绞线、同轴电缆、光纤、无线电。

（6）网络协议：网络中为数据交换而建立的规则，常用的协议有 TCP/IP 等。

（7）网络操作系统：计算机网络操作系统是网络用户和计算机网络的接口，网络用户通过网络操作系统请求网络服务。网络操作系统的任务就是支持局域网络的通信、资源共享和整个网络范围内的资源管理。

自　测　题

一、单选题

1．从计算机网络的物理组成角度出发，计算机网络由（　　）组成。

    A．通信子网和资源子网　　　　　　　　B．硬件和软件

    C．网络操作系统和协议　　　　　　　D．资源和硬件

2．在计算机局域网中，网络服务器是在网络上（　　　）的计算机。

    A．使用资源　　　　　　　　　　　　B．通信连接

    C．提供资源　　　　　　　　　　　　D．资源共享

3．网络操作系统是网络用户和计算机网络的接口，用户通过网络操作系统请求网络的_____。

    A．服务　　　　　B．资源　　　　　C．通信　　　　　D．共享

4．资源是被服务器提供到网络上，供工作站使用的（　　　）。

    A．打印机和扫描仪　　　　　　　　　B．数据库和文件

    C．文件和文件夹　　　　　　　　　　D．硬件、软件等

5．通信子网由通信控制处理机、线路、设备和协议组成，完成（　　　）等通信处理任务。

    A．数据共享　　　　　　　　　　　　B．数据传输和转发

    C．数据连接　　　　　　　　　　　　D．数据通信

二、填空题

1．广域网具有典型的组成结构，可从_____和_____两个角度来讨论其组成。

2．局域网基于_____原理与应用特性，不能明确地区分出通信和资源子网，只能从_____的角度来讨论。

3．资源子网由主机、终端和终端控制器、联网外设、各种软件资源与网络协议组成，负责全网的_____。

4．局域网由资源、_____和工作站、连网设备和传输介质、_____、网络操作系统等组成。

5．资源子网中的_____通过高速通信线路与通信子网的通信控制处理器相连接。

6．网络操作系统的任务是支持局域网络的_____、资源共享和_____。

7．从逻辑功能上理解，广域网可划分为资源子网和_____。

8．_____也为网络中远程用户共享本地资源提供服务。

9．计算机网络操作系统是网络用户和计算机网络的_____。

10．网络协议是网络中为数据交换而建立的规则，最常用的网络协议是_____。

1.4　计算机网络的拓扑结构

在复杂的网络设计中，为了使网络结构合理、成本低廉，人们引入了网络拓扑的概念。"拓扑"一词是从几何学中借用来的。网络拓扑是指网络形状或它在物理上的连通性，通过网络中结点与通信线路之间的几何关系来表示网络结构，反映网络中各结点间的结构关系。网络的拓扑结构通常包括星状拓扑、总线拓扑、环状拓扑、树状拓扑、混合拓扑、网状拓扑及蜂窝状拓扑。网络的拓扑结构将直接关系到网络的运行性能，如可靠性和通信速度等。

1.4.1 基本拓扑结构

1．星状拓扑

星状拓扑由中心结点与通过点到点通信链路接到中心结点的各个站点组成，如图 1-3 所示。星状拓扑的各站点之间相互独立，每个站点均以一条单独的线路与中心结点相连；中心结点控制全网的通信，任何两站点之间的通信都要通过中心结点；中心结点通信处理负担重，而各个站点的通信处理负担都较小。

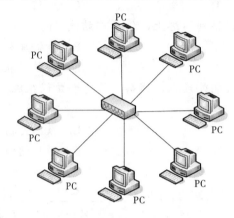

图 1-3　星状拓扑结构

星状拓扑结构的优点：

（1）网络结构简单。组建、安装、使用、维护与管理都很方便。

（2）易于故障查找和处理。利用中心结点设备的端口状况（例如，交换机上的 LED 指示灯）来判断连接的站点是否有故障；每个站点与中心结点使用单独的连线，单个站点的故障不会影响整个网络，易于站点故障的处理。

（3）扩展性强。在不中断网络运行的情况下可以删除或增加结点。如果中心结点设备具有多种介质接口，则能集成各种不同传输介质的网段。

星状拓扑结构的缺点：

（1）中心结点出故障时，会导致整个网络瘫痪。

（2）当中心结点负荷过重时，系统响应性能下降较快。

2．总线拓扑

总线拓扑结构采用单根传输线作为传输介质，所有的站点都通过相应的硬件接口连到这一公共传输介质上，该公共传输介质称为总线，如图 1-4 所示。总线拓扑结构中各站点地位平等，任何一个站点发送的信号都沿着传输介质传播而且能被所有其他站点接收。由于所有站点共享一条公用传输信道，所以一次只能有一台设备的传输信号存在于总线上。

总线拓扑结构的优点：

（1）结构简单，连接方便，有较高的可靠性。

（2）所需电缆数量少，成本低，安装容易。

（3）易于扩充，增加或减少站点较方便。

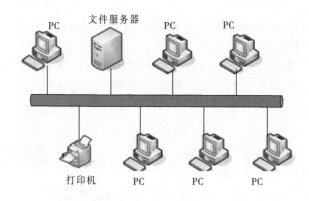

图 1-4 总线拓扑结构

总线拓扑结构的缺点：

（1）传输距离有限。由于电信号在总线上传输的过程中，会有部分能量转化为热能，造成传输越远时信号越弱，所以总线能支持的连接器数目及其彼此间的距离是有限制的。

（2）故障诊断困难。故障检测要在网上所有连接的站点中进行，检测判断故障困难。

3．环状拓扑

环状拓扑结构由站点和连接站点的链路组成一种首尾相接的闭合环路，如图 1-5 所示。每个站点对环的使用权平等，且环中数据将沿着一个方向逐站传送，由于多个设备连接在一个环上，因此需要用分布控制形式的功能来进行传输控制，每个站都有控制发送和接收的访问逻辑控制机制。

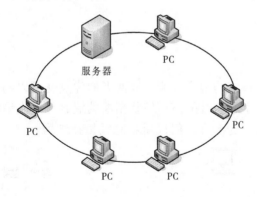

图 1-5 环状拓扑结构

环状拓扑的优点：

（1）结构简单，传输延时确定，可使用光纤，传输速度快。

（2）电缆长度短，节约成本。环形拓扑网络所需的电缆长度和总线拓扑网络相似，比星状拓扑网络要短得多。

环状拓扑的缺点：

（1）任意结点故障都可能造成网络瘫痪，因环上的数据传输要通过接在环上的每一个结点，一旦环中某一结点出现故障将引起全网瘫痪。

（2）故障检测困难，故障检测要在全网上的各个结点进行。介质访问控制协议都采用令牌传递的方式，在负载很轻时，信道利用率相对较低。

（3）站点加入和撤出环的过程比较复杂。

单环拓扑可扩展为双环拓扑。在使用双环的情况下，每个数据单元同时放在两个环上，这样可提供两组数据，当一个环路发生故障时，另一个环路仍然可以继续传递数据，提高系统的可靠性。

4. 树状拓扑

树状拓扑是一种分层结构，可以看成是星状拓扑的一种扩展，形状像一棵树。顶端是树根，树根以下带分支，每个分支还可以再带分支，如图1-6所示。站点信息交换主要在上、下结点之间进行。当某站点的信息发送时，可能需要通过根结点广播到全网或转发。相邻及同层结点之间一般不进行数据交换或数据交换量小。

图1-6 树状拓扑结构

树状拓扑的优点：

（1）易于扩展：这种结构可以延伸出很多分支和子分支，新结点和新分支可以较容易地加入网内。

（2）故障隔离较易：如果某一分支的结点或线路发生故障，较容易将故障分支和整个系统隔离开。

树状拓扑的缺点是各结点对根的依赖性太大，如果根发生故障，全网就不能正常工作。

1.4.5 其他拓扑结构

1. 混合拓扑

将以上几种单一拓扑结构混合起来，取两者的优点就可以构成一种混合拓扑，如图1-7所示。其中，一种是星形拓扑和环状拓扑的混合，组成星状环拓扑结构；另一种是星状拓扑和总线拓扑的混合，组成星状总线拓扑结构。

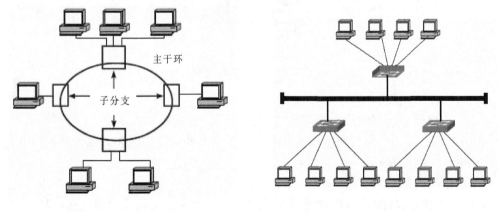

（a）星状环拓扑　　　　　　　　　　（b）星状总线拓扑

图1-7 混合拓扑结构

2．网状拓扑

网状拓扑又称无规则型，结点之间的连接是任意且没有规律的。图1-8所示为一个有 N 个结点的全连接的网状网络，若所有结点相互连接，需要 $N(N-1)/2$ 个连接，且每个结点必须有 $N-1$ 个输入/输出端口，这种拓扑结构在广域网中得到了广泛应用。

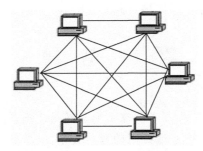

图1-8　网状拓扑结构

网状拓扑的优点：

（1）网状拓扑结构很健壮，即使某个连接因故不能使用，整个网络系统仍能运行。

（2）网状拓扑结构有较好的安全性，数据在专用链路上传送时，仅有预定的接收者才能看到，线路的物理特性防止了其他用户读取这些数据。

（3）点对点的连接很容易做到故障的定位和隔离，因此数据流动过程中可以避开那些有问题的连接；结点之间有多条路径相通，可以为数据流的传输选择适当的路由，可靠性高。

网状拓扑的缺点是结构复杂，成本较高，必须采用路由选择算法与流量控制方法。

3．蜂窝状拓扑

蜂窝状拓扑结构是一种无线网络的拓扑结构，结合无线点到点或点到多点的策略，将一个地理区域划分成多个单元，每个单元代表整个网络的一部分，在这个区域内有特定的连接设备（BS），单元内的设备与中心结点设备（MSC）进行通信，如图1-9所示。结点设备互连后，数据可以跨越整个网络。随着无线网络的迅速发展，蜂窝状拓扑得到了广泛应用。

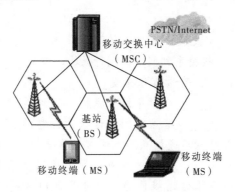

图1-9　蜂窝状拓扑结构

蜂窝状拓扑结构的优点：

（1）蜂窝状拓扑依赖于无线传输介质，避免了传统的布线限制，为移动设备的使用提供了可能。

（2）蜂窝网络安装简易，有结点移动时不用重新布线，易于排除故障，易于隔离故障。

蜂窝状拓扑结构的缺点是通信容易受外界干扰。

自 测 题

一、单选题

1. 网络拓扑是指网络形状或者物理上的连通性，通过（   ）之间的几何关系来表示网络结构，反映网络中各结点间的结构关系。

    A. 网中结点与通信线路   B. 通信线路与设备

    C. 网中结点与结点   D. 站点与站点

2. 将（   ）结构混合起来，取两者的优点，就可以构成一种混合拓扑，组成星形环拓扑结构。

    A. 星状拓扑和总线拓扑   B. 星状拓扑和环状拓扑

    C. 总线拓扑和环形拓扑   D. 树状拓扑和环状拓扑

3. 一个有 N 个结点的全连接的网状网络，如果所有结点相互连接，需要（   ）个连接，且每个结点必须有 $N-1$ 个输入/输出端口。

    A. $N-1$ B. $N \times N$

    C. $N(N-1)$ D. $N(N-1)/2$

4. 在使用双环的环状拓扑中，每个数据单元同时放在两个环上，当一个环路发生故障时，另一个环路仍然可以继续传递数据，提高系统的（   ）。

    A. 速度   B. 安全性   C. 可靠性   D. 可扩展性

5. 蜂窝状拓扑依赖于（   ），避免了传统的布线限制，为移动设备的使用提供了可能。

    A. 无线传输介质   B. 连接设备   C. 中心结点设备   D. 无线网络

二、填空题

1. _____很健壮，即使某条连接因故不能使用，整个网络系统仍能运行。

2. 网络的拓扑结构将直接关系到网络的运行性能，例如_____和_____等。

3. 蜂窝状拓扑结构的缺点是通信容易受_____。

4. 树状拓扑是一种_____，形状像一棵树，顶端是树根。

5. 网状拓扑又称_____，结点之间的连接是任意的，且没有规律。

6. _____是由中心结点与通过点到点通信链路接到中心结点的各个站点组成。

7. 环状拓扑网络由站点和_____组成一种首尾相接的闭合环路。

8. 总线拓扑结构采用单根传输线作为传输介质，所有的站点都通过相应的硬件接口连到这一公共传输介质上，该公共传输介质称为_____。

9. 星状拓扑结构的中心结点，可由_____设备来承担。

10. 树状拓扑的缺点是各结点对根的_____太大，若根结点发生故障，全网就不能正常工作。

1.5　计算机网络的功能和应用

1.5.1　计算机网络的功能

计算机网络的基本功能可分为三方面：数据通信、资源共享和分布式处理。

1. 数据通信

数据通信是计算机网络最基本的功能之一，是计算机网络实现其他功能的基础。利用这一功能，分散在不同地理位置的计算机就可以相互传输信息。

2. 资源共享

资源共享是人们建立计算机网络的主要目的之一。计算机资源包括硬件资源、软件资源和数据资源。在全网范围内提供对硬件资源的共享，尤其是对一些昂贵的设备的共享，可以提高设备的利用率，避免设备的重复投资；软件资源和数据资源的共享可以充分利用已有的信息资源，减少软件开发过程中的劳动，避免大型数据库的重复配置。

3. 分布式处理

计算机网络在网上各主机间均衡负荷，把在某时刻负荷较重的主机的任务传送给空闲的主机，利用多台主机协同工作来完成单台主机难以完成的大型任务。特别是基于局域网技术，利用网络将微机连成高性能的分布式计算机系统，使其具有解决复杂问题的能力。

1.5.2　计算机网络的应用

随着现代信息社会的发展，计算机网络的应用日益多元化，已深入到人们生活的各个领域。以下探讨计算机网络的商业应用、个人应用、移动应用和社会应用。

1. 商业应用

（1）共享软硬件资源和信息资源。利用计算机网络提供的资源共享的功能，人们可以方便地访问所有连网的软硬件资源。例如，为一间办公室里的全体员工配置一台高性能的网络打印机，为每位员工配置打印机的方案，获得更快的打印速度、更低的硬件和维护成本。随着社会信息化的推进，商业企业共享信息资源变得日益重要。一般公司都有大量客户、产品、财务预算、库存和税务等在线信息，员工们使用计算机网络访问有关信息和文档，处理日常业务。对于地域分散的跨国企业或大型连锁企业，通过虚拟专用网络（VPN）技术将不同地点的单个网络连接起来，使得位于一个国家的营销人员能即时、安全地访问位于另一个国家的产品库存数据库信息，即时获得准确的信息资源。

（2）构建信息系统，促进办公自动化。通过在企业中实施基于网络的管理信息系统（MIS）和资源制造计划（ERP）等，可以实现企业的生产、销售、管理和服务的全面信息化，从而有效地提高生产率。例如，医院管理信息系统、民航及铁路的购票系统、学校的学生管理信息系统等。

（3）提供形式多样的沟通方式。计算机网络为公司员工提供功能强大的通信手段。在办公室，员工使用电子邮件系统进行日常通信，通过计算机网络打 IP 电话，通过视频和音频的结合举行网络会议，犹如坐在同一个会议室举行会议。远程桌面共享使得远程员工群体之间的协同作业变得非常方便。

（4）开展电子商务和电子政务。计算机网络推动了电子商务与电子政务的发展。企业与企业之间、企业与个人之间可以通过网络来实现贸易、购物。许多公司提供网上商品和服务目录，采取网上订购的销售方式，制造商利用计算机网络，根据需要下订单，减少大量库存，提高工作效率。政府部门通过电子政务工程实施政务公开化，审批程序标准化，提高了政府的办事效率。

2．个人应用

（1）通过互联网访问远程信息。家庭用户接入 Internet，个人可以在家里访问远程计算机中的信息、远程学习、购买产品和享受电子商务服务。远程信息的形式丰富多样，如上网浏览、娱乐、搜索引擎、资料下载、在线阅读新闻报道、电子图书阅读器、在线数字图书馆和个性化定制的信息服务等。还可利用对等网络的通信方式，使得一群松散的个人组成群体，实现专题信息共享。

（2）人与人的通信。电子邮件已经成为一种最为快捷、廉价的通信手段，人们可以快速地传输文本、声音和图像信息到对方；利用网络实现的 IP 电话，将语音集成到 IP 网络上来，替代了传统电话；即时消息允许两人或多人相互实时地输入消息、往自己的社交圈子或其他愿意接受的人群中发送文字消息；基于因特联网构建的社交网络给人们带来日益新颖的信息交流方式，如微博、QQ 和微信，突显了网络对于促进人际沟通的有效性和广泛性。

（3）享用电子商务带来的购物乐趣。用户在家里浏览各家公司的在线商品目录购物，进行个性化的选择和比较，如果不清楚如何使用该商品，还可以获得在线技术支持；通过二手货物在线拍卖平台，用户既是卖家又是买家；通过团购网站，购买到更好性价比的商品；随着计算机网络安全性的提升，许多人使用网上银行和第三方支付，使用网上支付账单、管理银行账户和处理投资业务。

（4）享用在线娱乐活动。网络给人们带来了新的丰富多彩的娱乐和消遣方式，如网络游戏、网上电影院、视频点播等。大量的音乐、广播、电视节目和电影通过互联网发布，用户通过网络搜索、购买和下载 MP3 歌曲和 DVD 影片，可随时加入到个人收藏夹中；现有的电视节目通过 IP 电视（IPTV）能到达更多的家庭，观众不仅可选择观看到自己喜爱的电视节目，还可以搭建无线网络，让流媒体内容在房间中的显示器、音响设备等之间流动；多人实时仿真游戏，使得大众可通过三维图形来体验共享的虚拟现实环境。

（5）普适计算。普适计算的模式已经融入人们的日常生活中。随着传感器和通信成本的下降，人们生活环境中类似以下形式的测量和应用会越来越多。例如，嵌入式智能家居监控传感器，使得家庭的用电、燃气和水的读数可以通过网络获得，公司不用派人上门抄表，节省了大量人工费。当大量消费类电子设备连入互联网时，非计算机的对象也能感知并发送信息。例如，射频识别（RFID）技术的推广应用，使得人们随时、随地获得信息并进行处理的设想变得现实；云计算技术把强大的计算能力分布到用户手中，只要输入简单指令即能得到大量信息。

3．移动应用

（1）移动接入服务。电话公司经营的蜂窝网络，通过基站提供的覆盖把移动用户连接起来，并随着蜂窝网络和互联网络的融合，移动用户使用智能手机，可连接到蜂窝网络或无线热点，以便随时随地使用互联网上的数据服务。基于 802.11 标准的无线热点（Wi-Fi）为大量的移动设备提供连接，例如，在咖啡馆、旅馆、火车站、机场、学校等公共场所，任何人只要用带无线网卡的笔记本式计算机，就能通过热点连接到互联网。

（2）移动商务。移动商务是指移动电话发出的短消息作为购买小件物品时的授权和支付。移动电子商务给用户带来很多便利，用户可在一家商店的收银台前稍微挥动一下手机就能结账。当移动电话装备了全球定位系统接收器后，就可以知道自己当前所处的位置，可以搜索附近的购物商店，获取移动地图和方向定位服务。

（3）移动应用。更多的移动消费类电子设备可以使用蜂窝网络和热点网络与远程计算机保持联系，无论用户漫游到何处，都能下载最新的书籍、杂志或当天的报纸等信息。当移动设备和无线网络技术设备快速增长后，为构建移动传感器网络提供了基础，移动传感器网络应用将扩展人们与现实世界进行远程交互的能力。

4．社会应用

计算机网络应用给人类社会带来前所未有好处的同时，也产生了一些负面的问题。网络空间的开放与自由，造成一些社会、政治和伦理道德方面的新问题，甚至挑战现有法律的新问题。例如，计算机网络使得社会大众能以前所未有的便捷方式分发和查看各种内容，可以在社交网络、留言板、微博、共享内容网站中与志同道合的人分享观点和意见。当人们关注的话题涉及政治、宗教或者伦理道德时，可能会带来激烈的网络辩论，甚至带来现实社会中的冲突。有关网络内容审查与网络中立的观点之间的争议，没有规则和标准。

计算机网络使得社会人与人之间的沟通更加容易，也使得运营网络的人员更容易窃探网络流量和个人隐私信息，这样会带来一些机构管理者与员工权利、政府和公民权利的冲突，例如，机构管理层可能认为其拥有审查本单位员工电子邮件的权利，而大部分员工不会同意这样的观点。计算机网络也为用户提供增加隐私性的可能，发送匿名消息可以保护当事人的个人信息，为社会大众检举某些个人或团体的非法行为提供有效的方法；网络运营商在为移动设备提供服务时，需要能追踪到移动用户确切的位置信息，这不可避免涉及移动设备持有者个人位置隐私的公开与保密问题。

互联网有助于快速查找有用信息，但是网上大量的信息是没有得到认证的，这类信息可能会误导人们或者是完全错误的；电子垃圾邮件也使得用户被迫接收不想用的信息；一些犯罪者也在邮件或网页中嵌入恶意代码，利用这些代码的执行，窃取用户的银行账户密码，或进行远程设置控制用户的计算机。

自 测 题

一、单选题

1. ( )是计算机网络最基本的功能之一，是计算机网络实现其他功能的基础。

    A. 分布式处理   B. 数据通信   C. 资源共享   D. 电子商务

2. 对于地域分散的跨国企业，通过( )技术将不同地点的单个网络连接起来实现安全通信。

    A. VPN   B. 路由器   C. 广域网   D. 交换机

3. 利用计算机网络提供的( )的功能，人们可以方便地访问所有连网的设备、程序和数据资源。

    A. 电子邮件   B. 信息系统

    C. 普适计算   D. 资源共享

4. ( )结合了移动电话和移动电脑两部分的功能，连接到3G和4G蜂窝网络后，可使用互联网上的快速数据服务。

    A. 射频识别   B. 监控传感器

    C. 智能手机   D. IP电话

5. 当移动电话装备了( )后，可以知道自己当前所处的位置，也可以搜索附近的商店，获取移动地图和方向定位服务。

    A. 全球定位系统接收器   B. 无线热点

    C. 移动计算机   D. 蜂窝网络

二、填空题

1. 计算机网络的主要功能可分为三方面：_____、资源共享和_____。

2. 微博、QQ和微信，突显了网络对于促进人际沟通的_____和_____。

3. 家庭用户接入_____，个人可以在家里访问远程计算机中的信息、与他人沟通、享受电子商务服务。

4. 网络在个人应用中，包括通过互联网访问、网络购物、人际通信、娱乐活动和_____。

5. 资源共享是人们建立计算机网络的主要目的之一。计算机资源包括_____、硬件和_____资源。

6. 当移动电话的_____和互联网络融合后，推动了移动应用的发展。

7. 大量消费类电子设备连入因特网，使得非计算机的对象也能_____并发送信息。

8. _____将能扩展人们与现实世界进行远程交互的能力。

9. 计算机网络的分布式处理功能，使得多台主机_____来完成靠单台主机难以完成的大型任务。

10. 网络空间的_____，造成一些社会、政治和伦理道德方面的新问题，甚至挑战现有法律的新问题。

1.6 计算机网络协议与体系结构

1.6.1 网络协议概述

协议（Protocol）是指通信双方就如何进行通信而约定的一组规则，若通信的任何一方违反协议，将使通信出现困难。例如，在某公园内，一位女士向一位陌生的男士询问现在的时间，女士先有礼貌地打招呼："你好！"男士礼貌地应答："你好！"女士继续询问"请问现在几点了？"男士看表并回答，比如"2点。"会话顺利结束。如果在应答过程中，男士用"我没空。"或沉默应对女士的打招呼"你好！"会话就可能中断。本次会话能顺利达成目的的关键是双方默认遵守了良好的社会习俗，良好的社会习俗相当于本次通信的协议。会话过程如图1-10（a）所示。

计算机网络体系结构视频

在计算机网络中，互连的结点需要不断地交换数据（用户信息、控制信息）。要做到有条不紊地交换，每个结点必须遵守一些事先约定好的通信规则。这些规则明确定义所交换的数据的格式、操作和时序，这些为网络结点数据交换而制定的规则统称为网络协议。图1-10（b）所示为Web浏览器访问Web服务器以获取网页的通信过程，两台计算机通信遵循TCP和HTTP网络协议。

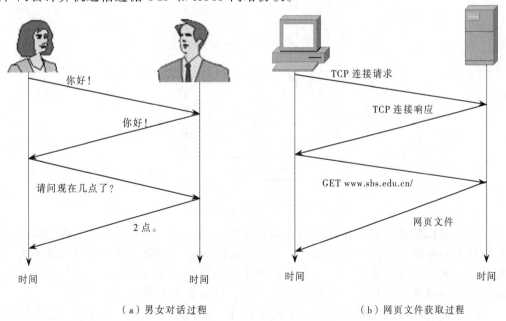

（a）男女对话过程   （b）网页文件获取过程

图1-10　男女对话过程和网页文件获取过程

网络协议由语法、语义和时序3个要素组成：

（1）语法是指用户数据与控制信息的结构和格式。即对通信双方采用的数据的格式和编码的顺序进行定义。

（2）语义是用于解释比特流的每个部分的意义，规定了需要发出何种控制信息，完成何种动作及做出何种应答。

（3）时序是对事件发生顺序的详细说明。

1.6.2　协议层次结构和网络体系结构

要保证一个庞大、复杂的计算机网络系统有条不紊地工作，有必要制定一套复杂的通信协议集。目前，已经开发了很多网络协议，每种协议都是针对某个特定目标或解决特定的通信问题而设计的，它们以分层的形式组成了一个完整的系统。

在图 1-11 所示的一个划分为 5 层的虚拟的网络系统中，如何向 5 层网络的最顶层提供通信，不妨举例说明。假设主机 A 的第 5 层上运行的一个应用进程产生一条消息 M，要传给主机 B 的第 5 层的另一个应用进程，就需要先将消息传递给第 4 层，第 4 层依据本层的协议在消息的前面加上一个头（Header）来标识该消息，目的是供主机 B 的第 4 层用来递交消息。依此类推，当主机 A 中的消息送达第 1 层时，可进行物理传输。当主机 B 的第 1 层接收到带头或尾的消息后，消息自底向上逐层传递，在传递过程中各个头被逐层剥离，最后主机 B 第 5 层的另一个进程接收到消息 M。

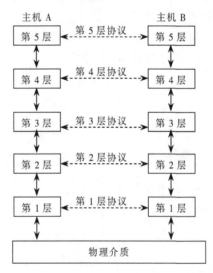

图 1-11　协议层次结构

计算机网络的分层结构及其协议的集合称为网络体系结构。网络体系结构对计算机网络实现的功能进行精确定义，但不涉及这些功能是用哪种硬件或软件来实现，以及如何实现的具体技术或方法。著名的网络体系结构有 TCP/IP 参考模型和 OSI 参考模型。计算机网络采用层次体系结构来定义，具有如下好处：

（1）各层之间相互独立。高层不需要知道低层如何实现，而只需要知道该层通过层间的接口所提供的服务。

（2）灵活性好。当其中任何一层发生变化时，例如，由于技术进步促使实现技术变化，只要接口保持不变，则这层以上和以下各层均不受影响。另外，当某层提供的服务不再需要时，甚至可将该层取消。

（3）易于实现和维护。由于整个系统已被分解为若干个易于处理的部分，这种结构使得庞大而复杂系统的实现和维护变得容易。

（4）有利于促进标准化。每层的功能与所提供的服务都有精确的描述。

1.6.3　分层、接口、实体、服务和协议等概念

1．分层

分层（Layer）是对复杂问题实施"分而治之"的模块化解决方法，它可以极大地降低复杂问题的处理难度。计算机网络是个复杂而庞大的体系，采用分层的方法能有效降低网络设计的难度。

依据分层的概念，网络被组织成一个层次栈，每一层都建立在其下一层的基础之上。明确定义层的数目、每一层的名字、每一层所完成的一组特定功能和每一层向上一层提供的特定服务。清楚定义层与层之间的接口，使得层与层之间传递的信息量尽可能得少，同层间的协议可以自由更替，例如，电话线路被替换成卫星信道，而不影响其提供给上层的服务。层次体系结构使得网络更易扩展，技术更易更新。

2．接口

接口（Interface）定义了上下层之间交换信息的连接点。类似在邮政系统中，邮局门口的邮箱是发信人与邮递员之间收发信件的接口，收信人家门口的邮箱是收信人与邮递员之间收发信件的接口。相邻层之间的接口必须明确定义，每一层的接口告诉它的上一层如何访问本层的服务，规定了有哪些参数，以及结果是什么，但接口无须说明本层内部是如何工作的。

3．实体

实体（Entity）可理解为任何可发送和接收信息的硬件和软件进程，在许多情况下，实体就是一个特定的软件模块。而不同结点中位于同一层次的实体称为对等实体（peer）。

4．服务

服务（Service）是下层提供给上层的一组原语（操作），通过层间接口提供。服务定义了该层做什么（执行哪些操作），但不涉及具体如何实现这些操作。另外，并非在一个层内完成的全部操作都称为服务，只有那些被高一层实体看得见的操作才能称为"服务"。低层是服务提供者，高层是服务的使用者。

5．协议

协议是一组规则，规定了对等实体之间所交换的数据包的格式和含义。在协议的控制下，两个 K 层的对等实体间进行通信时，K 层使用下层提供的服务以实现本层协议，向上一层提供服务。上一层的服务使用者看见本层提供的服务，无须关心本层使用何种协议。

服务和协议是网络体系结构中最重要的基本概念，又是两个不同的概念。服务与同一结点上下层之间的接口相关联，协议涉及不同结点之间两个对等实体之间发送的数据格式等，如图 1-12 所示。

协议是"水平的"，是控制对等实体之间通信的规则。服务是"垂直的"，是由下层通过层间接口向上层提供的。层间接口也称为服务访问点（SAP），K 层的服务访问点是 K 层实体提供服务给 $K+1$ 层的地方。SAP 也可以理解为上下层实体之间的逻辑传输通道（即软件端口），每一层的 SAP 都有一个唯一标明它的地址，一个 K 层可能

存在多个 SAP。

图 1-12　服务与协议之间的关系

1.6.4　网络参考模型

讨论了网络体系结构的相关概念后,在此简介 4 个著名的计算机网络分层结构模型,SNA 和 DNA 是早期的模型,现代有 OSI 参考模型和 TCP/IP 参考模型。

IBM 公司 1974 年公布的世界上第一个网络体系结构 SNA(Systems Network Architecture),是 OSI 模型的主要基础。SNA 将网络的体系结构分成 7 个层次,即物理层、数据链路控制层、路径控制层、传输控制层、数据流控制层、表示服务层、事务服务层。

DNA(Digital Network Architecture)是美国 DEC 公司 1975 年提出的网络体系结构,它将网络的体系结构分成 8 个层次,即物理链路层、数据链路层、路由层、端通信层、会晤层、网络应用层、网络管理层及用户层。

国际标准化组织(ISO)于 1985 年定义了开放系统互连(OSI)参考模型,即 OSI/IEC 7498 标准,定义了网络互连的 7 层框架,即物理层、数据链路层、网络层、传输层、会话层、表示层和应用层,并为各层制定了相应的协议和标准。虽然 OSI 模型只是理论上的,没有实际的产品,但模型本身具有相当普遍的意义,对讨论网络体系结构中每一层的功能是非常重要的。

TCP/IP 网络体系结构源于 ARPANET 网络。1974 年给出初步定义,1989 年被修订并标准化,这个体系结构后来称为 TCP/IP 参考模型,以其中两个最主要的协议命名。该体系结构分为 4 个层次,即网络接口层、网际层、传输层和应用层,已广为业界所采用,成为"实际上的国际标准"。

OSI 参考模型和 TCP/IP 参考模型的共同点:均采用了层次结构的概念,在传输层之上,都定义了为应用层进程的通信提供一种端到端的独立于网络的传输服务。除了这些基本相似性外,两个模型也有许多不同的地方。两个模型在层次划分与使用的协议上有很大的差别,其对应的协议各有其对应的优缺点,下面分别进行讨论。

1. OSI 参考模型

(1)OSI 参考模型明确区分服务、接口和协议的概念,使得协议有更好的透明性。当技术发生改变时,OSI 模型中的协议相对更容易被新协议所替换。

(2)OSI 参考模型在协议制定之前就产生了,这意味着 OSI 参考模型不会偏向于任何一组特定的协议,更具有通用性。同时也有缺点,对于每一层应该设置哪些功能没有特别好的设想。例如,会话层和表示层几乎是空的,而数据链路层和网络层又包含了太多的内容。

（3）OSI 参考模型相应的服务定义和协议都过于复杂，实现起来困难。寻址、流量和差错控制在每层中重复定义，造成系统效率低下。

2．TCP/IP 参考模型

（1）TCP/IP 参考模型没有明确区分服务、接口和协议的概念，这就使得 TCP/IP 模型对于使用新技术的指导意义不大。

（2）TCP/IP 参考模型是在已有协议的基础上产生的，是已有协议的一个描述，所以协议和模型是高度匹配的。同时，也使得 TCP/IP 参考模型的通用性差，不适合用来描述 TCP/IP 之外的任何其他协议栈。

（3）TCP/IP 参考模型没有区分物理层和数据链路层。其网络接口层并非实际的一层，它是一个接口，位于网络层和数据链路层之间。

TCP/IP 参考模型和协议在诞生之后，模型本身没有多大用处，但 TCP/IP 协议成功赢得大量的用户和投资，已被广泛使用。相比之下，OSI 参考模型与协议在诞生之后，协议从来没有被真正实现过，但 OSI 参考模型对于研究和学习计算机网络特别有益。

自 测 题

一、单选题

1．每种网络协议是针对某个特定目标或特定的问题而设计的，它们以（　　　）的形式组成了一个完整的系统。

  A．分层   B．模块   C．服务   D．接口

2．在网络的一个结点中，上下层之间交换信息的连接点，被称为（　　　）。

  A．服务   B．接口   C．服务访问点   D．原语

3．网络中不同机器上位于相同层次的实体称为对等实体，这些对等实体可以是_____。

  A．软件和硬件   B．对等协议

  C．通信数据和控制信息   D．软件进程、硬件设备

4．计算机网络采用层次体系结构，可能带来的问题为（　　　）。

  A．各层之间相互独立，高层不需要知道低层如何实现

  B．结构庞大，效率低下

  C．当任何一层发生变化时，只要接口保持不变，这层以上和以下各层均不受影响

  D．有利于促进标准化

5．TCP/IP 参考模型是在已有协议的基础上产生的，模型适合用来描述（　　　）。

  A．蓝牙通信   B．TCP/IP 协议栈   C．所有网络协议   D．局域网

二、填空题

1．协议指通信双方就如何进行通信而约定的_____，若通信的任何一方_____协议，将使通信出现困难。

2．网络协议主要由_____、语义和_____三个要素组成。

3．在计算机网络中，每个互连的结点都必须遵守一些事先约定好的规则，这些为网络结点_____而制定的规则统称为网络协议。

4. 多台机器上的第 n 层对等实体进行对话，对话中使用的规则和约定统称为_____。

5. 接口定义了一个结点内_____之间交换信息的点。

6. 服务是指一个结点的某一层向它上一层提供的一组_____。

7. _____是"水平的"，即协议是控制对等实体之间通信的规则。_____是"垂直的"，即服务是由下层向上层通过层间接口提供的。

8. 计算机网络的_____及其协议的集合称为网络体系结构。

9. OSI 参考模型有_____层，TCP/IP 参考模型有_____层。

10. _____ 参考模型对于研究和学习计算机网络特别有益。

【自测题参考答案】

1.1

一、单选题：1. A 2. B 3. D 4. C 5. C

二、填空题：1. 计算机、通信 2. 数据传输 3. 主从关系 4. SNA、DNA 5. 开放系统互连参考模型 6. Internet 7. 计算机网络 8. 网络信息安全 9. 共享资源 10. 3

1.2

一、单选题：1. B 2. A 3. C 4. D 5. A

二、填空题：1. 资源共享 2. 铜线、微波 3. 广播式网络 4. 广域网、局域网 5. 单播、广播 6. 城域网 7. 星状 8. 网状 9. 多路复用技术 10. 交换式、有线、无线

1.3

一、单选题：1. B 2. C 3. A 4. D 5. B

二、填空题：1. 物理组成、逻辑功能 2. 广播通信、物理组成 3. 数据处理业务 4. 服务器、网络协议 5. 主机 6. 通信、资源管理 7. 通信子网 8. 主机 9. 接口 10. TCP/IP

1.4

一、单选题：1. A 2. B 3. D 4. C 5. A

二、填空题：1. 网状拓扑结构 2. 可靠性、通信速度 3. 外界干扰 4. 分层结构 5. 无规则型 6. 星状拓扑 7. 连接站点的链路 8. 总线 9. 交换机 10. 依赖性

1.5

一、单选题：1. B 2. A 3. D 4. C 5. A

二、填空题：1. 数据通信、分布式处理 2. 有效性、广泛性 3. Internet 4. 普适计算 5. 软件、数据 6. 蜂窝网络 7. 感知 8. 传感器网络 9. 协同工作 10. 开放与自由

1.6

一、单选题 1. A 2. C 3. D 4. B 5. B

二、填空题：1. 一组规则、违反 2. 语法、时序 3. 数据交换 4. 第 n 层协议 5. 上下层 6. 原语（操作）7. 协议、服务 8. 分层结构 9. 7、4 10. OSI

【重要术语】

计算机网络：Computer Network
资源共享：Resource Sharing
点对点网络：Point-to-Point Network
局域网（LAN）：Local Area Network
无线网络：Wireless Network
因特网：Internet
总线拓扑：Bus Topology
环状拓扑：Ring Topology
实体：Entity
对等实体：Peer Entity

网络的体系结构：Network Architecture
广播式网络：Broadcast Network
城域网（MAN）：Metropolitan Area Network
广域网（WAN）：Wide Area network
拓扑结构：Topology
星状拓扑：Star Topology
接口：Interface
协议：Protocol
服务：Service
主机：Host

【练习题】

一、单选题

1. （   ）是适用于一个房间内的组网。

    A. 局域网　　　　B. 广域网　　　　C. 城域网　　　　D. 互联网

2. （   ）是适用于世界范围内的办公网络。

    A. 局域网　　　　B. 广域网　　　　C. 互联网　　　　D. 城域网

3. 以下不属于网络协议分层原则的是（   ）。

    A. 各层相对独立，某一层的内部变化不影响另一层

    B. 层次数量适中，不应过多，也不宜太少

    C. 每层具有特定的功能，类似功能尽量集中在同一层

    D. 高层对低层提供的服务与低层如何完成无关

4. 以下不是总线拓扑结构优点的是（   ）。

    A. 结构简单灵活　　　　　　　　　B. 可靠性较高

    C. 硬件设备多，造价高　　　　　　D. 易于安装和配置

5. 以下是星状网络优点的是（   ）。

    A. 中心结点出故障时，才会导致整个网络瘫痪

    B. 集线器是网络的瓶颈

    C. 当负荷过重时，系统响应和性能下降较快

    D. 网络结构简单

6. 下列描述中是网络体系结构中分层概念的是（   ）。

    A. 保持网络灵活且易于修改

    B. 所有的网络体系结构都使用相同的层次名称和功能

C. 把相关的网络功能组合在同一层中

D. A 和 C

7. 计算机网络中可共享的资源包括（   ）。

　　A. 硬件、软件、数据和通信信道　　　　B. 硬件、软件、数据

　　C. 主机、外设和通信信道　　　　　　　D. 主机、外设、数据和通信信道

8. 下列设备属于资源子网中的设备是（   ）。

　　A. 路由器　　　　B. 计算机　　　　C. 交换机　　　　D. 网桥

9. 利用各种通信手段，把地理上分散的计算机有机地连接在一起，达到相互通信且能共享资源的系统属于（   ）。

　　A. 计算机网络　　　　　　　　　　　B. 远程终端系统

　　C. 分布式计算机系统　　　　　　　　D. 多处理机系统

10.（   ）描述了网络拓扑结构。

　　A. 仅仅是网络的物理设计　　　　　　B. 仅仅是网络的逻辑设计

　　C. 网络的物理设计和逻辑设计　　　　D. 仅仅是对网络形式上的设计

二、多选题（在下面的描述中有一个或多个符合题意，请用 ABCD 标示）

1.（   ）是 OIS 模型中定义的层次名称。

　　A. 物理层　　　　B. 系统层　　　　C. 转换层　　　　D. 传输层

2. 在因特网电子邮件系统中，电子邮件应用程序（   ）。

　　A. 发送邮件和接收邮件通常都使用 SMTP 协议

　　B. 发送邮件通常使用 SMTP 协议，

　　C. 而接收邮件通常使用 POP3 协议

　　D. 发送邮件和接收邮件通常都使用 POP3 协议

3. 用 E-mail 发送信件时须知对方的地址，下列表示中（   ）是不正确的 E-mail 地址。

　　A. center.zjnu.edu.cn@useel　　　　　　B. userl@center.zjnu.edu.cn

　　C. userl.center.zjnu.edu.cn　　　　　　D. userl$center.zjnu.edu.cn

4. 在 wangxiao@public.bta.net.cn 电子邮件地址中，其中@前面与后面的是（   ）。

　　A. 用户名　　　　　　　　　　　　　B. 域名

　　C. 机构名　　　　　　　　　　　　　D. 国家或地区代码

5. 在如下网络拓扑结构中，不具有固定集中控制功能的网络是（   ）。

　　A. 总线网络　　　　　　　　　　　　B. 星状网络

　　C. 环状网络　　　　　　　　　　　　D. 全连接型网络

三、简答题

1. 什么是计算机网络？试找出 3 种定义，比较异同点。

2. 计算机网络的发展可划分为几个阶段？每个阶段各有哪些特点？

3. 什么是网络协议？网络协议有哪些基本要素？

4. 什么是网络层次结构？计算机网络采用层次结构有何好处？

5. LAN、MAN、WAN 的主要特征是什么？internet 和 Internet 有何区别？

6. 简述网络体系结构中服务与协议的作用。

7. 分别从逻辑和物理功能方面理解计算机网络的组成。

8. 计算机网络具有哪些功能？计算机网络主要应用在哪些方面？

9. 由 N 个结点构成的星状拓扑结构的网络中，共有多少个直接连接？对于 N 个结点的环状网络呢？对于 N 个结点的全连接网络呢？

10. 在计算机网络分层模型下，数据通过分层模型时，头部是如何被加上和去除的？

<<<<<<<<<<<<<<<<<<<<<<<<<<<<<<<<<<<<<<<<<<<<<<<<<<<<<<<<<<<<<<<<

【扩 展 读 物】

[1] ANDREW ST. 计算机网络 [M]. 5版. 严伟，潘爱民，译. 北京：清华大学出版社，2012.

[2] 谢希仁. 计算机网络 [M]. 6版. 北京：电子工业出版社，2013.

[3] 吴功宜. 计算机网络 [M]. 3版. 北京：清华大学出版社，2013.

📖 **学习过程自评表**（请在对应的空格上打"√"或选择答案）

知识点学习-自我评定

学习内容 ＼ 项目	学习准备			基本概念			基本定义			技术方法		
	难以阅读	能够阅读	基本读懂	不能理解	基本理解	完全理解	无法理解	有点理解	完全理解	有点了解	完全理解	基本掌握
计算机网络发展历程												
计算机网络定义和分类												
计算机网络的组成与拓扑结构												
计算机网络的功能和应用												
计算机网络体系结构												
疑难知识点和个人收获（没有，一般，有）												

完成作业-自我评定

学习内容 ＼ 项目	完成过程			难易程度			完成时间			有助知识理解		
	独立完成	较少帮助	需要帮助	轻松完成	有点困难	难以完成	较少时间	规定时间	较多时间	促进理解	有点帮助	没有关系
同步测试												
本章练习												
能力提升程度（没有，一般，有）												

数据通信基础 <<<

第2章

【本章导读】

本章介绍数据通信的基础知识，可为我们更好地理解计算机网络物理层的知识奠定基础：包括数据通信的基本概念，信息的类型、二进制数字表示形式以及信号的类型和特征；给出数据通信系统的模型和定义，并列举了常用的数据传输性能衡量的技术指标；介绍信道的基本特征，解释有线和无线传输介质的特征，讨论铜线、光纤和无线电传输的特点和作用；最后介绍了常用的传输技术和信道复用技术，列举了3种数据交换技术的基本特征。

【学习目标】

- 理解：信息的类型和信息的二进制数字表示形式、信号的类型和特性。
- 理解：数据通信系统的模型、数据传输性能衡量的技术指标。
- 掌握：信道的基本特征和调制方法，传输介质的基本类型、特征和作用。
- 理解：数据传输的基本概念、信道传输差错控制、多路复用技术的分类和特点。
- 理解：电路交换、报文交换和分组交换技术的特点。

【内容架构】

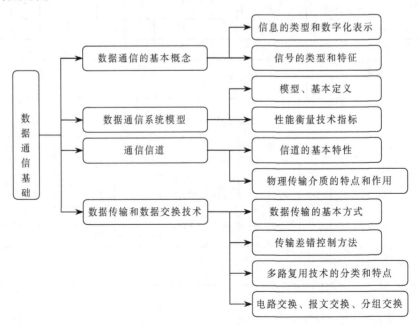

2.1 数据通信的基市概念

2.1.1 信息的类型和数字化表示

信息是任何可由人或数字终端设备读懂的、有意义的消息，可分为三大类：数据信息、音频信息和视频信息。信息可通过某种形式的数据来物理表示和传播。数据通信中的信息主要表示为数字化的文字、字符、代码、语音、图像和视频等形式，下面介绍 3 类信息的二进制数字化表示方法。

数据通信基本概念视频

1. 数据信息

数据信息通常指文本信息，一般是文字、数字、图形、图表及任意符号的记录，例如电子邮件、Excel 表格、传真图像等。这类信息可用如下的几种编码方式表示成 0、1 序列串。

（1）字符编码是把文本信息中的符号转换成二进制序列的方法。普遍使用的有：美国标准信息交换码（ASCII）和 Unicode 统一码。两种编码的主要区别是：ASCII 编码是 1 字节，Unicode 编码通常是 2 字节。字母 A 用 ASCII 编码是十进制的 65，二进制为 01000001，若用 Unicode 编码，只需要在前面补 0 就可以，即 0000000001000001。

● 表 2-1 所示为 ASCII 编码表。依据 ASCII 码表，字符串 Student 表示成二进制序列为：1010011111010011101011100100110010111011110110100。

表 2-1 ASCII 码表

高位组 / 低位组 $b_4b_3b_2b_1$	b7 b6 b5							
	000	001	010	011	100	101	110	111
0000	NUL	DLE	SP	0	@	P	`	p
0001	SOH	DC1	!	1	A	Q	a	q
0010	STX	DC2	"	2	B	R	b	r
0011	ETX	DC3	#	3	C	S	c	s
0100	EOT	DC4	$	4	D	T	d	t
0101	ENQ	NAK	%	5	E	U	e	u
0110	ACK	SYN	&	6	F	V	f	v
0111	BEL	ETB	'	7	G	W	g	w
1000	BS	CAN	(	8	H	X	h	x
1001	HT	EM	)	9	I	Y	i	y
1010	LF	SUB	*	:	J	Z	j	z
1011	VT	ESC	+	:	K	[	k	{
1100	FF	FS	,	<	L	\	l	¦
1101	CR	GS	-	=	M	]	m	}
1110	SO	RS	·	>	N	^	n	~
1111	SI	US	/	?	O	—	o	DEL

- Unicode 统一码是目前得到广泛使用的一种字符编码，它为每种语言中的每个字符设置了统一并且唯一的二进制编码，以满足跨语言、跨平台进行文本转换、处理的要求。为了有效地存储和传输，Unicode 字符集的编码方式又分为 UTF-8、UTF-16 和 UTF-32 等。

（2）图形编码主要有以下几种方法：镶嵌图形法、几何图形法和增量法。

- 镶嵌图形法是一种最简单、极高效的图形编码方法。一幅图像可以分割成由很多小正方形镶嵌而成。假设计算机显示器的显示格式为 1024 行，每行 768 个像素，把整个显示屏划分为 1024×768 个像素（一个像素相当于一个小正方形）。如果每个像素用 1 位二进制数表示：1 表示黑色，0 表示白色，则一幅满屏显示的黑白图像对应的位数为 1024×768×1 bit = 768 Kbit。如果用 3 字节来表示一个像素点的颜色，则该图像的二进制位数为 1024×768×3×8 bit=18 432 Kbit。

- 几何图形法是用点、直线、三角形、矩形、多边形等几何元素来表示图形的。例如，只要有起点、终点坐标、线宽和颜色数据，就可以充分确定一条直线。这是一种高效的编码方法，其局限性在于不是所有的图形都可以用几何图形法编码。

- 增量法是用折线来近似直线，编码特点为：增量越小，曲线失真越小，而编码越长。

2. 音频信息

音频信息一般指人们听觉范围内的语言、音乐、噪声等。声音是由空气压强的变化而产生的，它在电通信中被转换成在连续时间范围内持续变化的电压强度，音频信息是模拟数据（模拟数据在一段时间内具有连续的值），需要使用脉冲编码调制法（PCM）转换成二进制数据。

3. 视频信息

视频信息由连续的图片组成，主要指人们所能见到的活动图像，如电视、电影、录像、电视电话会议的现场图像等，是模拟数据。由于图像活动起来需要每秒内有足够多的帧数，例如电视每秒为 25 帧，故视频信息数字化过程更复杂，常用的方法有镶嵌图形法。

2.1.2 信号的类型和特征

信号是在特定的通信方式中数据的物理表示，是数据的电编码。在数据通信中，利用电压、电流、电荷及电磁波等物理量在强度上的变化来携载各种形式的数据信息（如语音、文本、图像和视频），通过传输线路进行传输。目前常用电信号有模拟信号和数字信号。而数据也有模拟数据和数字数据，模拟数据或数字数据都能编码成模拟信号或数字信号。选择何种编码方式取决于需要、传输介质和通信设施。

不管是模拟信号还是数字信号，都能用于传输信息。但是，数字信号更适于传输数据信息。数字信号传输是现代网络通信的发展方向，其优势表现在以下几方面：

（1）数字信号受噪声干扰影响比模拟信号小，只需确定接收到的脉冲在参考电平之上还是之下就可以再生原始信号。

（2）数字信号比模拟信号更适合于利用多路复用技术进行处理和组合。

（3）数字信号传播的距离大于模拟信号，数字信号比模拟信号容易存储。

（4）对数字信号传输误差的检测和纠正都比模拟信号容易。

模拟信号不能直接在数字信道中传输，必须先转变成数字信号。采用脉冲编码调制方法，可以把模拟信号转变成数字信号。

1. 模拟信号

模拟信号是一种连续变化的电信号，其波形为连续曲线，中间无断裂。信号的强度取值随时间取值变化而连续变化，其波形如图 2-1 所示。最简单的模拟信号为正弦信号，其波形如图 2-2 所示，其数学表达式为 $v(t)=A\sin(2\pi ft+\Phi)$，（$f=1/T$）。

一个正弦波形可用振幅（A）、频率（f）和相位（Φ）3 个参数来描述其特征。其中振幅是指信号的峰值或最大强度，频率是信号周期重复的速率，每秒周期数（即赫兹，Hz）是信号周期 T（信号完成一次循环所需的时间）的倒数，$f=1/T$；相位是时间零点时的位置，如图 2-2 中的波形的相位为 0°。

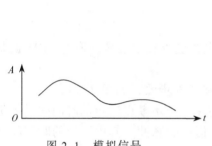

图 2-1　模拟信号

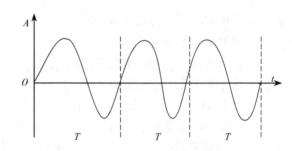

图 2-2　正弦信号波形

信号可以分为周期信号和非周期信号。正弦信号是单一频率的周期信号，同样的信号波形随时间反复出现，后一个区间的波形模式等同于前一个区间的波形模式。

改变正弦波中振幅、频率和相位中任何一个参数的值，就改变了信号的波形。这3 个要素之一的改变即可用于表示不同的数据。正弦信号不能再分解，而任何复杂的模拟信号都可以分解为多个具有不同频率分量的正弦（或余弦）信号。

2. 数字信号

数字信号是一种非连续变化的电信号，其波形为不连续的。信号的强度始终在有限个数的值之间变化。当信号强度只有两种取值时，即为二进制数字信号，如图 2-3（a）所示；信号的强度在某一时间段内维持一个常量值，而在另一时间段内改变到另外一个常量值，即为离散的数字信号，如图 2-3（b）所示。

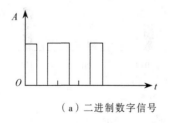

（a）二进制数字信号　　　　　　（b）离散数字信号

图 2-3　数字信号波形

3．二进制数据的信号表示

计算机产生的数据信息和数字信号之间存在着自然的联系。计算机产生的数据信息表示为由 0 和 1 组成的二进制序列。如果信号强度只取两种值，即用一个正电压值对应 1，用一个负电压值对应 0，则这种形式的数字信号属于基带信号。

例如，一个二进制序列 10101，可以用如图 2-4 所示的电压脉冲跳跃变化的数字信号来表示。这里 $+V(V)$ 表示 1，$0V$ 表示 0。

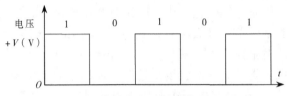

图 2-4　数据信息的数字信号表示

基带信号（基本频带信号）并不适合直接在信道中传输，要变换成适合在通信信道上传输的波形后，才能在对应的信道上传输。

4．PCM 调制方法

模拟信号不能直接在数字信道中传输，必须先转变成数字信号。采用 PCM 调制方法可以把模拟信号转变成数字信号。

PCM 调制方法分为采样、量化和编码 3 个基本处理步骤，如图 2-5 所示。

（1）采样：对模拟信号按一定的时间间隔进行采样（不断以固定的时间间隔采集模拟信号当时的瞬时值），产生一个振幅等于取样信号的脉冲。其中采样的时间间隔小于模拟信号最高频率 2 倍的倒数。

（2）量化：确定取样后的离散脉冲信号的振幅数值（尽可能接近原始模拟信号的振幅值），且采样信号振幅数值的总个数必须是有限的。

（3）编码：用二进制码元取代取样值，即完成模拟信号的 PCM 编码，就可得到所需要的数字信号。

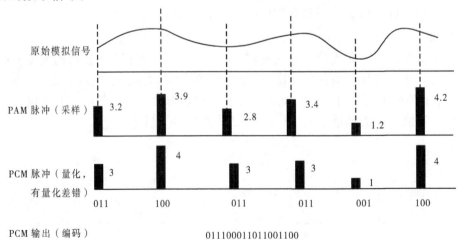

图 2-5　PCM 调制的基本步骤

自测题

一、单选题

1. 数据信息通常指文本信息，以下不属于数据信息的是（   ）。

    A. 录像片　　　　B. 数码照片　　　　C. 电子邮件　　　　D. Excel 表格

2. Unicode 字符集的编码方式通常有 UTF-8，UTF-16 和（   ）。

    A. ASCII　　　　B. BCD　　　　C. Code　　　　D. UTF-32

3. 数字信号更适于传输（   ）。

    A. 模拟数据　　　B. 视频信息　　　C. 数据信息　　　D. 音频信息

4. 当数字信号强度只有两种取值时，即为（   ）。

    A. 离散数字信号　B. 二进制数字信号　C. 正弦信号　　　D. 连续信号

5. 数字信号是一种非连续变化的电信号，其波形为（   ）。

    A. 连续的　　　　B. 动态的　　　　C. 不变的　　　　D. 不连续的

二、填空题

1. 数据通信中的信息主要表现为_____的文字、字符、语音、图像和视频等形式。

2. 数据信息都可以按照一定的编码方式表示成_____序列串。

3. 把文本信息中的符号转换成二进制序列的方法称为_____。

4. PCM 脉码调制方法分为_____、量化和_____ 3 个基本处理步骤。

5. 依据 ASCII 编码规则，字符串 Myname 表示成二进制序列为_____。

6. 图形编码主要有以下几种方法：_____、几何图形法和_____。

7. 要把音频信息转换成二进制数据信息，需要用_____来实现数字化表示。

8. 信号是在特定的通信方式中数据的物理表示，是数据的_____表示。信号可以分为模拟信号和_____信号。

9. _____并不适合直接在信道中传输，要变换成适合在_____上传输的波形后，才能在对应的信道上传输。

10. 改变正弦波中振幅、_____和_____中任何一个参数的值，就改变了信号的波形。这 3 个要素之一的改变即可用于表示不同的数据。

2.2　数据通信系统模型

2.2.1　数据通信系统模型概述

数据通信是指通过计算机技术与通信技术相结合来实现信息的传输、交换、存储和处理。在数据通信中，传输信息的目的不仅是为了传输，也是利用计算机来处理数据信息以便更有效地进行传输。数据通信系统的一般模型如图 2-6 所示。

一般认为数据通信系统由数据终端设备（DTE）、数据通信设备（DCE）、通信信道，以及传输控制规程和通信软件构成。

数据通信系统模型视频

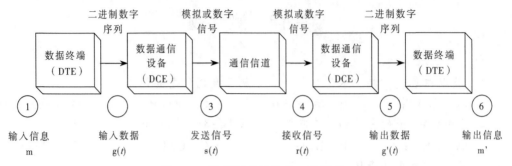

图 2-6　数据通信系统的一般模型

（1）充当信源和信宿的设备称为数据终端设备（DTE）。数据终端设备可能是大、中、小型计算机，也可能是一台只接收数据的打印机，或智能手机等移动设备，这些设备作为信息的输入和输出工具。为了保证数据信息在信源和信宿之间有效而可靠地传输，即 $g'(t)=g(t)$；$m'=m$，数据终端设备中还必须设置通信控制器（或称为适配器，如网卡）及相关的控制软件，控制信源和信宿之间按一定的规律进行通信。例如，收发双方的同步、差错控制、通信信道的建立、维持、拆除及数据流量控制等。

（2）连接 DTE 与传输信道的设备称为数据通信设备（DCE）。DCE 的功能就是完成数据信号的变换。如果 DTE 发出的数据信号不适合于信道传输，DCE 要把原始数据信号变成适合信道传输的模拟信号或数字信号形式。这类设备为调制解调器、数字编码解码器、编码解码器等。

（3）通信信道（或称为传输信道）是通信系统必不可少的组成部分。通信信道由传输介质和相关的电子设备（如放大器、滤波器等）或光学设备组成。常见的传输介质可以是铜线、同轴电缆、双绞线、光纤和无线电波等。通信信道可以传输模拟信号，也可以传输数字信号。

一个实际数据通信系统如图 2-7 所示，通信双方的 DTE 通过调制解调器 Modem 连接到电话线路上。

图 2-7　一个实际的数据通信系统

2.2.2　数据通信系统性能衡量技术指标

一些性能指标用于衡量和评估通信系统的效率。主要的性能指标包括带宽、数据传输速率、时延、码元传输速率、吞吐量和差错率等。

1．带宽

带宽是一个非常重要的性能指标。单位是赫兹（Hz）、千赫（kHz）、兆赫（MHz）等。对于模拟信道，带宽是指信道能够传送的电磁波信号的最高频率与最低频率之差。对于数字信道，带宽即数据传输速率或比特率。

通信信道的带宽必须大于或等于信号的带宽，才能保证传输的信号不失真。带宽越大，传输数据的能力越强。例如，人类语音信号的频率范围主要在 400～600 Hz 之间。普通电话线路的频率范围在 300～3 000 Hz 之间。所以，人类语音通过电话线路传输基本上不产生失真，而高保真音响产生的音乐信号通过电话线路传输会产生失真。

2．数据传输速率

数据传输速率是指单位时间内传送的信息量，是衡量数据通信系统传输能力的一个重要指标。常用的传输速率有两种：数据信号速率（比特率或传信率）和调制速率（波特率或传码率）。

数据信号速率（比特率或传信率）是指每秒能够传输多少位数据，计量单位为时间（每秒）内传送的比特数（bit/s）。在一个数据通信系统，每秒内传输 9 600 bit，则它的数据传输速率为 9 600bit/s。常用的数据信号传输速率单位和换算关系如下：

1 kbit/s＝1 000 bit/s，1 Mbit/s＝1 000 kbit/s，1 Gbit/s＝1 000 Mbit/s，1 Tbit/s＝1 000 G bit/s。

调制速率（波特率或传码率）是指单位时间内调制信号波形的变换次数，单位为：码元/秒，记为波特（Baud）。

数据传输速率高，则传输每一位的时间短；反之，则每位传输时间长。例如，在 100 Mbit/s 传输速率的情况下，每比特传输时间为 10 ns（1 ns=10^{-9}s）；在 10 Mbit/s 传输速率的情况下，每比特传输时间为 100 ns。

3．信道容量

每个信道传输数据的速率有一个上限，把这个速率上限叫作信道的最大传输速率或信道容量。例如，一条具有 3 kHz 带宽的普通电话线路最大传输速率为 20 kbit/s，则信道容量是 20 kbit/s。

4．频带利用率

频带利用率是指单位传输带宽所能实现的传输速率，它是描述数据传输速率与带宽之间关系的一个指标。在衡量数据通信系统的效率时，既要考虑到传输速率，又要考虑到传输信号所占用频带的宽度。因此，真正衡量数据传输系统信息传输效率的是频带利用率。频带利用率越高，系统的有效性就越好。

5．吞吐量

吞吐量是信道在单位时间内成功传输的信息量。单位一般为 bit/s。例如，某信道 10 min 内成功传输了 8.4 Mbit 的数据，那么它的吞吐量就是 8.4 Mbit/600 s＝14 kbit/s。

6．延时

延时指从发送者发送第一位数据开始，到接收者成功地接收到最后一位数据为止所经历的时间。它主要分为传输延时、传播延时两种。传输延时与数据传输速率和发送设备/接收设备、中继和交换设备的处理速度有关，传播延时与传播距离有关。

7．错误率（误码率）

错误率是衡量通信信道可靠性的重要指标，在数据通信中最常用的是比特错误率和分组错误率。比特错误率是二进制比特位在传输过程中被误传的概率；分组错误率是指数据分组被误传的概率。

自 测 题

一、单选题

1. （　　）不是衡量信道传输性能好坏的技术指标。

　　A．带宽　　　　　　B．数据传输速率　　　C．信道容量　　　　D．通信介质

2. 通信信道可以传输（　　）。

　　A．模拟信号和数字信号　　　　　　　　B．模拟信号

　　C．调制信号　　　　　　　　　　　　　D．数字信号

3. 衡量数据传输系统信息传输效率的是（　　）。

　　A．频带利用率越高，系统的有效性就越低

　　B．频带利用率越高，系统数据传输速率越高

　　C．频带利用率越高，系统的有效性就越好

　　D．频带利用率越高，系统带宽越高

4. 每个信道传输数据的速率的（　　），叫作信道容量。

　　A．平均值　　　　B．上限　　　　　　C．下限　　　　　　D．比特率

5. 数据传输速率是指单位时间内传送的（　　）。

　　A．信息量　　　B．数据信息量　　　C．波形个数　　　D．信号量

二、填空题

1. 数据通信系统由数据终端设备、_____、_____、传输控制规程和通信软件构成。

2. 比特率是指单位时间内传送的_____，计量单位通常为 bit/s 或 kbit/s 或 M bit/s。

3. 波特率是指单位时间内_____的变换次数。

4. 传输信道由_____和相关的电子设备或光学设备组成。

5. 带宽是指信道能够传送的电磁波信号的最高频率与最低频率之_____。

6. 通信信道的带宽必须大于或等于信号的带宽，才能保证传输的信号_____。带宽越大，传输数据的能力越_____。

7. 吞吐量是信道在单位时间内成功传输的_____，单位一般为 bit/s。

8. 通信系统中延时主要分为_____和_____两种。

9. 在一个实际数据通信系统中，通信双方的计算机通过_____接到电话线路上。

10. _____是二进制比特位在传输过程中被误传的概率。

2.3 通 信 信 道

2.3.1 信道的基本特征和调制方法

信道是信号传输的通路，由传输介质、相关联的电气或光学设备构成的系统。常

见的传输介质有双绞线、同轴电缆、光纤和自由空间等。信道和电路是两个不同的概念，一条通信电路往往包含一条发送信道和一条接收信道。

通信信道视频

在数据通信中，来自信源的信号常称为基带信号（即基本频带信号）。基带信号往往包含较多的低频成分，甚至有直流成分，许多信道不能传输这种低频分量或直流分量，必须对基带信号进行调制（Modulation）后再传输。调制方法分为两大类：

1. 基带调制（或叫编码）

对基带信号的波形进行变换，使其能够与信道特性相匹配，即把数字信号转换为另一种形式的数字信号，经过变换后的信号仍然是基带信号。常用的编码方式有不归零制、归零制、曼彻斯特编码和差分曼彻斯特编码。

对于比特流 000100111（假设前一个码元为高电平或高到低的跳变），采用不归零制、曼彻斯特编码和差分曼彻斯特编码后，信号的波形如图 2-8 所示。

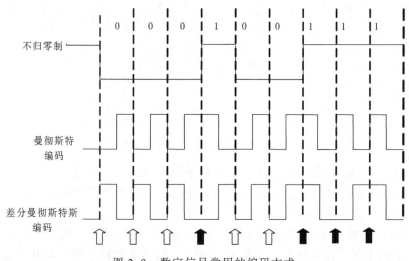

图 2-8 数字信号常用的编码方式

（1）用不归零制编码时，正电平代表 1，负电平代表 0。

（2）用曼彻斯特编码时，将每一个码元（虚线分隔为一个码元）再分成两个相等的间隔，码元 1 在前一个间隔为高电平，后一个间隔为低电平；码元 0 正好相反。这种跳变允许接收设备的时钟与发送设备的时钟保持一致。但曼彻斯特编码的一个缺点是需要双倍的带宽。也就是说，信号跳变的频率是基带信号的两倍。

（3）用差分曼彻斯特编码时，如果码元是 1，则前半个码元的电平与上一个码元的后半个码元的电平一样（见图 2-8 中的实心箭头）；但码元为 0 时，则前半个码元的电平与上一个码元的后半个码元的电平相反（见图 2-8 中的空心箭头）。接收时，通过检查每个时间间隔开始处信号有无跳变来区分 0 和 1。

从信号波形中可以看到，曼彻斯特编码产生的信号频率比不归零制高。从自同步能力看，不归零制不能从信号波形本身中提取信号时钟频率（即没有自同步能力），而曼彻斯特和差分曼彻斯特具有自同步能力。差分曼彻斯特信号频率比曼彻斯特低。

2．带通调制（使用载波进行调制）

把基带信号的频率范围搬移到较高的频段，并转换为适合在模拟信道传输的模拟信号，经过载波调制后的信号称为带通信号（也称宽带信号）。运用这种方法，还可以把多路基带信号的频谱搬移到不同的频段，使得各路信号仅在一段频率范围内能够通过信道。让多路信号共同占据一条传输信道的全部带宽，可以提高信道带宽利用率。

对于比特流 010010，采用调幅、调频、调相 3 种基本调制方法产生的信号波形如图 2-9 所示。

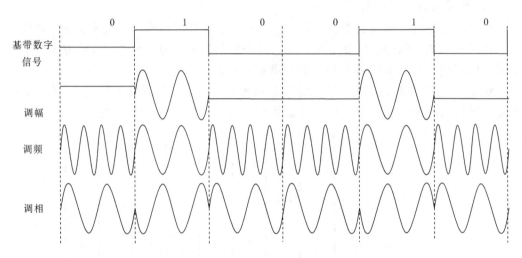

图 2-9　对基带信号的 3 种调制方式

（1）调幅（AM）：载波的振幅与基带数字信号成比例地变化。0 对应于无载波输出状态，而 1 对应输出一个振幅和频率恒定的信号。波形的变化速率和二进制输入的变化速率相同，比特率等于波特率。

（2）调频（FM）：载波的频率与二进制数字信号成比例地变化。0 对应于频率 f_1，而 1 对应于频率 f_2。如果数字信号从 0 变成 1，则波形的输出频率将从 f_1 漂移到 f_2。波形的变化速率也和二进制输入的变化速率相同，比特率等于波特率。

（3）调相（PM）：载波的相位与二进制数字信号成比例地变化。最简单的形式为输出载波的相位有 2 个。例如，0 对应一个具有 0°相角的模拟信号输出，1 对应一个具有 180°相角的模拟输出信号。二相调制波形的变化速率和二进制输入的变化速率相同，比特率等于波特率。采用 4 相或 8 相方法，则比特率大于波特率。

数字信号不能直接在电话网络上传输。传输的数字信号的有效频率范围超过电话线路所能通过的频率范围，数字信号传输中产生失真；电话线路中存在各种干扰信号和噪声，也使信号失真。数字信号在模拟信道上传输，必须在模拟信道两端各加上一个调制解调器，通过调制技术把数字信号转换成模拟信号后传输，再通过解调技术把模拟信号还原成数字信号后接收。

2.3.2　信道的分类

按照传输信号的类型，信道可分为模拟信道和数字信道。传输数字信号的信道称为数字信道，传输模拟信号的信道称为模拟信道。在数据通信发展初期，远距离的通信信道都是模拟信道。随着数字技术的快速发展，数字信道可提供更高的通信服务质量，早期的模拟信道正在被数字信道所代替。现在远程计算机间通信所使用的通信信道，在主干线路上基本是数字信道，仅有少部分的用户线路还使用传统的模拟信道。模拟信道与数字信道并存的局面，使得计算机网络物理层的内容变得复杂。

按照信道上信号传送方向与时间的关系，可分为单工信道、半双工信道和全双工信道；按照信道采用传输介质的不同，可分为有线信道和无线信道；按照使用信道的方法不同，可分为专（租）用信道和公用信道。

2.3.3　信道的容量计算

信道的容量以带宽指标来衡量。带宽是传输介质的一种物理特性，由介质的构成、厚度或长度决定。例如，同轴电缆带宽为 10 MHz～1 GHz，光纤带宽为 10～100 THz。所有信号在传输介质的传输过程中都会失真。对于传输的导线而言，在 0 到某个频率 f_n 的范围内，波形的振幅在传输过程中不会衰减，而在此截止频率 f_n 之上的所有频率的振幅都有不同程度的减弱。在传输过程中波形振幅不会明显减弱的频率的宽度称为信道的带宽，一般是指 0 到使得接收的波形能量保留一半的频率位置。滤波器一般可用来限制信道带宽。信道带宽对数据信号传输中失真影响很大，信道带宽越宽，信号传输的失真越少。

在实际应用中的信道都不是理想的，任何信道的带宽是有限的。信道上还存在多种干扰，在传输信号时会带来各种失真，故信道传输码元速率是有上限的。信道既为信号提供传输通路，又对信号造成损害。这种损害具体反映在信号波形的衰减和畸变上，导致通信出现差错现象。

1. 信道上的最高码元传输速率

早在 1924 年，奈奎斯特（Nyquist）推导出著名的奈氏准则，给出了理想条件（无噪声）下，码元传输速率的上限公式。在理想低通信道下（即信号的所有低频分量，只要其频率不超过某个上限值，都能够不失真地通过此信道），最高码元传输速率公式为：

$$理想低通信道中最高码元传输速率= 2\,B\,波特 \tag{2-1}$$

其中，B 是理想低通信道带宽，单位是赫兹（Hz），波特是码元传输速率的单位。

在理想带通信道下（只允许上下限之间的信号频率成分不失真地通过），最高码元传输速率的公式为：

$$理想带通信道中最高码元传输速率= W\,波特 \tag{2-2}$$

其中，W 是理想带通信道有限带宽，单位是赫兹（Hz），波特是码元传输速率的单位。

根据码元传输速率和每个码元所运载的比特位数，可以算出信道的数据信号传输速率。如果每个码元只运载 1 位数据，数据传输速率等于码元传输速率（即比特率=波特率）；如果每个码元运载 n 位数据，则 M 波特的码元传输速率所对应的数据传输速率为 nMbit/s。（即比特率= n 波特率）。

如果信道上码元传输速率超过了公式给出的上限，就会出现码元之间的相互干扰，以致接收一端无法正确判断所接收的码元是 1 还是 0。一个实际信道所能传输的最高码元速率，要明显低于理想状态时的数值。

2．信道中极限数据信息传输速率

1948 年，香农（C.Shannon）用信息论的理论推导出了带宽受限且有噪声干扰的信道的最大信息传输速率。当用此速率进行传输时，可以做到不产生差错。用公式表示，则信道的极限数据传输速率 C 可表达为：

$$C = W\log_2(1 + S/N)（\text{bit/s}）\tag{2-3}$$

其中，W 为信道的带宽，S 为信道内所传输信号的平均功率，N 为信道内部的热噪声功率。

香农公式表明，有干扰的信道的最大数据传输速率是有限的。最大数据传输速率受信道带宽和信道信噪比的共同制约，只要给定了信道信噪比和带宽，则信道的最大数据传输速率就确定了，并且大小与码元运载的比特无关，无论用什么调制技术都无法改变。例如，典型的模拟电话系统信噪比为 30 dB（分贝值=10 lgS/N，单位为 dB，S/N=1000），带宽 W=3 000 Hz，最大数据传输速率约为 30 kbit/s。这个值是理论上限，无论采用何种先进的编码技术，实际数据的传输速率一定低于这个极限数值。

2.3.4　有线介质

电磁波可在有线和无线两种介质中传播，传输介质构建了通信信道的物质基础。每一种传输介质都有独特的性质，体现在带宽、延时、成本以及安装和维护的难易程度上。由双绞线、同轴电缆和光纤等传输介质组成的信道称为有线信道；由自由空间和电磁波组成的信道称为无线信道。这里介绍几种常用的有线介质。

1．同轴电缆

同轴电缆由硬的铜质芯线和外包一层绝缘材料组成，在绝缘材料外面是一层网状密织的外导体及塑料保护外套，其结构如图 2-10 所示。 同轴电缆具有寿命长、容量大、传输稳定、抗干扰能力强等特点，适应范围较宽。从低速到高速的、从短距离到长距离的数据传输都可以采用同轴电缆。

电缆铜芯
绝缘层
铜网
外绝缘层

图 2-10　同轴电缆

按特性阻抗数值的不同，将同轴电缆分为两类：

（1）75 Ω 电缆：又称宽带同轴电缆，它是有线电视系统（CATV）中的标准传输电缆，可用于模拟信号传输，也可用于数字信号传输。进行模拟传输时，频率可达 300～400 MHz 以上，传输距离可达 100 km。一般来说，每秒传送 1 bit 需要 1～4 Hz

的带宽，通常一条带宽为 300 MHz 的电缆可以支持 150 Mbit/s 的数据传输速率。

（2）50 Ω电缆：又称基带同轴电缆，它广泛用于传输基带信号。用这种同轴电缆以 10 Mbit/s 的数据传输速率将基带信号传送 1 km 是完全可行的。

2．双绞线

双绞线由两根相互绝缘的导线以螺旋状的形式紧紧地绞在一起，是简单经济的传输介质。若将一对或多对双绞线安装在一个套筒里，就构成了双绞线电缆。相互缠绕的一对双绞线是一条通信线路，两根导线互相缠绕，线对之间的电磁干扰达到最小。

为了提高双绞线抗电磁干扰的能力，可以在双绞线的外面再加上一个用金属丝编织成的屏蔽层。这就是屏蔽双绞线（STP），如图 2-11 所示。它的价格比非屏蔽双绞线（UTP）（见图 2-12）贵一些。双绞线可以传输模拟信号和数字信号，传输速率可达 100～155 Mbit/s。其通信距离一般为几千米到十几千米。距离太长时就要加放大器将衰减了的信号放大到合适的数值（对于模拟传输），或者加上中继器以便将失真了的数字信号进行整形（对于数字传输）。双绞线安装方便，可靠性好，抗干扰能力较强，适用于短距离的传输，尤其适用于局域网中的通信。

图 2-11　屏蔽双绞线

图 2-12　非屏蔽双绞线

在局域网中使用的非屏蔽双绞线可分为 3 类、4 类、5 类和超 5 类。在以太网中，常用 5 类双绞线，5 类双绞线由 2 根绝缘导线扭在一起，4 对这样的双绞线被套在一个塑料保护套内，适用于高速计算机通信，尤其是 100 Mbit/s 和 1 Gbit/s。6 类或更高类双绞线将用来传输高带宽信号，甚至支持 10 Gbit/s 的链路。

3．光纤

光纤是一种性能极好的有线传输介质，利用传递光脉冲进行数据通信。在发送端，采用发光二极管或半导体激光器，在电脉冲的作用下产生光脉冲。有光脉冲时相当于 1，无光脉冲时相当于 0。在接收端，利用光电二极管做成的光检测器，在检测到光脉冲时还原出电脉冲。由于可见光的频率非常高，约为 108 MHz，因此一个光纤通信系统的传输带宽远远大于其他各种传输介质的带宽。

光纤通常由透明的石英玻璃拉成的细丝做成，纤芯很细，其直径只有 8～100 μm。纤芯用来传导光波，包层较纤芯有较低的折射率。当光线从高折射率的介质射向低折射率的介质时，其折射角将大于入射角。在纤芯和包层构成的双层通信圆柱体中，当光线从纤芯射向包层时，如果入射角足够大，就会出现全反射，即光线碰到包层时就会折射回纤芯（如图 2-13 中的入射角 2 与折射角 2）。图 2-13 所示为光线在光纤中折射的截面示意图。当这种折射过程不断重复时，光也就沿着光纤传输下去。

所有射到光纤表面的光线的入射角大于某一个临界角度时，都会产生全反射。因此，可以存在许多条不同角度入射的光线在一条光纤中传输。这种光纤就称为多模光纤。

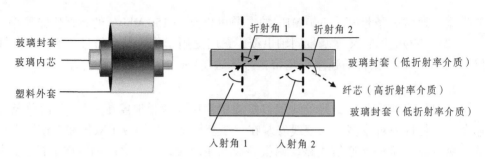

图 2-13　光线在光纤中的折射

若光纤的直径减小到只有一个光的波长，则光纤就像一根波导那样，可使光线一直向前传播，而不会像多模光纤那样产生多次反射。这样的光纤就称为单模光纤。单模光纤的光源要使用昂贵的半导体激光器，而不能使用较便宜的发光二极管。单模光纤的衰耗较小，在 2.5 Gbit/s 的高速率下可传输数十千米而不必采用中继器。图 2-14（a）所示为多模光纤传播方式截面图，图 2-14（b）所示为单模光纤传播方式截面图。

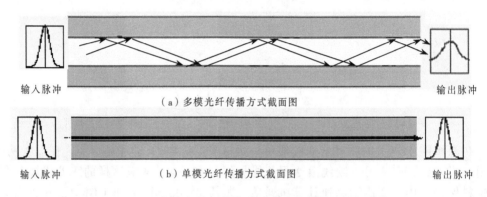

图 2-14　多模光纤和单模光纤中光线传播方式比较

由于光纤非常细，连包层一起，其直径也不到 0.2 mm，因此必须将光纤做成很结实的光缆。一根光缆少则包括一根光纤，多则可包括数十至数百根光纤。光缆中的加强芯和填充物，用来提高其机械强度。必要时还可放入远供电源线。光缆的包带层和外护套，可以使光缆的抗拉强度达到几千克，满足工程施工的强度要求。

光纤的高数据传输速率对于视频、语言、图像等多媒体的传输非常有用。由于光纤中传输的是光信号而不是电信号，可以有效地屏蔽外界的电磁干扰。光纤的传输损耗很小，长距离传输的信号衰减很低，可在 6～8 km 的距离内不用中继器进行传输。现代的生产工艺可以制造出超低损耗的光纤，做到光线在纤芯中传输数千米而基本没有什么衰耗，这是光纤通信得到飞速发展的最关键因素之一。

光纤也有一些缺点，需要专用设备和技术人员精确地连接两根光纤，施工成本相对较高。

2.3.5　无线介质

无线介质是指电磁波和大气空间的组合，是构建无线信道的基础。在无线介质中，常用来传输信息的有无线电、红外线、微波和激光等。

无线电波容易产生，传播距离远，既可以全方向传播，也可以定向传播，已被广泛应用于通信领域；红外线用于短距离通信，如电视、空调器等家用电器使用的遥控装置；激光可用于建筑物之间的局域网连接，它具有高带宽和定向性好的优势，易受天气、热气流或热辐射等影响，其工作质量存在不稳定性；微波按直线传播，但不能很好地穿透建筑物，利用微波通信的最主要优点是不需要铺设线缆，只需要建造成本相对低廉的微波塔。以下介绍 3 种典型的无线通信方式：微波通信、卫星通信和蜂窝无线通信。

1．微波通信

在电磁频谱中，频率在 300 MHz～3 THz 之间的信号叫作微波信号，波长范围为 7 m～0.1 mm。微波信号传输的主要特点为：

（1）只能直线传播，但地球表面是一个曲面，故微波在地面上的收发两点传播距离有限，一般在 40～60 km 范围内。当传输距离超出上述范围时，要设置中继站，以便转接信息继续发送。

（2）大气对微波信号的吸收与散射影响较大，使信号在传输中受损，对微波通信系统产生不良影响。

（3）由于微波信号的波长比较短，因此利用机械尺寸相对较小的抛物面天线，就可以将微波信号能量集中在一个很小的波束内发送出去，这样就可以用很小的发射功率来进行远距离通信。

（4）微波信号的频率很高，其载波频率范围为 2～40 GHz，获得较大的通信带宽。例如，两个带宽为 2 MHz 的频带，可容纳 500 多条语音线路。

（5）微波通信保密性较差，大多数微波系统以模拟信号发送数据，也有一些以数字信号发送数据。

2．卫星通信

卫星通信是微波通信中的一种特殊形式，是利用卫星微波形成点对点通信线路来传输数据。图 2-15 所示的一个简单的卫星通信系统示意图。

图 2-15（a）所示为卫星通信系统由两个地球站（发送站和接收站）与一颗卫星组成，图 2-15（b）所示为通过微波形成的广播通信线路。地面发送站使用上行链路向通信卫星发射微波信号，卫星起到中继器的作用，它接收通过上行链路发送的微波信号，经过放大后使用下行链路发送回地面接收站。由于上行链路和下行链路使用的频率不同，因此可以将发送信号与接收信号区分开。卫星上可以有多个转发器，其作用是接收、放大与发送信号。一般是 12 个转发器拥有一个 36 MHz 带宽的信道，不同的转发器使用不同的频率。

商用通信卫星一般被发射在赤道上方 36 000 km 高空的同步轨道上，当地球自转时，同步卫星也以一个适当的速度沿地球自转方向绕轨道运行，地球和卫星之间可以保持相对的静止。三颗这样的卫星均匀沿轨道分开，就可以覆盖整个地球表面。20世纪 90 年代初出现的中、低地球轨道卫星移动通信系统，作为陆地移动通信系统的补充和扩展。卫星通信的主要优点如下：

（1）通信距离远，数据传输成本不随传输距离增加而增加。

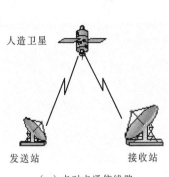

（a）点对点通信线路

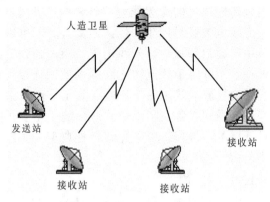

（b）广播式通信线路

图 2-15 卫星通信系统

（2）覆盖面积大、不受地理条件限制，只要在地球赤道上空的同步轨道上，等高度地放置三颗相隔 120°的卫星，就能基本上实现全球的通信。

（3）通信信道的带宽和容量大，可进行多址通信与移动通信。

它的不足之处是传输延时时间长，传输质量与气候条件、太阳活动、卫星相对地面站的方位等有关。

卫星通信最突出的优点是其他有线通信无法做到，即传输一条消息的成本与该消息所经过的距离无关，在进行远距离洲际间的通信时，通常采用卫星通信。

3. 蜂窝无线通信

蜂窝无线通信主要用于移动通信。早期的移动通信系统采用大区制的强覆盖模式，即建立一个无线电台基站，架设很高的天线塔，使用很大的发射功率，覆盖范围可以达到 30～50 km。大区制的优点是结构简单，不需要交换，但频道数量较少，覆盖范围有限。为了提高覆盖区域的系统容量和充分利用频率资源，人们提出了小区制的概念。

所谓小区制是指将一个大区制覆盖的区域划分成多个小区，每个小区中设立一个基站，通过基站在本区的用户移动台之间建立通信系统。小区覆盖的半径较小，一般为 1～20 km，因此可以用较小的发射功率实现双向通信。由若干彼此相邻的小区构成的覆盖区叫作区群。区群的结构酷似蜂窝，因此人们将小区制移动通信系统叫作蜂窝移动通信系统。区群中各小区的基站之间可以通过电缆、光缆或微波链路与移动交换中心连接。移动交换中心通过线路与市话交换局连接，从而构成一个完整的蜂窝移动通信的网络结构。这样，由多个小区构成的通信系统的总容量将大大提高。

第一代蜂窝移动通信（1G）系统属于模拟移动通信类型，用户语音以模拟信号的方式传播。第二代蜂窝数字移动通信（2G）系统从模拟传输切换到以数字形式传输语音通话，不仅增加了容量，安全性得到提高，还提供了短信服务。第三代移动通信（3G）系统提供数字语音和宽带数字数据服务。第四代移动通信（4G）系统融合数字通信、数字音/视频接收和因特网接入的崭新的系统。第五代移动通信（5G）系统将满足快速增长的移动互联网应用的需要。

自 测 题

一、单选题

1. 6 类双绞线可用来传输高带宽信号，甚至支持（　　　）的链路。

　　A. 1 Gbit/s　　　　B. 100 Mbit/s　　　　C. 10 Mbit/s　　　　D. 10 Gbit/s

2. 香农公式表明，有干扰信道的最大数据传输速率是有限的，最大的数据传输速率受到信道的（　　　）共同制约。

　　A. 带宽　　　　　　　　　　　　　　B. 信噪比

　　C. 带宽和信噪比　　　　　　　　　　D. 容量

3. 在电磁频谱中，频率在 100 MHz～10 GHz 之间的信号称为微波信号，以下（　　　）符合。

　　A. $10^4 \sim 10^6$ Hz　　　　　　　　　B. $10^8 \sim 10^{10}$ Hz

　　C. $10^6 \sim 10^{11}$ Hz　　　　　　　　D. $10^{14} \sim 10^{15}$ Hz

4. 同步卫星在赤道上方 36 000 km 高空的同步轨道上，以适当速度沿地球自转方向绕轨道运行，（　　　）颗这样的卫星，可覆盖整个地球表面的通信。

　　A. 3　　　　　　　B. 2　　　　　　　C. 4　　　　　　　D. 6

5. 3 kHz 可作为（　　　）单位。

　　A. 吞吐量　　　　　　　　　　　　　B. 信道带宽

　　C. 信道容量　　　　　　　　　　　　D. 数据传输速率

二、填空题

1. 一条通信电路往往包含一条_____信道和一条_____信道。

2. 在数据通信中，来自信源的信号常称为基带信号，必须对其进行调制后再传输。调制分为_____（或叫编码）和带通调制。

3. 按照传输信号的类型，信道可分为模拟信道和_____信道；按照信道上信号传送方向与时间的关系，可分为单工信道、半双工信道和_____信道。

4. 根据奈氏准则，如果信道上码元_____超过了公式给出的数值，就会出现码元之间的相互_____。

5. 电磁波可在_____和_____两种介质中传播，传输介质构建了通信信道的物质基础。

6. 常用的编码方式有不归零制、_____和差分曼彻斯特编码。

7. 双绞线安装方便，可靠性好，抗干扰能力较强，适用于短距离的传输，尤其适用于_____中的通信。

8. 光纤的数据传输速率可达到每秒几百兆位以上，光纤中传输的是_____信号，可以有效屏蔽外界的_____干扰。光纤的传输损耗很小，长距离传输的信号衰减很低。

9. 无线介质是构建无线信道的基础，常用的有_____、_____红外线、微波等。

10. 卫星通信的最突出的优点是：传输一条消息的成本与该消息所经过的_____无关。

2.4　数据传输和数据交换技术

2.4.1　数据传输方式

数据传输方式定义了数据信号从一个设备传到另一个设备的方式，还定义了数据信号可以同时在两个方向上传输，或者轮流地发送和接收。

数据传输和数据
交换技术视频

1．单工、半双工和全双工通信

当一台设备传输信息到另一台设备时，从信号传输方向来看，有单工通信、半双工通信和全双工通信。在这 3 种通信方式中，单工通信和半双工通信只需要一条通信线路；全双工通信需要两条通信线路，传输效率高。

（1）单工通信又称单向通信。在任何一个时刻，信号只能从甲方向乙方传输，例如，广播电台与收音机、电视台与电视机的通信、遥控玩具均属于这种方式。

（2）半双工通信是在任何一个时刻，信号只能单向传输，每一方都不能同时收、发信息，只能轮流使用。例如，对讲机、收发报机及问询等属于这种通信方式。

（3）全双工通信是在任何一个时刻，信号都能够双向传输，例如电话或手机。

2．串行传输和并行传输

从数字信号传输的时空顺序来分类，基本传输方式有串行传输和并行传输。

（1）串行传输是指将数字信号序列按信号变化的时间顺序一位接一位地传输。例如，数字信号 10011010 要在两个计算机设备中进行传递，发送设备需将该序列按 1→0→0→1→1→0→1→0 的顺序逐个通过一条信道传到接收设备，如图 2-16（a）所示。

（2）并行传输是指将数字信号序列（按字符或码元的比特数）分成 n 比特，同时输送到 n 条并行信道中传输，多个比特同时传输。例如，如并行传送数字信号 10011010 时，将该序列的 8 位用 8 条信道同时传输，如图 2-16（b）所示。

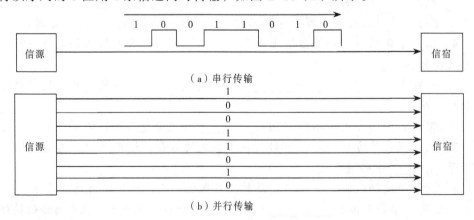

图 2-16　串行传输和并行传输比较

串行传输的特点是只需要一条信道，通信线路简单，成本低廉，一般用于较长距离的传输；缺点是传输速度较慢，需要解决收发双方同步的问题。并行传输的特点是需要多条信道、通信线路复杂、成本较高，但传输速率快且不需要外加同步措施，多用于短距离通信，例如计算机与打印机之间的传输。

3. 异步传输和同步传输

按照发/收两端实现同步的方法，传输方式可分为异步传输和同步传输。

（1）异步传输以字符为传输单位。不管字符的比特长度，在每个字符的前后加上同步信息。例如，加上起始位、校验位和停止位，如图 2-17 所示。表示传输 A 字符的数据帧格式：A 的 ASCII 码表示为 1000001，一位偶校验位，一位起始位，2 位停止位。

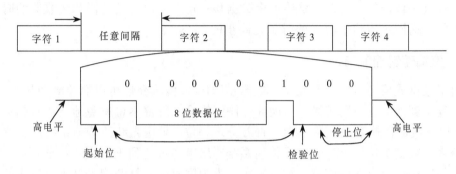

图 2-17　异步传输方式及字母 A 的数据帧格式

异步传输的特点包括：

- 在异步传输中，无传输时的传输线一直处于停止位（空隙）状态，如高电平。一旦接收端检测到传输状态的变化，例如，从高电平变为低电平，就意味着发送端已开始发送字符，接收端利用这个电平的变化启动定时机构，按发送的速率顺序接收字符。待发送字符结束，发送端又使传输线处于高电平（空隙）状态，直至发送下一个字符为止。
- 在异步传输中，每个字符作为一个独立整体进行发送，字符内部是同步的。但由于各字符之间的时间间隔没有规定，可以是任意时间间隔，因此各字符间并不同步。
- 异步传输要求收、发端采用相同的数据帧格式，统一传输速率。计算机通信中常采用的典型速率有 300 bit/s、600 bit/s、1 200 bit/s、2 400 bit/s、4 800 bit/s、9 600 bit/s 等。

（2）同步传输是以数据块为传输单位，并对其进行同步。所谓数据块就是由多个字符或二进制位串组成的，在数据块的前后加上同步信息。通常是附加一个特殊的字符或比特序列，标志数据块的开始与结束。一个数据块的数据位与同步信息的数据位结合起来构成一个数据帧。图 2-18 所示为同步传输中数据帧的一般格式。

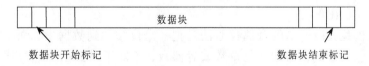

图 2-18　同步传输中的数据帧的一般格式

同步传输又可分为面向字符和面向位流两种传输方式：

- 在面向字符的方式中，每个数据块的头部用一个或多个同步字符 SYN 来表示数据块的开始，尾部用另一个字符 ETX 代表数据块的结束。
- 在面向位流的传输方式中，每个数据块的头部和尾部都用一个特殊的比特序列来标记数据块的开始与结束。在计算机局域网的通信中，采用面向位流的同步传输方式。

异步传输的优点是简单、可靠，适用于计算机与终端之间的数据通信；缺点是传输速率较低。同步传输的优点是开销少，适合于较高速率的数据传输；缺点是整个数据块一旦有一位误传，就必须重传整个数据块。异步传输的发送器和接收器的时钟是不同步的，而同步传输中两者的时钟是同步的。

2.4.2 传输差错控制方法

由于数据通信的电路短至几米，长至几千千米，传输介质可以简单到两根铜导线，也可复杂到微波、卫星或光纤。因此，任何传输系统都不可避免地会出现错误。例如，采用铜线的传输系统出错率为一百万分之一位。采用光纤的传输系统出错率为一亿万分之一或更少位。而对于无线传输系统，出错率可达到千分之一位或更高。通信传输中的错误可能由自然因素（如闪电）或人为因素（如打开荧光灯）所造成的电磁干扰引起的，也可能是由于设备内部的各种噪声引起的。

数据通信错误可分为单个位、多位或串错误。当给定数据串中只有一位出错时，就是单个位错误，单个位错误只影响信息中的一个字符。当给定数据串中有两个或多个不连续位出现错误时，就是多位错，多位错可能影响信息中的一个或多个字符。当给定数据串中有两个或多个连续位出现错误时，就是串错误，可能影响信息中的一个或多个字符。

传输中的出错性能用误码率来衡量。例如，某传输系统的误码率为 10^{-6}，则意味着该系统传输 1 000 000 个比特中有一位出错。不同的网络应用对误码率有不同级别的要求。例如，语音通信就能忍受很高的误码率，电子银行交易应用几乎就不允许有任何错误发生。因此，当数据传输系统的误码率达不到规定的数值时，就应该采用错误控制技术，减少系统的误码率。传输错误的控制方法分为 2 类：检错和纠错。

1. 检错

检错技术是不纠正传输中的错误，不会标识哪些位出错，目的是防止接收数据中出现未被检测到的错误。目前，数据通信中的检错方法主要利用冗余的概念，即在信息数据发送之前，先按照某种规则附加上额外的比特位（称为冗余位），构成一个符合某一规则的码字后再发送。接收端收到码字后，判断其是否符合某一规则。如果不符合规则，就可以判定传输过程中有错。常用的校验方法有 3 种：奇偶校验、检验和、循环冗余校验（CRC）。

（1）奇偶校验：最简单的奇偶校验法是把一个位添加到数据中，强制数据码字中的 1 的总数（包括奇偶校验位）是奇数或者偶数，等同于对数据位进行模 2 加法或异或操作来获得奇偶位。例如，当以偶校验方式发送 1100000 时，在数据末尾添加一位成为 11000000；若采用奇校验方式发送 1100000 时，则结果为 11000001。

奇偶校验的主要优点是简单，但单个校验位只能可靠地检测出一位错误。当数据块中有一个长的突发错误造成乱码时，用单个校验位的奇偶校验法检测出这种错误的概率只有 0.5。如果采用水平垂直奇偶校验（即方阵码），即把要发送的数据块作为一个 n 位宽和 k 位高的长方形矩阵来处理，则检测出长的突发错误的概率可得到很大的提高。

（2）检验和：它是使用求和算法的一种差错检测机制。把要发送的信息数据相加，产生一个称为检验和的检错字符，该检验和被附加到信息的末尾。接收端对收到的信息（包含信息数据和校验和），进行求和计算就能检测出错误，如果计算结果是零，则没有检测出错误。例如，16 位的 Internet 检验和，该检验和是按 16 位字计算得出的。

（3）循环冗余校验（CRC）：其基本思想是将要传送的信息表示为一个多项式 $M(x)$，用 $M(x)$除以一个预先确定的多项式 $C(x)$，得到的余式就是所需的循环冗余校验码。发送时，将信息码和冗余码一同传送至接收端。接收方先对传送来的信息码字用发送时的同一多项式 $C(x)$去除，若能除尽（余数为零）表明传输正确，否则表示传输出错。

例如，一个 9 位的二进制序列 100110100，用多项式表示为：

$$M(x)= 1\times x^8+ 0\times x^{7+} 0\times x^6+1\times x^5+ 1\times x^4+0\times x^3+1\times x^2+0\times x^1+0\times x^0$$
$$= x^8+x^5+x^4+x^2$$

为 8 阶多项式。为了计算冗余码，发送方和接收方必须预先商定好一个除数多项式 $C(x)$。假设 $C(x)=x^3+x^2+1$，为 3（$k=3$）阶多项式。在信息位后附加 3 个 0，相当于 X^3 乘以 $M(x)$，则上述多项式变为：$X^3M(x) = x^{11}+x^8+x^7+x^5$。

加长后的二进制序列为 100110100000，除数多项式对应的二进制序列为 1101，用除数序列去除加长后的二进制序列（见图 2-19），所得的余数是 3 位的 CRC 码 111。

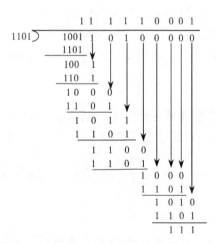

图 2-19　使用多项式长除法计算 CRC

带 CRC 校验码的数据串 100110100111（9 位数据位+3 位 CRC 码）被发送。如果在传输过程中没有发生差错，那么收到的二进制串 100110100111 能被 $C(x)$整除，余数为 0；如果在传输过程中出现了某个差错，那么收到的二进制串不能被 $C(x)$整除得到一个非零余数，说明发生了一个差错。

目前，国际推荐使用的 CRC 校验码有 4 种，对应的生成多项式为：

CRC-12　　$C(x)=x^{12}+x^{11}+x^3+x^2+1$

CRC-16　　$C(x)=x^{16}+x^{15}+x^2+1$

CRC-ITU　　$C(x)=x^{16}+x^{12}+x^5+1$

CRC-32　　$C(x)=x^{32}+x^{26}+x^{23}+x^{22}+x^{16}+x^{12}+x^{11}+x^{10}+x^8+x^7+x^5+x^4+x^2+x^1+1$

这些标准的 CRC 码的产生与校验都有硬件产品。循环冗余校验码的检错能力很强，除了能够检查出离散错，还能够检查出突发错。CRC 校验码具有以下检错能力：

（1）能检查出全部单个错。

（2）能检查出全部离散的二位错。

（3）能检查出全部奇数个错。

（4）能检查出全部长度小于或等于 K 位的突发错。

（5）能以$[1-(1/2)^{K-1}]$的概率检查出长度为 $k+1$ 位的突发错。

例如，$k=32$ 时，CRC 校验码能检查出小于或等于 32 位的所有突发错，并以 $1-(1/2)^{32-1}=$ 99.99999995% 的概率检查出长度为 33 的突发错。这种检验法在局域网中有广泛的应用。

2．纠错方法

在数据通信中，当消息的接收方检测到差错时，可以采取两种基本方法来纠正错误：

一种是反馈重发纠错法（Automatic Request for Repeat，ARQ），接收端将传输的信息（ACK 或 NAK）作为应答反馈给发送端。对于传输有误的数据，发送端要重新传送，直至传送正确为止。差错检测技术结合重传的处理方式通常用于光纤和高品质铜线组成的链路。

另一种是前向纠错法（FEC），即接收端发现错误后，不是通过发送端的重传来纠正，而是由接收端通过纠错码和适当的算法进行纠正。由于这种纠错方法比较复杂，所需的冗余码元较多，实现比较困难，故很少使用。

目前，绝大多数通信系统都采用反馈重发纠错法来纠正传输差错。

2.4.3　信道复用技术

通常传输介质的传输容量都会超过单一信道传输的通信量，为了充分利用传输介质的带宽，需要在一条物理线路上建立多条通信信道，且用单根电缆传送几路信号比为每路信号铺设一根线缆费用要低得多。这种信道的共享形式称为多路复用技术。信道复用技术包括复合、传输和分离过程，常用的复用技术有：频分复用、时分复用和码分复用。

1．频分复用

频分多路复用（FDM）就是将信道的可用带宽按频率分割成若干个子频带信道，每路信道的信号以不同的载波频率进行调制，各路信道的载波频率互不重叠。如图 2-20 所示，信号 S_1、S_2、S_3 分别被调制到 3 个不同的频率段 f_1、f_2 和 f_3 上。为防止相邻两个信号频率覆盖造成干扰，在相邻两信号频率段间留有频率保护带，用来隔离相邻信号。

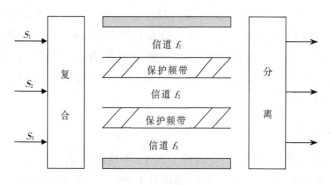

图 2-20　频分多路复用

电话系统曾是 FDM 技术的典型应用，若一条通信线路总的可用带宽为 96 kHz，按照每个信道占用 4 kHz 计算，则一条通信线路可以复用 24 路信号，可以同时为 24 对用户提供通信服务。目前电话网、蜂窝电话、地面卫星和卫星网络仍然在使用更高层粒度的 FDM 技术。

应用于光纤上的频分多路复用为波分多路复用（WDM），即利用光纤信道的巨大带宽，在一根光纤上复用多路光载波信号，每个信道有各自的频率范围且互不重叠，各路光波组合到一条共享的光纤上，传输给远处的接收点。在远端，这束光又被分离到不同的接收端。

2．时分复用

时分多路复用（TDM）是指用户以循环的方式轮流传输。每个用户周期性地获得整个带宽非常短的一个时间间隔（简称时间片）。图 2-21 给出了三路信号通过 TDM 复用的示例，3 个信号 S_1、S_2、S_3 按固定的时间片模式取出，输出到混合信号流，该信号混合流以各路流速率的总和速度发送。

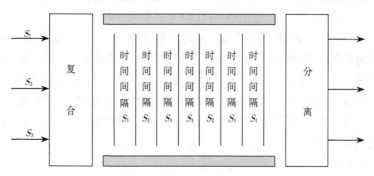

图 2-21　时分多路复用

TMD 已被广泛用于电话网络和蜂窝网络，例如，贝尔系统的 T1 载波。而统计时分多路复用（STDM）是动态地按需分配时间片。只有数据送出的信息源才能得到时间片，没有数据送出的信息源得不到时间片，即多用多得，不用不得。

3．码分复用

码分多路复用（CDMA）完全不同于 FDM 和 TDM 技术，是一种扩展频谱通信的形式，它把一种窄带信号扩展到一个很宽的频带上，这样会有较强的抗干扰能力，并允许来自不同用户的多个信号共享相同的频带。CDMA 允许每个站利用整个频段发送信号，而且没有任何时间限制，且多个信号可以线性叠加，利用编码理论可以将多个并发的传输分离开。CDMA 的关键要点在于能够提取出期望的信号，同时拒绝所有其他的信号，并把这些信号当成噪声处理。CDMA 除了应用在蜂窝网络外，还被应用于卫星通信和有线电视网络。

2.4.4　数据交换技术

数据交换方式是指通过交换设备或交换设备互联构成的网络来让所有数据终端相互连接。这些中间设备（结点）不仅提供任意两个数据终端之间的通信线路连接与断开，还提供任意用户之间的数据交换，即通过中间结点把数据从源端送到目的端。

实现数据交换功能的技术通常有 3 种：线路交换、报文交换和分组交换。线路交换技术最早出现在电话网上。随着计算机网络的产生和发展，报文交换和分组交换技术应运而生。

1. 线路交换

线路交换又称电路交换，是在数据的发送端和接收端之间，直接建立一条临时的通道，供通信双方专用。线路一旦接通，相连的两个站便可以直接通信，交换装置对通信双方的通信内容不进行任何干预。线路交换方式的通信包括 3 个阶段：线路建立、数据传送和线路拆除。下面通过图 2-22 来简述线路交换方式。

（1）线路建立。在传输数据之前，要在通信的双方之间建立临时专用的物理链路。例如，A 站与 B 站通信。因为 A 站到交换机 1 的线路是一条专用线路，所以这部分连接已经存在。交换机 1 必须在交换机 2、3、5 之中选择一条路径。如果选择了到交换机 5 的线路，从而建立 1—5—6 线路，交换机 6 完成到 B 站的连接。连接完成后，立即对 B 站进行状态测试，看 B 站是处于忙或者准备接收信息状态。如果 B 站是准备接收信息状态，则 A 站到 B 站的线路就建立完毕。

（2）数据传送。线路建立后就可以通过交换机 1、5、6，把数据从 A 站传送到 B 站。

（3）线路拆除。在数据传输结束后，就要拆除这个临时通道。通常由两个站中的任意一个站来完成。发出拆除信号，释放专用资源供其他通信方使用。

由于线路交换技术最初是用来连接电话用户的，连接建立后通路是独占的，没有传输延时。而计算机产生的数据具有突发性，用电路交换来传送计算机数据时，将导致线路的利用率很低。

2. 报文交换

报文交换不像线路交换那样需要建立专用通道。如果一个站想要发送信息，首先要将信息组成一个称为报文（Message）的数据包，把目的站（信宿）的地址和本站（信源）的地址附加在报文上，然后把报文发送到网络上。网络上的每个中间结点，接收整个报文，然后按目的站地址，寻找合适的通道转发到下一个结点。每个结点在寻找下一个通路时，如果线路忙，则暂存这个报文，等到线路空闲时再发送到。报文经过这样多次存储—转发，直至信宿。在图 2-22 中，从 A 到 B 存在多条通路，例如，从交换机 1、5、6，交换机 1、3、5、6 和交换机 1、2、4、6。

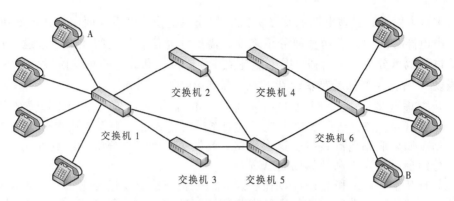

图 2-22　线路交换和报文交换示意图

报文交换的特点：报文交换过程中不需要专用通道，来自多个用户的报文可以多路复用一条线路，大大提高了线路的利用率；报文是以存储—转发方式通过交换机的，可以很容易地实现各种类型终端之间的数据通信。但因报文长短不一，通过结点交换时产生的时延值变化大，不利于实时通信，且有些报文可能很长，这就要求交换机有高速处理能力和大存储容量，交换设备成本提高。

3. 分组交换

分组交换结合了报文交换和线路交换的优点，尽可能地克服两者的缺点。分组交换与报文交换的主要区别在于：在分组交换中，要限制所传输的数据报的长度。要把一个大的数据报分成若干个小数据包，每个小数据包（也称为分组）的长度是固定的。分组交换技术在实际应用中可分为数据报方式和虚电路方式。

（1）数据报方式：数据报（Datagram）交换方式，又称面向无连接的数据传输。每个分组在网络上的传输路径与时间完全由网络的具体情况而随机确定。因此，会出现信宿收到的分组顺序与信源发送时的顺序不一样，先发的可能后到，而后发的却有可能先到。

以图 2-23 为例，说明在数据报方式中分组的传输过程：假设 A 站将信息数据分成 4 个分组，分组 1 和 2 沿结点 4—7—6，分组 3 沿结点 4—6，分组 4 沿结点 4—5—6 的次序发送到结点 E。4 个分组沿不同的路径传输，在途中可能产生不同的延时，导致分组到达 E 站的顺序与 A 站发送时不同。例如，到达的顺序可能是分组 3—分组 4—分组 1—分组 2，因此在 E 站要把收到的分组按顺序重新排列。

数据报方式的特点：避免了线路交换中的呼叫建立过程。但每个分组必须携带目的和源地址等信息，造成了额外的开销。分组在各个结点存储转发需要排队，会造成一定的延时。

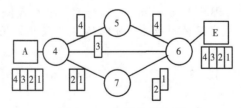

图 2-23　分组数据交换

（2）虚电路方式：虚电路的交换方式类似线路交换，也称为面向连接的数据报传输。在虚电路方式中，发送任何分组之前，需要在通信双方之间建立一条逻辑连接。其通信过程也可分为3个阶段：虚电路建立、数据传输和虚电路拆除阶段。在图2-23中，假设A站有4个分组要发送到E站，需要经过以下步骤。

- 建立虚电路。发送一个呼叫请求到结点4，请求一条到E站的连接。结点4决定选择结点5，结点5决定选择结点6。结点6最终把呼叫请求分组传送到E站，如果E站已准备接受这个连接，就发送一个接受分组到结点6。这个接受分组通过结点5和4返回到A站。

- 数据传输。A站和E站可以在已建立的逻辑连接上发送分组1、2、3和4。在预先建立好的路径上的每个结点都知道把这些分组引导到哪里去，不再需要进行路径选择判定。于是，来自A站的每一个数据分组都通过结点4、5和6；来自E站的每一个数据分组都经过结点6、5和4。

- 虚电路拆除。数据传输完毕，其中一个站（源站或目的站）发出清除请求来结束这次连接。

虚电路技术的主要特点：在数据传送之前建立站与站之间的一条逻辑连接，避免了物理独占一条线路。由于所有分组都从一条逻辑连接的虚电路上通过，分组不必带上目的和源地址等信息，结点也不需要为分组做路径选择，接收端无须对分组重新排序，缩短了时延。如果虚电路发生意外中断，需要重新建立连接。

自 测 题

一、单选题

1. 下列关于电路交换说法中正确的是（　　　）。
   - A. 线路利用率高
   - B. 电路交换中的结点对传输的信号不做任何处理
   - C. 信道的通信速度低
   - D. 通信双方不必同时工作

2. 分组交换还可以进一步分成（　　　）和虚电路两种。
   - A. 数据报
   - B. 呼叫虚电路
   - C. 包交换
   - D. 永久虚电路

3. 已知生成多项式为：$X^4 + X^3 + X^2 + 1$，则信息位1010101的CRC码为（　　　）。
   - A. 11101
   - B. 1010101
   - C. 1001
   - D. 110

4. 检验和是使用（　　　）的一种差错检测机制
   - A. 异或算法
   - B. 求差算法
   - C. 求积算法
   - D. 求和算法

5. 在图2-22中，采用分组交换技术，分组从A端发出到B端，可以选择（　　　）条通路
   - A. 1
   - B. 3
   - C. 6
   - D. 5

二、填空题

1. 未经调制的电脉冲原封不变地在信道中传输叫＿＿＿＿＿＿＿＿；先将数字信号转换

为模拟信号，再利用高频载波在信道中传输叫_____。

2．在数据交换技术中，在两个站之间不需要建立专用通道，通过把目的地址附加在报文上，由结点存储转发，并要限制所传输的报文长度的叫_____。

3．多路复用技术主要包括频分、_____、码分多路复用。

4．实现分组交换的两种方法为：_____和_____。

5．在单工、半双工和全双工 3 种通信方式中，单工通信和半双工通信只需要一条通信线路，全双工通信需要_____通信线路。

6．_____的特点是只需一条信道，一般用于较长距离的传输，传输速度较慢，需要解决双方同步的问题。并行传输的特点是需多条信道，多用于短距离通信，但传输速率高，不需要外加同步措施。

7．按照发/收两端实现同步的方法，传输方式可分为_____和同步传输。

8．传输中的出错性能用_____来衡量。传输错误的控制方法分为_____和纠错。

9．绝大多数的通信系统都采用_____纠错法来纠正传输差错。

10．循环冗余校验（CRC）的基本思想是将要传送的信息表示为一个多项式 $M(x)$，用 $M(x)$ 除以一个预先确定的多项式 $C(x)$，得到的余式就是_____。发送时，将信息码和冗余码一同发送。接收方先对传送来的信息码字用发送时的多项式 $C(x)$ 去除，若能除尽（余数为零）表明传输正确，否则表示传输_____。

【自测题参考答案】

2.1

一、单选题：1．A 2．D 3．C 4．B 5．D

二、填空题：1．数字化 2．0 或 1 3．字符编码 4．采样、编码 5．10011011111001110 111011000011101 1011100101 6．镶嵌图形法、增量法 7．脉冲编码调制方法 8．电编码、数字 9．基带信号、通信信道 10．频率、相位

2.2

一、单选题：1．D 2．A 3．C 4．B 5．A

二、填空题：1．数据通信设备、通信信道 2．比特数 3．调制信号波形 4．传输介质 5．差 6．不失真、强 7．信息量 8．传输延时、传播延时 9．调制解调器 10．比特错误率。

2.3

一、单选题：1．D 2．C 3．B 4．A 5．B

二、填空题：1．发送、接收 2．基带调制 3．数字、全双工 4．传输速率、干扰 5．有线、无线 6．曼彻斯特编码 7．局域网 8．光，电磁 9．无线电、激光 10．距离

2.4

一、单选题：1．B 2．A 3．C 4．D 5．C

二、填空题：1. 基带传输、频带传输 2. 分组交换 3. 时分 4. 数据报、虚电路 5.两条 6.串行传输 7.异步传输 8.误码率、检错 9.反馈重发 10.循环冗余校验码、出错。

【重要术语】

模拟信号：Analog Signal
数字信号：Digital Signal
传输速率：Transmission Rate
带宽：Bandwidth
比特率：Bit Rate
波特率：Baud Rate
信道：Channel
传输介质：Transmission Medium
单工通信：Simple Duplex
半双工通信：Half Duplex
全双工通信：Full Duplex
基带传输：Baseband Transmission
宽带传输：Broadband Transmission
多路复用：Multiplexing

频分多路复用：Frequency Division Multiplexing
波分多路复用：Wavelength Division Multiplexing
时分多路复用：Time Division Multiplexing
统计时分多路复用：Statical Time Division Multiplexing
码分多路复用：Code Division Multiple Access
曼彻斯特编码：Manchester Encoding
差分曼彻斯特编码：Differntial Manchester Encoding
频移键控（FSK）：Frequency Shift Keying
相移键控（PSK）：Phase Shift Keying
幅移键控（ASK）：Amplitude Shift Keying
脉冲编码调制（PCM）：Pulse Code Modulate
电路交换：Circuit Switching
分组交换：Packet Switching
差错检测：Error Check

【练习题】

一、单选题

1. (   )是通信系统中用来衡量信息传输容量的一个指标，它是指在信道中可以传输信号的最高频率与最低频率之差。

    A. 带宽　　　　　　　　　　　　　B. 误码率

    C. 数据传输速率　　　　　　　　　D. 信道利用率

2. 在常用的传输介质中，抗干扰能力最强、安全性最好的一种传输介质是(   )。

    A. 双绞线　　　B. 无线信道　　　C. 光纤　　　　　D. 同轴电缆

3. 电视广播是一种（   ）传输的例子。

    A. 单工　　　　B. 半双工　　　　C. 全双工　　　　D. 自动

4. 多路复用技术是指在 （   ）通信线路上，同时传输（   ）信号。

    A. 多条、多路　　　　　　　　　　B. 一条、多路

    C. 多条、一路　　　　　　　　　　D. 一条、一路

5. 在计算机局域网中，普遍采用的是用（   ）校验法进行差错检测控制。

    A. 垂直冗余　　　B. 纵向冗余　　　C. 循环冗余　　　D. 检验和

6. 调制解调技术主要用于（   ）的通信方式中。

    A. 数字信道传输模拟数据　　　　　B. 模拟信道传输模拟数据

    C. 数字信道传输数字数据　　　　　D. 模拟信道传输数字数据

7. 在网络中，将语音与计算机产生的数字、文字、图形与图像同时传输，必须先将语音信号数字化。利用（　　　）技术可以将语音信号数字化。

  A. 差分 Manchester 编码   B. QAM

  C. Manchester 编码   D. PCM 编码

8. 下列有关数据通信的说法中，（　　　）是不正确的。

  A. 基带传输是将音频信号调制成数字信号后发送和传输

  B. 频带传输是把数字信号调制成音频信号后发送和传输

  C. 异步传输可以在任何时刻向信道发送信号

  D. 同步传输是以报文或分组为单位进行传输

9. 数据报方式中，每个分组必须携带目的和源地址等信息，分组在各个结点（　　　）需要排队会造成一定的延时。

  A. 等待处理   B. 存储转发   C. 路由   D. 交换

10. 常用的信道复用技术不包括（　　　）。

  A. 信号复用   B. 频分复用

  C. 时分复用   D. 码分复用

二、多选题（在下面的描述中有一个或多个符合题意，请用 ABCD 标示之）

1. 有线介质包括（　　　）三类。

  A. 同轴电缆   B. 双绞线

  C. 光纤   D. 微波

2. 在同一时间可以同时接收和发送信息，属于全双工通信方式，以下设备之间的通信方式，属于全双工方式的是（　　　）通信。

  A. 电话   B. 电子邮件

  C. 手机短信   D. 千兆网卡

3. 对基带信号的调制是把数字信号转换为另一种形式的数字信号，经过变换后的信号仍然是基带信号。常用的编码方式有（　　　）编码。

  A. 不归零制   B. 归零制

  C. 曼彻斯特编码   D. 差分曼彻斯特

4. 从信号自同步能力看，（　　　）和具有自同步能力。

  A. 用户名   B. 差分曼彻斯特

  C. 曼彻斯特   D. 国家代码

5. 虚电路的交换方式也称为面向连接的数据传输。其通信过程也可分为 3 个阶段，为（　　　）阶段。

  A. 虚电路建立   B. 数据传输

  C. 链接建立   D. 虚电路拆除

三、简答题

1. 什么是数据通信？简述一种通信系统模型的结构。

2. 数据传输速率与信号传输速率的单位各是什么？它们之间有什么关系？

3. 分别用标准曼彻斯特编码和差分曼彻斯特编码画出 1011001 的波形图。

4. 信道带宽为 3 kHz，信噪比为 30 dB，每个信号两种状态，问最大数据速率是多少？

5. 假设每张存储了 1.44 MB 的软盘质量为 30 g，一架飞机载着 105 kg 的这种软盘以 1 000 km/h 的速度飞过 5 000 km 的距离。这种系统的数据传输速率是每秒多少比特？

6. 电视频道的带宽为 6 MHz，假定无热噪声，若数字信号取 4 种离散值，可获得的最大数据传输速率是多少？

7. 设码元速率为 1 600 Baud，采用二相 PSK 调制，其数据速率是多少？

8. 在异步通信中每个字符包含 1 位起始位，7 位 ASCII 码，1 位奇偶校验位和 2 位终止位，数据传输速率为 100 字符/秒，如果采用四相位调制，则传输线路的码元速率为多少？数据传输速率为多少？有效数据传输速率为多少？

9. 电信每月 50 元 1 Mbit/s 的宽带；2 Mbit/s 的宽带 60 元；5 Mbit/s 的宽带 80 元；10 Mbit/s 的宽带 100 元，请问哪一种性价比最高？在以上各种情形下，软件的下载速度分别是多少？（软件下载以字节为单位）

10. 设信息为 8 位，冗余位为 4 位，生成多项式 $G(X)=x^4+x^3+1$，试计算传输信息为 10110011 和 11010011 的 CRC 编码。

<<<<<<<<<<<<<<<<<<<<<<<<<<<<<<<<<<<<<<<<<<<<<<<<<<<<<<<<<<<<<<<<<<<<<

【扩展读物】

[1] NEGROPONTE N. 数字化生存 [M]. 胡泳，译. 北京：电子工业出版社，2017.

[2] FOROUZAN B A. 数据通信与网络 [M]. 4 版. 吴时霖，译. 北京：机械工业出版社，2013.

[3] 谢希仁. 计算机网络 [M]. 6 版. 北京：电子工业出版社，2013.

[4] [美]戴伊，麦克唐纳，鲁菲. CCNA Exploration 网络基础知识 [M]. 北京：人民邮电出版社，2009.

[5] 中国通信网，http://www.c114.net.

📖 **学习过程自评表**（请在对应的空格上打"√"或选择答案）

知识点学习-自我评定

项目 / 评价 / 学习内容	预 习			概 念			定 义			技 术 方 法		
	难以阅读	能够阅读	基本读懂	不能理解	基本理解	完全理解	无法理解	有点理解	完全理解	有点了解	完全理解	基本掌握
数据通信基本概念												
数据通信系统模型												
通信信道												
数据传输和交换技术												
疑难知识点和个人收获（没有，一般，有）												

完成作业-自我评定

学习内容 \ 评价 \ 项目	完 成 过 程			难 易 程 度			完 成 时 间			有助知识理解		
	独立完成	较少帮助	需要帮助	轻松完成	有点困难	难以完成	较少时间	规定时间	较多时间	促进理解	有点帮助	没有关系
同步测试												
本章练习												
能力提升程度 （没有，一般，有）												

OSI 参考模型 ‹‹‹

第 3 章

【本章导读】

基于国际标准化组织（International Standards Organization，ISO）的提案，建立了开放系统互连参考模型（Open System Interconnection Reference Model，OSI/RM），简称 OSI 模型。该模型定义分层结构和各层协议，是推动网络技术迈向国际标准化的第一步，为后续网络标准的开发提供了参考。

本章介绍 OSI 模型各层的功能及各层对应的协议，基于 OSI 模型互连的系统之间的数据传输过程，分为三部分：介绍 OSI 模型的分层、接口、服务和数据单元等概念；介绍物理层、数据链路层、网络层、传输层及高 3 层功能定义和层间协议；介绍基于 OSI 模型互连的系统之间的数据传输过程。

【学习目标】

- 理解：OSI 模型的分层、接口、服务和数据单元等概念。
- 了解：OSI 模型 7 层的功能、对等层间的协议关系。
- 理解：OSI 网络环境中的数据传输过程。

【内容框架】

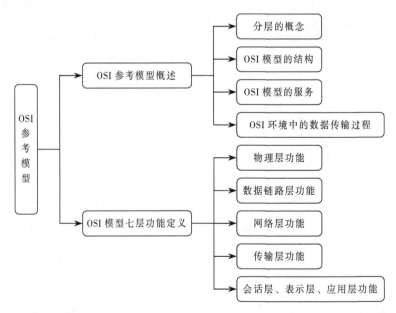

3.1　OSI 参考模型概述

3.1.1　OSI 参考模型的产生

早期网络体系结构的不统一，造成来自不同厂商的计算机网络互连的困难。为了解决各种计算机联网和各种网络互联产生的问题，要求制定开放式系统体系结构的呼声越来越高。1977 年，国际标准化组织（ISO）技术委员会 TC97 充分认识到制定用于开放系统互连参考模型的重要性，于是成立了新的专业委员会 S16，专门研究和制定一种开放、公开和标准化的网络结构模型，基于它来实现计算机网络之间相互连接和通信。在 1983 年形成正式文件——著名的 ISO 7498 国际标准，称为开放系统互连参考模型，即 OSI 模型。我国相应的国家标准为 GB 9387。

OSI 参考模型概述
视频

OSI 模型是在已有的网络体系结构（SNA、DNA 等）的基础之上，定义出用于连接异种计算机网络的标准框架。虽然 OSI 模型相关的协议未得到实际使用，但 OSI 模型为整个通信过程的交互提供了标准的体系架构，极大方便了各种新的网络标准的开发。

OSI 模型中的"开放"是指只要遵循 OSI 的标准，一个系统就可以和位于世界上任何地方的也遵循同一标准的其他任何系统通信。而"系统"表示在现实世界中能够进行信息处理或信息传送的自治整体，它可以是一台或多台计算机，以及和这些计算机相关的软件、外围设备、终端、信息传输手段等的集合。

3.1.2　OSI 模型的结构

根据网络体系结构中分层的原则，OSI 模型将整个通信过程划分为 7 个层次，逻辑结构如图 3-1 所示，按从高到低的顺序（第 7 层→第 1 层），依次为应用层、表示层、会话层、传输层、网络层、数据链路层和物理层，并指明了每一层应该做些什么事。

物理层是关注在一条通信信道上传输原始比特；数据链路层的主要任务是将一个可能有差错的物理信道转变成一条可靠的数据传输通道；网络层主要功能是控制子网的运行，将数据从发出端路由到接收端；传输层是接收来自上一层的数据，在必要时把数据分割成较小数据单元后传递给网络层，并确保这些数据单元正确地到达另一端；会话层是允许不同结点上的用户建立会话，会话通常指提

7	应用层
6	表示层
5	会话层
4	传输层
3	网络层
2	数据链路层
1	物理层

图 3-1　OSI 参考模型的 7 层

供各种服务；表示层关注的是所传递的信息的语法和语义，例如，不同计算机可能有不同的内部数据表示方法，为了让这些计算机能够进行通信，必须定义一种标准的数据表示方法；应用层包含用户通常需要的各种各样的协议。

在图 3-2 所示的 OSI 模型中，对等实体之间按协议进行通信，把对等层实体之间传送的数据单位称为该层的协议数据单元（PDU），它由本层的用户数据和协议控制

信息组成。OSI 各层的协议数据单元为：物理层的位（bit）、数据链路层的帧（Frame）、网络层的数据包（Packet）、传输层的报文段（Segment）和会话层以上的报文（Message）。

上下层实体之间基于层间接口交换信息，层与层之间交换的数据单位称为服务数据单元（SDU），它可以与协议数据单元（PDU）不一样，也可以一样。例如，可以是多个 SDU 合成为一个 PDU，也可以是一个 SDU 划分为几个 PDU。上层使用下层提供的服务，必须通过交换一些命令来实现，这些命令称为服务原语（Primitive）。

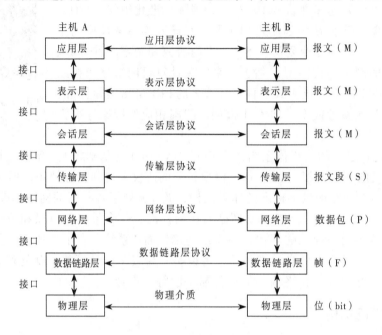

图 3-2　OSI 模型中的层、协议和接口

3.1.3　OSI 模型的服务

在 OSI 模型中，下层向上层提供的服务分为两类：面向连接的服务和面向无连接的服务。

（1）面向连接的服务：两个 N 层实体在数据交换前，必须先建立连接，初始化服务状态信息，为 $N+1$ 层实体的信息传输建立一个通道。在数据传输阶段，通过这些状态信息，第 N 层实体可以跟踪在它们之间的 PDU 交换及它们与更高层的 SDU 交换。当数据交换结束后，应释放这个连接，去除状态信息，释放建立连接时所分配的资源。电话系统是面向连接的服务的典型代表。

（2）面向无连接的服务：两个 N 层实体通信前，不需要先建立一个连接，即不需要事先预定保留状态信息，同一个用户到相同目的地的信息块都独立发送。无连接服务可以是可靠的或者不可靠的。不可靠指信息在传输中丢失，不再重发。邮政系统是面向无连接的服务的典型代表。

服务是通过一组服务原语来定义的，这些原语供用户和其他实体访问服务，通知服务提供者采取某些行动或报告某个对等实体的活动。服务原语分为 4 类：

- 请求（Request）：由服务使用者发往服务提供者，请求它完成某项操作。
- 指示（Indication）：由服务提供者发往服务使用者，表示发生了某些事件。
- 响应（Response）：由服务使用者发往服务提供者，对前面收到的指示进行响应。
- 证实（Confirmation）：由服务提供者发往服务使用者，是对上述响应的证实。

3.1.4 OSI 网络环境中的数据传输过程

基于 OSI 模型构成的 OSI 网络环境，如图 3-3 中的虚线范围所示，包括主机的 7 层与通信子网的 3 层，不包括连接两个结点的物理传输介质。

在 OSI 环境中的数据的传输过程，包括数据的封装和解封装操作。应用进程 A 的数据传送到应用层时，应用层为数据加上协议控制报头（AH），组成应用层的服务数据单元，然后通过应用层与表示层的接口，递交到表示层；表示层把整个应用层的数据报看成是一个整体进行封装，加上表示层的协议控制报头（PH），组成表示层服务数据单元，再递交到会话层。以下各层都要分别给上层递交下来的数据加上本层的协议控制报头。例如，会话层报头（SH）、传输层报头（TH）、网络层报头（NH）和数据链路层报头（DH）。数据链路层一般会加上数据链路层报尾（DT），形成一帧数据，传递到物理层。

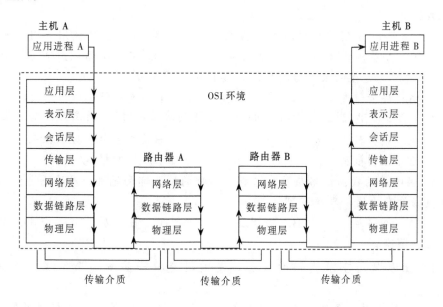

图 3-3　OSI 环境以及环境中的数据流

当比特流通过传输介质，依次到达路由器 A、路由器 B，最后到达物理主机 B 时，该主机的物理层把它递交到数据链路层，数据链路层负责去掉数据帧的帧头部 DH 和尾部 DT（同时还进行数据校验）。如果数据没有出错，则递交到网络层。同理，网络层、传输层、会话层、表示层、应用层也要做类似的工作。原始数据最终被递交到目标主机的应用进程 B 中。

对于 OSI 环境中的数据传输特征，可以概述为：

（1）每层的协议是为了解决对等实体的通信问题而设计的，每层的功能是通过该层协议规定的报头来实现的。

（2）每层在把数据传送到相邻的下一层时，需要在数据之前加上该层的控制报头；多层嵌套的报头体现了网络层次结构的思想。

（3）应用进程的数据在 OSI 环境中经过复杂的处理过程，才能够送到另外一台主机的应用进程，但是对于每一台主机的应用进程来说，OSI 环境中数据流的复杂处理过程是透明的。给用户的感觉好像是应用进程的数据是"直接"传送给对应主机的应用进程似的。

自　测　题

一、单选题

1. OSI 模型中的"开放"是指只要（　　　），一个系统就可以和位于世界上任何地方的也遵循同一标准的其他任何系统通信。

  A. 遵循 OSI 标准　　　　　　　　B. 遵循 TCP/IP 标准

  C. 遵循开放体系结构　　　　　　D. 遵循开放的服务

2. 在 OSI 模型中，各层之间的接口都有统一的规则，N 层的服务访问点是（　　　）的地方。

  A. $N+1$ 层实体提供服务给 N 层　　　B. N 层实体调用 $N+1$ 层服务

  C. N 层实体提供服务给 $N+1$ 层　　　D. $N+1$ 实体调用 N 层实体

3. 使用无连接的服务传输信息，接收端无须返回（　　　）。

  A. 序号信息　　　　B. 应答信息　　　　C. 连接信息　　　　D. 确认信息

4. 在图 3-3 中，当应用进程 A 的数据传送到应用层时，应用层为数据加上（　　　）。

  A. 服务数据单元　　　　　　　　B. 本层协议控制报头

  C. 控制报头　　　　　　　　　　D. 控制报尾

5. 接收端的数据链路层负责去掉数据帧的帧头部和尾部，同时还进行数据校验，如果数据没有出错，则递交到（　　　）。

  A. 网络层　　　　B. 物理层　　　　C. 应用层　　　　D. 会话层

二、填空题

1. 上层使用下层提供的服务，是通过交换一些命令来实现，这些命令称为_____。

2. 下层提供服务给上层，为服务_____，下层为上层提供的服务可分为_____的服务和无连接的服务。

3. 对等层实体之间传送的数据单位称为该层的协议数据单元（PDU），是由本层的用户数据和_____组成。

4. OSI 各层的协议数据单元为：物理层的位、数据链路层的_____、网络层的_____、传输层的报文段和会话层以上的位报文。

5. 层与层之间交换的数据单元称为服务数据单元（SDU），可以是_____ SDU 合成为一个 PDU，也可以是_____ SDU 划分为几个 PDU。

6. OSI 模型将整个通信过程划分为 7 个层次，从高到低依次为_____、表示层、会话层、＿＿＿＿＿＿＿、＿＿＿＿＿＿＿、数据链路层和物理层。

7. 每层的协议是为了解决＿＿＿＿＿＿＿的通信问题而设计的。

8. 服务原语被分为 4 类，分别为＿＿＿＿＿＿＿、指示、＿＿＿＿＿＿＿、证实。

9. OSI 环境中的数据传输过程中，包括了数据的＿＿＿＿＿＿＿和＿＿＿＿＿＿＿操作。

10. OSI 环境包括主机的＿＿＿＿＿＿＿层与通信子网的＿＿＿＿＿＿＿层。

3.2　物　理　层

物理层（Physical Layer）位于 OSI 模型的底层，是构建网络的基础。物理层建立在传输介质之上，它的上一层是数据链路层。物理层设计时主要考虑如何在连接开放系统的传输介质上传输各种数据的比特流，不涉及具体的物理设备或传输介质，只涉及设备连接接口的机械、电气、功能和规程等特性。

物理层和数据链路层视频

由于计算机网络可互连的设备类型很多，用于互连的传输介质的种类也繁多，可利用的各种通信技术间存在着差异，故需要通过设置物理层标准来屏蔽这些差异，使数据链路层只需考虑本层的服务与协议，而不需要考虑网络具体使用哪些设备与传输介质。数据链路层实体通过与物理层的接口将数据传送给物理层，物理层按照比特流的顺序将信号传输到另外一个数据链路层实体。物理层的数据传输单位称为比特（bit）。

当数据链路层请求在两个数据链路层实体之间传送数据时，物理层应该能够为其建立相应的物理连接，在数据传输过程中维护物理连接，以及在数据传输结束时释放物理连接。为了实现物理层的功能，需要做如下几方面的规程定义：

（1）需要规定物理接口的机械连接特性，例如连接器的尺寸、插头的针和孔的数量与排列状况、信号线数目和排列方式以及连接器的形状等。

（2）需要定义电气信号特性，例如导线的电气连接方式、信号电平、信号波形和参数、同步方式等。

（3）需要定义信号的功能特性，例如每条信号线的用途（例如，发送数据线或者接收数据线）、信号地线和时钟线等。

（4）需要定义如何使用这些接口线的规程，例如，在完成物理连接的建立、维护、交换和拆除连接时，设备在各线路上的动作规则和动作序列需要事先约定，规程特性与信息的传输方式有关，例如单工、半双工和双工等，不同的传输方式其规程特性不同。

3.3　数据链路层

3.3.1　数据链路层概述

物理层只负责发送和接收二进制数据流，物理线路传输数据信号是会出现差错的。若不对物理通信线路采取差错控制技术，则无法满足计算机网络的数据通信要求。

设计数据链路层（Data Link Layer）的主要目的是在"有差错的"物理传输线路基础上，采取差错检测、差错控制和流量控制等方法，将有差错的物理线路改进成"逻辑上"无差错的数据链路，向网络层提供满足要求的高质量数据传输服务。

数据链路层利用物理层提供的二进制数据的传输服务，为网络层提供相邻结点间透明和可靠的数据传输，透明性是指该层对高层要传输的数据的内容、格式及编码没有限制；可靠的传输使高层用户免去对丢失信息、干扰信息及顺序不正确等的担心。为了达到这些目标，数据链路层必须具备一系列的功能：将二进制数据组合为帧，处理传输差错，保证按序、可靠地接收数据帧，调节发送速率使发送方与接收方相匹配，在两个网络实体之间提供数据链路的建立、维持和释放的管理。

1. 组装成帧

由于物理层不保证所传输的原始比特流的正确性，原始比特流正确性的检测交给了数据链路层处理。为了使传输中发生差错后只将包含错误的有限数据进行重发，数据链路层将比特流组合成帧，作为数据传输单元。每个帧都包括用于差错检测的校验码，使接收方能发现传输中的差错，只将检验正确的数据帧传递给网络层处理。

帧的结构必须使接收方能够明确地从物理层的比特流中区分起始与终止处。下面介绍 4 种可行的组帧方法。

（1）字符计数法。帧的头部使用一个字段来标明帧的字符数。例如，第一个字段为 5 时，此帧长度为 5 个字符。这种成帧法可能因计数字段的差错，例如 5 变成 7，造成无法纠正的错误，目前很少采用。

（2）带字符填充的首尾标志法。每一帧以 ASCII 字符序列开头，例如，以 DLE STX 开头，以 DLE ETX 结束。DLE 代表 Data Link Escape，STX 代表 Start of Text，ETX 代表 End of Text。用这种方法，如果在传输的字符中也有上述字符，则在每个遇到的 DLE 字符前插入 DLE。接收时，若只有单个 DLE 出现，可判为帧边界控制字符，如果 DLE 成对出现，则保留一个。这种方法使用起来比较麻烦，而且所用的特定字符依赖于 ASCII 编码，兼容性比较差。

（3）带位填充的首尾标志法。使用一个特殊的二进制串作为一个帧的开始和结束标志。例如 01111110，如果发送方数据中包含 01111110，则以 011111010 形式传送（在第 5 个 1 的位置之后插入一个 0，接收时删除），接收方再将其恢复成 01111110。这种成帧方法允许包含任意长短字符。比特填充可由硬件来实现，性能优于字符填充方法。

（4）物理层编码违例法。在物理层采用特定的比特编码方法作为边界，适用于物理介质的编码策略中采用冗余技术的网络。例如，传统以太网的物理层采用曼彻斯特编码，它将比特"1"表示成高-低电平对，将比特"0"表示成低-高电平对，而高-高电平对和低-低电平对在编码中没有使用，可以用这两种无效的编码标识帧的边界。

2. 差错控制

数据链路层负责在相邻结点间的链路上无差错地传送数据帧。为了控制差错，一般采用自动请求重发方法（ARQ）。让发送方将要发送的数据帧附加一定的冗余检错码一并发送，接收方根据检错码对数据帧进行错误检测。若发现错误，就发送"请求重发"，发送方收到"请求重发"应答后，便重新发送原数据帧。ARQ 方法使用很少的控制信息，便可有效地确认所发数据帧是否被正确接收。ARQ 方法有多种实现技术，主要有空闲重发请求（Idle RQ）和连续重发请求（Continuous RQ）。

（1）空闲重发请求也称停等法（Stop-and-Wait）。发送方发送一帧后，就停下等待接收方的"确认"，当正确收到接收方的"确认"后，再继续发送下一帧。具体过程如下：

- 发送方将当前数据帧作为待确认帧，保留在缓冲存储器中。
- 当发送方开始发送数据帧时，随即启动计时器。
- 当接收方检测到一个含有差错的数据帧时，便舍弃该帧；接收一个无差错的数据帧后，即向发送方返回一个确认帧。
- 若发送方在规定时间内未能收到确认帧且计时器超时，自动重发存储在缓冲区中的待确认数据帧。
- 若发送方在规定时间内收到确认帧，将计时器清零，开始新一轮的数据帧的发送。
- 此技术优点是缓冲存储空间使用最小，在简单终端组成的链路环境中被广泛采用。

（2）连续重发请求技术是指发送方可以连续发送一系列数据帧，无须等待前一帧被确认。需要一个较大的缓冲存储空间（称作重发表），用以存放若干待确认的数据帧。当发送方接收到某数据帧的确认帧后，便从重发表中删除该数据帧。使用此技术，链路传输效率大大提高，但需要更大的缓冲存储空间。具体过程如下：

- 发送方根据"重发表"空间大小，可以连续发送数据帧，不必等待确认帧的返回。
- 发送方在"重发表"中保存所发送的每个帧的副本，按先进先出队列的规则操作。
- 接收方对每个正确收到的数据帧返回一个确认帧，确认帧中包含序号，与数据帧中的序号唯一对应。接收方保存一个接收次序表，包含最后正确收到的数据帧的序号。
- 当发送方接收到确认帧后，从重发表中删除接收方已正确接收到的数据帧。

在实际使用连续重发请求的操作中，若两结点间采用全双工方式，可将"确认"信息插在双方的数据帧中一起传输。此外，根据处理出错后处理重发帧方式的不同，又分为回退 N（Go-back-N）和选择重发（Selective Repeat）。

（1）回退 N。当接收方检测出失序的数据帧后，要求发送方重发最后一个正确接收的数据帧之后的所有未被确认的帧。例如，当发送方发送了 n 个帧后，若发现 n 个帧的前一帧在计时器超时后仍未收到其确认信息，则判定该帧为出错或丢失，重新发送 $n+1$ 个帧。回退 N 方法可能将已正确发送到接收方的帧重传一遍，引起传输效率的下降。

（2）选择重发。当接收方发现某一帧出错后，其后继送来的正确的帧（虽不能立即递交给接收方的高层）可存放在一个缓冲区中，同时要求发送方重新传送出错的那一帧，一旦收到重新传来的帧后，就可和缓冲区中之前收到的帧一并按正确的顺序递交高层。选择重发可提高传输效率，但需要增加缓存。

3．流量控制

当发送方发送数据的速率高于接收方处理数据的速率时，虽然数据可以到达接收方，却因接收缓冲区溢出而丢失，流量控制用来防止这种情况的发生。数据链路层中发送方与接收方可以利用滑动窗口协议来处理相邻结点之间的流量控制。

通过滑动窗口协议，接收方允许发送方在收到确认之前发送 W 个数据帧，即发送窗口的尺寸 W 等于接收缓冲区的大小，因为 W 是发送方未收到确认之前所能发送的最大帧数，所以接收方的缓冲区就不会产生溢出。当滑动窗口协议用于流量控制时，它可以把每个帧的确认信息看作是接收方允许发送方继续或暂停发送其他帧的命令。

4. 链路管理

链路管理主要完成数据链路层连接的建立、维持和释放，实现面向连接的服务。

3.3.2 数据链路层协议

网络链路可分成点到点链路和广播信道链路，广域网普遍应用点到点链路，对应的协议主要为 ISO 的高级数据链路控制规程（HDLC）协议、Internet 中的点到点协议（PPP）等。

1. HDLC 协议

HDLC 协议是一个早期被广泛应用、面向比特的、通用的数据链路控制协议。主要特点为：协议不依赖于任何一种字符编码集；数据报文可透明地传输，用于实现透明传输的"0 比特插入法"易于硬件实现；全双工通信，不必等待确认便可连续发送数据，有较高的数据链路传输效率；采用 CRC 校验，对信息帧进行编号，可防止漏收或重传，传输可靠性高；传输控制功能与处理功能分离，具有较大灵活性和较完善的控制功能。

为了了解 HDLC 协议的工作过程，需要理解以下一些基本要素：

（1）主站、从站和组合站的概念。HDLC 协议规定，当开始建立数据链路时，允许选用特定的链路操作方式，例如，某站点选择以主站方式操作，或从站方式操作，或者是二者兼备。主站在链路上用于控制目的站，负责对数据流进行组织，对链路上的差错实施恢复，主站发往从站的帧，被称为命令帧。其他受主站控制的为从站，由从站返回主站的帧，称为响应帧。那些兼备主站和从站功能的站，称为组合站。

（2）HDLC 协议中常用的 3 种操作方式是正常响应方式、异步响应方式和异步平衡方式。

- 正常响应方式是一种非平衡数据链路操作方式，适用于面向终端的点到点或一点与多点的链路。主站负责启动传输过程，管理链路，负责对超时、重发及恢复操作的控制。从站只有收到主站的命令帧后，才能作为响应向主站传输信息。

- 异步响应方式是一种非平衡数据链路操作方式。从站启动传输过程，控制超时和重发。从站主动发送给主站的一个或一组帧中，可包含有信息、控制为目的帧。

- 异步平衡方式是一种允许任何结点来启动传输的操作方式。任何站都能启动传输操作，每个站既是主站又是从站，每个站都是组合站。任何站都可以发送或接收命令，也可以给出应答，并且各站对差错恢复过程都负有相同的责任。

（3）HDLC 协议的帧格式是由标志字段（F）、地址字段（A）、控制字段（C）、信息字段（I）、帧校验序列字段（FCS）等组成，如图 3-4 所示。控制字段 C 有 3 种类型，相应的 HDLC 协议也有 3 种类型的帧，分别为信息帧（I），监控帧（S）及无编号帧（U）。

F	A	C	I	FCS	F
标志	地址	控制	数据	帧校验序列	标志

比特　 8　 8　 8　 任意　 16　 8

图 3-4　HDLC 协议的帧格式

- 信息帧用于传送有效信息或数据，通常简称 I 帧。
- 监控帧用于差错控制和流量控制，通常简称 S 帧。
- 无编号帧用于提供对链路的建立、拆除及多种控制功能，通常简称 U 帧。

2. PPP 协议

Internet 使用 PPP 协议作为点到点链路上的协议，是目前使用最广泛的数据链路层协议，适用于低速的拨号连接和高速的光纤链路，例如，家庭 ADSL 链路，广域网中的 SONET 光纤链路。因特网用户通常要连接到某个 ISP 才能接入到因特网，PPP 协议是用户计算机和 ISP 进行通信时所使用的数据链路层协议，ISP 使用 PPP 协议为计算机分配一些网络参数（如 IP 地址、域名等）。

（1）PPP 是一个协议集，用来解决链路建立、维护、拆除、上层协议协商、认证等问题。PPP 协议包含三部分：链路控制协议（LCP）、网络控制协议（NCP）、认证协议[密码验证协议（PAP）和挑战握手验证协议（CHAP）]。LCP 负责创建、维护或拆除物理链路。NCP 是一族协议，负责解决链路上运行何种网络协议，解决上层网络协议协商中发生的问题。

（2）PPP 帧格式如图 3-5 所示。从标志字节 0x7E（01111110）开始，标志字节如果出现在信息中，则要用转义字节 0x7D 去填充，然后将紧跟在后面的那个字节和 0x20 异或操作，接收后删除填充字节 0x7D，然后用 0x20 对紧跟在后面的那个字节进行异或操作。标志字节后面出现的是地址字段，默认设置的值是 FF（11111111），表示所有站点都应该接受该帧。地址字段后面是控制字段，其默认值是 03（00000011），此值表示无编号帧。第四个字段是协议，用于通告信息字段包含什么类型的数据包。运载的信息字段是可变长度的，默认值是 1 500 B。最后是检验和（FCS），通常占两个字节。

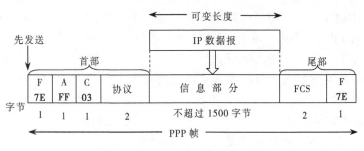

图 3-5　PPP 帧格式

（3）PPP 链路建立到释放的状态转换图如图 3-6 所示，可简单概括为：静止—建立—鉴别—网络—打开—终止。

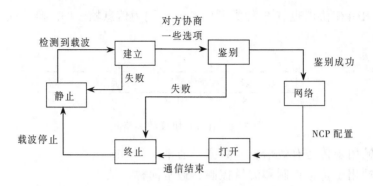

图 3-6　PPP 链路建立到释放的状态转换图

链路不可用阶段（静止）：初始状态，不存在物理层连接。

链路（建立）阶段：PPP 对等实体交换一系列 LCP 报文，进行 PPP 选项的协商。

- 验证阶段（鉴别）：如果 LCP 选项协商成功，链路进入认证鉴别状态，可用 PAP 或 CHAP 方法进行认证。
- 链路进入网络层协商阶段（网络）：若认证成功，通过交换 NCP 包来配置网络层参数。
- 进入（打开）状态：双方传输数据，IP 数据包被承载在 PPP 帧中，通过物理层传送。
- 进入（终止）状态：当完成数据传输后，链路进入终止状态。断开物理层连接，返回静止状态。

自测题

一单选题

1. 在 OSI 模型中，是在（　　　）把传输的比特流划分为帧。

　　A. 数据链路层　　B. 会话层　　　　　　C. 物理层　　　　　　D. 传输层

2. Internet 使用（　　）协议作为点到点线路上的主要数据链路协议，是目前使用最广泛的数据链路层协议。

　　A. HDLC　　　　　B. PPP　　　　　　　C. SLIP　　　　　　　D. Ethernet

3. 所有的 PPP 帧都从标准的 HDLC 标志字节（Flag）（　　　）开始。

　　A. 0xFF　　　　　B. 0x5E　　　　　　　C. 0x7D　　　　　　　D. 0x7E

4. 数据链路层中发送方与接收方可以利用（　　　）来控制相邻结点之间的流量。

　　A. 回退 N　　　　　　　　　　　　　　B. 选择重发

　　C. 滑动窗口协议　　　　　　　　　　　D. ARQ

5. 数据链路层不具备的功能是（　　　）。

　　A. 将二进制数据组合为帧

　　B. 为数据包选择合适的路径

　　C. 处理传输差错

　　D. 调节发送速率使发送方与接收方匹配

二、填空题

1. 物理层按照_____的顺序将信号传输到对等的实体，数据传输单位称为比特（bit）。

2. 当两个数据链路层实体之间传送数据时，物理层能够为其建立、维护和_____物理连接。

3. 物理层涉及定义设备连接接口的机械、_____、信号的功能和_____等4种特性。

4. 数据链路层采取差错_____、差错控制和流量控制等方法，将有差错的物理线路改进成逻辑上无差错的数据链路。

5. 链路管理主要完成数据链路层连接的_____、维持和_____，实现面向连接的服务。

6. "0比特插入法"是在监视除标志码以外的所有字段，当发现连续5个1出现时，则在其后插入一个_____，再继续发送后继的比特流。在接收端，当有连续5个1出现后，若其后一个比特为0，则_____，恢复原来的比特流。

7. 网络链路可分成点到点和_____链路。

8. ARQ方法有多种实现方案，最基本的两种方案是_____和连续重发请求。其中连续重发请求又包含回退N和_____。

9. 停等（stop-and-wait）协议规定发送方发送一帧后，就要停下等待接收方的_____返回，再继续发送下一帧。

10. 数据链路层将比特流组合成_____为单位传输。每个帧包括要传输的数据外，还包括_____，使接收方能发现传输中的差错。

3.4　网　络　层

网络层（Network Layer）是在数据链路层提供帧的传输服务基础上，将高层用户的数据报文组成数据包（Packet）。数据包中封装了网络层协议控制信息（包头），含有源站点和目的站点的网络地址。网络层的数据包从源端到目的端，可能要经过多个链路层相邻结点的传输。网络层的主要功能包括网络互联寻址、路由选择、拥塞控制等。

网络层、传输层、会话层、表示层、应用层视频

1. 网络互联

由于局域网络、广域网络等物理网络的网络技术互不兼容，比如电气指标、网络硬件、数据帧结构和物理编址各不相同，造成异构网络直接"桥接"连接的困难。为了将多个物理网络连成一个大型、统一的通信系统，提供更广泛的网络服务，为此设置网络层，提出一套网络互联的技术解决方案，涉及连接异构网络的硬件设备、软件、互联体系结构和网络互联协议，实现异构网络之间的"直接"通信。

2. 寻址

网络层用于解决终端设备端到端之间的传输。但由于各端设备系统不一定相邻，

所以必须对端设备系统做出统一的标识（像互联网中的 IP 地址）后，才能进行数据包的通信。因此，端设备系统的编址问题是网络层必须重点解决的。

OSI 网络层编址的设计考虑了各种网络编址模式的差异性，采用网络服务访问点（NSAP）地址来标识源端和目的端。NSAP 地址是一个通用的网络地址标准，NASP 的地址格式由 3 个字段 AFI、ID I 和 DSP 组成。

（1）第 1 个字段 AFI 用于标识第 3 个字段 DSP 中的地址类型。

（2）第 2 个字段 IDI 规定 DSP 中编码所属的域，假设 DSP 中的地址类型是电话号码，则 IDI 是电话号码中的国家代码。

（3）第 3 个字段可以是 ISDN 号码、电话号码或分组网络号码。

3．路由选择

路由选择是网络层的核心功能。它负责确定收到的数据包应从哪一个输出接口发出。通信子网内部的通信传输方式不同，路由选择方式可能不同。如果通信子网采用数据包交换方式，那么每个结点对收到的每个数据包做路由选择。如果通信子网内部采用虚电路交换方式，仅当在建立一条新的虚电路时，这些结点做一次路由选择，此后，所有的报文就在这条建立好的虚电路上传输。

无论通信子网内部采用何种通信方式，路由选择算法一般都应具有正确性、简单性、强壮性、稳定性、公平性和最优性等特点。

（1）正确性和简单性说明算法要简单有效。

（2）强壮性则要求路由选择算法能适应网络拓扑结构的变化以及通信量的变化，确保长时间无错误地运行。

（3）稳定性则要求路由选择算法在运行一段时间后能趋于稳定。

（4）公平性和最优性则是相互矛盾的，好的路由算法应能找到两者之间的平衡点。

（5）路由选择算法可分为动态路由算法和静态路由算法。动态路由算法能根据网络当前的传输量和拓扑结构进行路由选择，算法较复杂。而静态路由的算法简单，需要人工配置。

4．拥塞控制

当通信子网中有过多的数据包时，子网中的中间结点可能因没有空闲缓冲区而不断地丢弃报文，从而导致整个网络性能的降低，这种现象称为拥塞。拥塞控制和路由选择密切相关，错误的路由选择往往会导致拥塞。

网络层采用的拥塞控制方法主要针对两个目标：防止拥塞的出现和一旦发生拥塞或将要发生拥塞，找出拥塞的原因，解除拥塞原因。具体的控制策略有：缓冲区预分配、报文丢弃法、流量控制、抑制报文分组等方法。

3.5 传 输 层

传输层（Transport Layer）位于 OSI 模型的第 4 层，负责进程之间端到端的通信，既是 7 层模型中负责数据通信的最高层，又是面向网络通信的低 3 层和面向信息处理的高 3 层之间的中间层，是核心的一层。传输层的基本功能是从会话层接收数据，如果接收的报文过大，则需要将报文划分成较小的数据段（Segment），再传送给网络层，接收端将接收的较小报文按照发送顺序拼接成报文，正确地交给接收端的会话层，保证各段信息的正确接收。

1．传输层服务

传输层实体通过网络服务与对等的传输层实体通信，并向传输层用户（可以是应用层进程，也可以是会话层进程）提供传输服务。

（1）服务类型：传输层可提供两大类型的服务，面向连接的服务和面向无连接的服务。

（2）服务等级：允许传输层的用户能选择传输层所提供的服务等级，以利于更有效地利用链路、网络及互联网的资源。影响服务等级的因素包括：差错和丢失数据的程度、平均延迟和最大延迟值、平均吞吐率及优先级水平等。传输层的服务等级分为 4 类：可靠的面向连接的、不可靠的无连接、需要定序和定时传输的话音传输、需要快速和高可靠的实时传输。

（3）数据传输：包括在两个传输层实体之间传输用户数据和控制数据。根据传输数据的优先权不同，又可分为普通数据传输和紧急数据传输。紧急数据传输的优先权高，可终止当前普通数据的传输。

（4）用户接口：用户可直接访问传输层，传输层提供多种用户接口方式，包括采用过程调用、通过邮箱传输数据和参数等。

（5）连接管理：涉及提供连接建立、拆除和终止连接的功能。

（6）状态报告：向传输层的用户提供传输实体或传输连接的状态信息。

（7）安全保密：包括对发送者和接收者的确认、数据的加密等安全保密的服务。

2．服务质量

服务质量（QoS）是指在传输连接点之间看到的某些传输连接的特征，反映传输质量及服务的可用性。

服务质量可用一些参数来描述，如连接建立延迟、连接建立失败、吞吐量、输送延迟、残留差错率、连接拆除延迟、连接拆除失败概率、运输失败率等。用户可以在连接建立时指明所期望的、可接受的或不可接受的参数值。通常，用户使用连接建立原语在用户与传输服务提供者之间协商参数，协商好的参数在整个传输连接的生存期内不变。

3．传输层的协议等级

传输层的协议实现的难易程度还与网络层提供的服务直接相关。如果网络层服务质量高，则传输层的协议容易实现。OSI 模型中定义了 5 种类型的传输层协议：

（1）0 类协议（TP0）是最简单的，仅包括连接建立、数据传输和错误报告等功能，没有多路复用、流量控制和拆除连接等功能。

（2）1 类协议（TP1）是基本的错误恢复协议。在 TP0 的基础上增加了基本差错恢复功能，流量控制、加速数据传输、连接拆除等功能，无多路复用功能。

（3）2 类协议（TP2）具有多路复用功能，包括 TP1 的功能，无错误检测和恢复功能。

（4）3 类协议（TP3）具有差错恢复功能和多路复用功能，集中 1、2 级功能。

（5）4 类协议（TP4）最复杂，它可以在网络任务较重时保证高可靠性的数据传输。它不仅具有差错控制、差错恢复及多路复用功能，还能处理报文丢失、报文重复及网络层和其他各层的错误，并有超时和检验机制。

3.6 会话层、表示层和应用层

会话层、表示层和应用层属于 OSI 模型高 3 层，高 3 层协议的共同特点如下：

（1）处理的信息都是报文。报文是用户间交换的完整信息单位。

（2）提供面向用户的服务。

（3）进程的端到端的数据处理，不考虑信息的网络传输及怎样传输的问题。

3.6.1 会话层概述

会话层（Session Layer）的主要功能是在两个结点间建立、维护和释放面向用户的连接，并对会话进行管理和控制，保证会话数据可靠传输。会话是指提供建立连接并有序传输数据的一种方法。会话可以使一个远程终端登录到远程计算机、进行文件传输或进行其他的应用，但会话层的会话连接和传输层的传输连接是有区别的。会话连接和传输连接之间有 3 种关系：

（1）一对一关系：一个会话连接对应一个传输连接。

（2）一对多关系：一个会话连接对应多个传输连接。

（3）多对一关系：多个会话连接对应一个传输连接。

会话过程中，会话层需要决定到底使用全双工通信还是半双工通信。如果采用全双工通信，则会话层在对话管理中要做的工作就很少；如果采用半双工通信，会话层则通过一个数据令牌来协调会话，保证每次只有一个用户能够传输数据。当会话层建立一个会话时，先让一个用户得到令牌，只有获得令牌的用户才有权进行发送。如果接收方想要发送数据，可以请求获得令牌，由发送方决定何时放弃。一旦得到令牌，接收方就转变为发送方。

会话层提供的服务可使应用建立和维持会话，并使会话获得同步。会话层使用校验点可使通信会话在通信失效时从校验点继续恢复通信。这种能力对于传送大的文件极为重要。当进行大量的数据传输时，例如，正在下载一个 100 MB 的文件，当下载到 95 MB 时，网络断线了，为了解决这个问题，会话层提供了同步服务，通过在数据流中定义检查点来把会话分割成明显的会话单元。当网络故障出现时，从最后一个检查点开始重传数据。常见的会话层协议有：结构化查询语言（SQL）、远程进程呼叫（RPC）等。

3.6.2 表示层概述

表示层（Presentation Layer）以下的各层只关心可靠地传输比特流，而表示层关心的是传输信息的语法和语义。表示层专门负责有关网络中计算机信息表示方式的问题，包括转换、加密和压缩。每台计算机可能有它自己的表示数据的内部方法，互相交换信息时，需要有协议来保证不同的计算机可以彼此理解。表示层的主要功能如下：

（1）语法转换：将抽象语法转换成传送语法，并在对方实现相反的转换。涉及的内容有代码转换、字符转换、数据格式的修改，以及对数据结构操作的适应、数据压缩、加密等。

（2）语法协商：根据应用层的要求协商选用合适的上下文，即确定传送语法。

（3）连接管理：包括利用会话层提供的服务建立表示连接，管理在这个连接之上的数据传输和同步控制，以及正常地或异常地终止这个连接。

下面举一个典型的表示层服务的例子。在图 3-7 中，基于 ASCII 码的计算机要将信息 HELLO 通过网络传送到基于 EBCDIC 码的计算机。如果以 ASCII 编码发送出去，虽然下 5 层将 HELLO 的 ASCII 编码 48454C4C4F 正确无误地传送到对方，但在对方计算机中，48454C4C4F 并不表示 HELLO。所以，数据在交给接收方计算机时，必须执行转换。可以是发送方转换、也可是接收方转换，或者双方都能向一种标准格式转换。在图 3-7 中，转换放在接收方的表示层。

图 3-7　两台计算机之间的信息交换

总之，表示层用抽象的方式来定义交换中使用的数据结构，并且在计算机内部表示法和网络的标准表示法之间进行转换；表示层还负责数据的加密，数据在发送端被加密，在接收端解密。表示层还负责文件的压缩，通过算法来压缩文件的大小，降低传输费用。

3.6.3　应用层概述

应用层（Application Layer）是 OSI 模型中最靠近用户的一层，负责为用户的应用程序提供网络服务。与其他层不同的是，它不为任何其他 OSI 层提供服务，而只是为 OSI 模型以外的应用程序提供服务，如电子表格程序和文字处理程序。包括为相互通信的应用程序，为运行中的进程之间建立连接、同步、错误纠正或控制数据完整性过程的协商等。

著名的应用层协议有：文件传输协议、电子邮件协议、作业传输协议、多媒体协议等。在 OSI 模型中，应用层协议数量和类型最多。

自 测 题

一、单选题

1. 网络层用于解决终端设备之间的传输，由于各端系统不一定相邻，端系统的（　　）是网络层必须重点解决的问题。

　　A. 拥塞控制　　　B. 网络互联　　　C. 路由选择　　　D. 编址问题

2. 网络层将高层用户的数据报文组成数据包，数据包中封装了网络层包头，其中含有（　　）。

    A. 源站点和目的站点的网络地址　　　　B. 源站点的网络地址

    C. 目的站点的网络地址　　　　　　　　D. 网卡地址

3. ISO 模型定义了（　　）种类型的传输层协议

    A. 4　　　　　　　B. 5　　　　　　　C. 6　　　　　　　D. 7

4. 应用层是 OSI 模型中最靠近用户的一层，负责为用户的（　　）提供网络服务。

    A. 用户接口　　　B. 用户实体　　　　C. 应用程序　　　D. 信息传输

5. 在 OSI 模型中，应用层协议的（　　）为最多。

    A. 数量和类型　　B. 数量　　　　　　C. 应用程序　　　D. 类型

二、填空题

1. 网络层的主要功能包括寻址、_____、拥塞控制及网络互联等。

2. 路由选择算法一般具有_____、简单性、_____、稳定性、公平性等特点。

3. 网络层采用的拥塞控制策略有：_____、报文丢弃法、_____、抑制报文分组等方法。

4. 传输层的基本功能是从会话层接收数据，如果接收的报文过大，则需将报文划分成较小的_____，再传送给网络层，同时要保证各段信息的拥塞控制。

5. 传输层可提供两大类型的服务，面向_____的服务和_____的服务。

6. 传输层要达到一个主要目的是提供进程之间可靠的_____的通信的传输服务。

7. 会话层、表示层和应用层属于 OSI 模型高 3 层，共同特点是处理的信息都是报文，提供面向_____的服务，不考虑信息的网络传输等问题。

8. 应用层的著名协议有：_____（FTP）、_____（SMTP）和多媒体协议等。

9. 用户使用连接建立原语在用户与_____之间协商 QoS 的参数，协商好的参数在整个传输连接的生存期内不变。

10. 网络层采用的拥塞控制方法主要针对两个目标：_____拥塞的出现和一旦发生拥塞或将要发生拥塞，找出拥塞的原因，_____拥塞的原因。

【自测题参考答案】

3.1

一、单选题：1. A　2. C　3. D　4. B　5. A

二、填空题：1. 服务原语　2. 提供者、面向连接　3. 协议控制信息　4. 帧、数据包　5. 多个、一个　6. 应用层、传输层、网络层　7. 对等实体　8. 请求、响应　9. 封装、解封装　10. 7、3

3.2～3.3

一、单选题：1. A　2. B　3. D　4. C　5. B

二、填空题：1. 比特流　2. 释放　3. 电气、规程　4. 检测　5. 建立、释放　6. 0、删除　7. 广播信道　8. 空闲重发请求、选择重发　9. 确认　10. 帧、校验码

3.4～3.6

一、单选题：1. D　2. A　3. B　4. C　5. A

二、填空题：1. 路由选择　2. 正确性、强壮性　3. 缓冲区预分配、流量控制　4. 数据段　5. 连接、无连接　6. 端到端　7. 用户　8. 文件传输、简单邮件　9. 传输服务提供者　10. 防止、解除。

【重要术语】

开放系统互连参考模型（OSI）：Open System Interconnect Reference Model
TCP/IP 参考模型（TCP/IP）：TCP/IP Reference Model
挑战握手验证协议（CHAP）：Challenge-Handshake Authentication Protocol
网络服务访问点（NSAP）：Network Service Access Point
高级数据链路控制规程（HDLC）：High-Level Data Link Control

应用层：Application Layer	无连接服务：Connectionless Service
表示层：Presentation Layer	面向连接服务：Connection-Oriented Service
会话层：Session Layer	协议控制信息：Protocol Control Information
传输层：Transport Layer	停等法：Stop-and-Wait
网络层：Network Layer	自动重复请求（ARQ）：Automatic Repeat Request
数据链路层：Data Link Layer	回退 N 协议：Go-back n Protocol
物理层：Physical Layer	空闲重发请求（Idle Repeat Request）
原语：Primitive	连续重发请求：Continuous Repeat Request
滑动窗口：Sliding Window	点到点协议（PPP）：Point-to-Point Protocol
服务质量（QoS）：Quality of Service	链路控制协议（LCP）：Link Control Protocol
服务数据单元（SDU）：Service Data Unit	网络控制协议（NCP）：Network Control Protocol
协议数据单元（PDU）：Protocol Data Unit	口令验证协议（PAP）：Password Authentication Protocol

【练习题】

一、单选题

1. 上下层实体间按服务进行通信，将信息从某层传送到下层是通过（　　）实现的。

　　A. 原语　　　　　　　B. 实体　　　　　　　C. 接口　　　　　　　D. 服务

2. 关于 OSI 模型中的"服务"与"协议"的关系，正确的说法是（　　）。

　　A. "协议"是"垂直"的，"服务"是"水平"的

　　B. "协议"是相邻层之间的通信规则

　　C. "协议"是"水平"的，"服务"是"垂直"的

　　D. "服务"是对等层之间的通信规则

3. 在 OSI 模型中能实现路由选择、拥塞控制与网络互联功能的层是（　　　）。

    A. 传输层　　　　　　B. 应用层　　　　　　C. 网络层　　　　　　D. 物理层

4. 在采用分组交换技术的通信子网中，每个中间结点（　　　）。

    A. 建立并选择一条物理链路

    B. 建立并选择一条逻辑链路

    C. 选择通信媒体

    D. 收到一个分组后，要确定到下一个结点的路径

5. 应用层是 OSI 模型中最靠近用户的一层，负责为（　　　）提供网络服务。

    A. 其他 OSI 层　　　　　　　　　　　B. 电子表格程序和文字处理程序

    C. 用户的应用程序　　　　　　　　　D. 资源子网间的端点

6. 数据链路层进行的流量控制是指（　　　）的流量控制。

    A. 源端到目的端　　　　　　　　　　B. 源端到原结点

    C. 目的结点到目的端　　　　　　　　D. 相邻结点

7. PPP 协议集包含的子协议有：链路控制协议、网络控制协议和（　　　）。

    A. 认证协议　　　　B. 握手协议　　　　C. 鉴别协议　　　　D. 接口协议

8. 高级数据链路控制协议 HDLC 是（　　　）。

    A. 面向字符型的同步协议　　　　　　B. 面向比特型的同步协议

    C. 面向字计数的同步协议　　　　　　D. 异步协议

9. 流量控制是数据链路层的基本功能，流量控制（　　　）。

    A. 只有数据链路层存在

    B. 不只数据链路层有，且所有层的方法不同

    C. 以上都不正确

    D. 不只数据链路层有，且所有层的方法相同

10. 用户连接到某个 ISP 才能接入到因特网，用户计算机和 ISP 的通信链路常用（　　　）。

    A. HDLC 协议　　　B. SLIP 协议　　　C. TCP/IP 协议　　　D. PPP 协议

二、多选题（在下面的描述中有一个或多个符合题意，请用 ABCD 标示之）

1. PPP 链路进入认证鉴别状态时，可用（　　　）认证方法。

    A. PAP　　　　　　B. LCP　　　　　　C. CHAP　　　　　　D. NCP

2. 帧的结构使接收方能够从物理层的比特流中辨出帧的起始与终止处，组帧方法有（　　　）。

    A. 字符计数法　　　　　　　　　　　B. 首尾标志法

    C. 带位填充的首尾标志法　　　　　　D. 物理层编码违例法

3. 服务质量（QoS）可用一些参数来描述，包括以下（　　　）。

    A. 吞吐量　　　　　　　　　　　　　B. 连接建立延迟

    C. 带宽　　　　　　　　　　　　　　D. 残留差错率

4. ISO 各层的协议数据单元（从低到高层）分别为：比特、帧、和（　　　）。

    A. 数据包（Packet）　　　　　　　　B. 报文段（Segement）

C. 报文（Message）　　　　　　　　　　D. TCP

5. 应用层是 OSI 模型中最靠近用户的一层，与其他层不同的是（　　　）。

    A. 不为任何其他 OSI 层提供服务

    B. 数据传输

    C. 为模型以外的应用程序提供服务

    D. 是 OSI 模型中最靠近用户的一层

三、简答题

1. 说明 OSI 模型中每一层的功能定义。

2. 在 OSI 参考模型中，为什么说传输层为核心层？

3. 试比较数据链路层和网络层服务的异同点。

4. 试说明 OSI 参考模型的层次、协议、服务和接口的关系。

5. 简述同一台计算机的相邻层实体之间如何通信。

6. 简述不同计算机上同等层实体之间如何通信。

7. 简述无连接的通信和面向连接的通信的最主要区别。

8. 一个有 7 层协议的系统，应用层生成一个长度为 M 字节的报文。在每层都加上 10 字节报头。那么网络带宽中有多大百分比是在传输各层报头？

9. 简述在 OSI 模型构成的 OSI 网络环境中数据传输的过程，以电子邮件发送和接收为例。

10. 简述 OSI 模型在计算机网络学科领域中的价值。

<<<<<<<<<<<<<<<<<<<<<<<<<<<<<<<<<<<<<<<<<<<<<<<<<<<<<<<<<<<<

【扩展读物】

[1] 吴功宜. 计算机网络 [M]. 4 版. 北京：清华大学出版社，2017.

[2] 陈向阳. 计算机网络与通信 [M]. 北京：清华大学出版社，2005.

[3] ISO 国际标准化组织网站，http://www.iso.org.

📖 学习过程自评表（请在对应的空格上打"√"或选择答案）

知识点学习-自我评定

项目 评价 学习内容	预 习			概 念			定 义			技 术 方 法		
	难以阅读	能够阅读	基本读懂	不能理解	基本理解	完全理解	无法理解	有点理解	完全理解	有点了解	完全理解	基本掌握
OSI 模型分层、接口、协议和服务概念												
OSI 环境中数据传输过程												
OSI 模型七层功能定义												
疑难知识点和个人收获（没有，一般，有）												

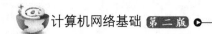

完成作业-自我评定

项目 评价 学习内容	完 成 过 程			难 易 程 度			完 成 时 间			有助知识理解		
	独立完成	较少帮助	需要帮助	轻松完成	有点困难	难以完成	较少时间	规定时间	较多时间	促进理解	有点帮助	没有关系
同步测试												
本章练习												
能力提升程度 （没有，一般，有）												

第 4 章

局 域 网 <<<

【本章导读】

局域网（LAN）是计算机网络的重要组成部分，是计算机网络中应用最为普及、技术发展迅速的一个领域。公司、企业、政府部门及住宅小区内的计算机都通过 LAN 连接起来，达到资源共享和信息交互的目的。了解和掌握局域网的知识和技术，为个人网络应用能力的发展奠定基础。

本章主要介绍局域网技术的发展、参考模型和 IEEE 802 标准，以太网、虚拟局域网和无线局域网的组网方法、特点和应用。

【学习目标】

- 理解：局域网参考模型和 IEEE 802 标准，局域网的典型特点。
- 了解：局域网的基本组成及功能。
- 熟悉：以太网帧结构和 MAC 地址、组网技术应用和发展趋势。
- 熟悉：虚拟局域网的基本概念、组网技术及应用。
- 熟悉：无线局域网的基本概念、组网技术、应用和发展趋势。

【内容架构】

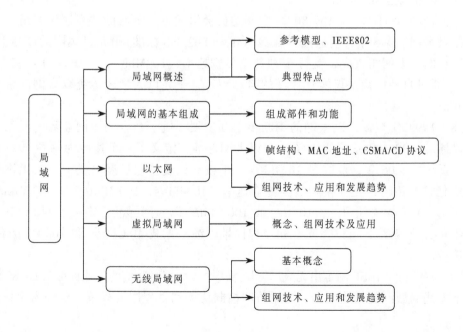

4.1 局域网概述

4.1.1 局域网的发展

局域网（LAN）产生于 20 世纪 70 年代。随着微型计算机应用的迅速普及和性能的提高，越来越多的用户对计算机的需求，不只停留在单机功能的强弱，而是需要与部门或工作组中其他计算机进行资源共享或信息交换，尤其共享一些昂贵的硬件或软件资源，为此提出了部门计算机互联成网的要求，计算机局域网应运而生。几十年来，随着人们对局域网应用的不断深入和扩大，推动了局域网的发展。下面列举局域网发展过程中的一些重要事件。

局域网概述和组成视频

（1）1973 年，Bob Metcalfe（以太网之父）和 David Boggs 发明了以太网。

（2）1979 年，Bob Metcalfe 开始了以太网标准化的研究工作。

（3）1980 年，DEC、Intel 和 Xerox 施乐（DIX）共同制定了 10 Mbit/s 以太网的物理层和链路层标准，即 DIX Ethernet V1 以太网规范；1983 年，IEEE802.3 委员会以 DIX Ethernet V2 为基础，制定并颁布了 IEEE 802.3 以太网标准。

（4）1983 年，美国国家标准化委员会 ANSI X3T9.5 委员会提出了光纤高速网的标准 FDDI（光纤分布式数据接口），使局域网的传输速率提高到 100 Mbit/s。

（5）1985 年，在 IBM 公司推出的著名的令牌环网的基础上，IEEE 802 委员会又制定了令牌环标准 IEEE 802.5。

（6）1990 年，为提高以太网的传输速率，在 10 Mbit/s 以太网技术的基础上，进而开发了快速以太网技术。于 1995 年 6 月通过了 100BASE-T 快速以太网标准 IEEE 802.3u，其带宽是 100 Mbit/s。

（7）1995 年 11 月，IEEE 802.3 标准委员会组建了一个新的"高速研究组"去研究千兆以太网。1996 年分别通过 802.3z 标准和 802.3ab 标准，千兆以太网的产品上市，并和现有的以太网相兼容，支持 3 种数据传输速率：10 Mbit/s、100 Mbit/s 和 1000 Mbit/s，通过自动协商协议实现速度的自动配置，千兆以太网较传统以太网的带宽高出 100 倍。

（8）1999 年至今，以太网的不断革新和发展，成了当今局域网业界的通用的通信协议标准。2003 年发布的 10 Gbit/s 以太网标准，定义了一个速度为每秒 100 亿位的光纤系统。2006 年，双绞线 10 Gbit/s 标准发布，支持在扩展 6 类双绞线上进行每秒 100 亿位的传输，支持 4 种数据传输速率：10 Mbit/s、100 Mbit/s、1 000 Mbit/s 和 10 Gbit/s。2010 年发布了 40 Gbit/s 和 100 Gbit/s 以太网标准，定义了 40 Gbit/s 和 100 Gbit/s 介质系统，可以在光纤和短程同轴电缆上承载 40 Gbit/s 和 100 Gbit/s 的以太网信号。

（9）1997 年，IEEE 制定出无线局域网第一个无线网络通信的工业标准 IEEE 802.11，定义了无线局域网的拓扑结构、媒体访问控制协议和物理层的规范。至今为止，这一标准不断得到补充和完善，形成 802.11x 的标准系列，成为当今无线局域网的主流标准。2009 年通过了 802.11n 标准。无线局域网的发展趋势是数据传输速率越来越高、安全性越来越好、服务质量越来越有保证。

局域网的发展还不断突破其应用局限性，一方面迈向城域网和广域网的应用领域，另一方面不断融合到嵌入式开发等物联网应用领域。

4.1.2 局域网的定义及特点

1. 局域网的定义

局域网（LAN）是将分散在有限地理范围内（如一栋大楼、一个部门）的多台计算机通过传输介质（如双绞线）连接起来的通信网络，通过功能完善的网络软件（如 Windows、Linux、UNIX）实现计算机之间的相互通信和资源共享。美国电气和电子工程协会（IEEE）于 1980 年 2 月成立了局域网标准化委员会（简称 802 委员会）专门对局域网的标准进行研究，提出了 LAN 的定义：LAN 是允许中等地域内的众多独立设备通过中等或高等速率的物理信道直接互联通信的数据通信系统。这里的数据通信设备是广义的，包括计算机、终端和各种外围设备；这里的中等区域可以是一座建筑物、一个校园或者大至直径为几十千米的一个区域。

2. 局域网的典型特点

（1）局域网覆盖的地理范围有限，用于企业、学校、机关等单一组织有限范围内的计算机联网，实现组织内部的资源共享。

（2）数据传输速率较高。由于传输距离较短，一般采用性能好的传输介质，传输可靠性高，速率可达 10～1 000 Mbit/s，甚至 10 Gbit/s。

（3）传输控制比较简单。对于共享传输线路的局域网来说，网络没有中间结点，不需要选择路径。

（4）有较低的延时和误码率。由于传输介质性能较好且通信距离较短，因此局域网具有较低的延时，误码率也大大降低。

（5）可以支持多种传输介质，如双绞线、光缆等。

（6）局域网的拓扑结构简单，主要有总线、星状、环状和树状等结构，便于网络的控制与管理，数据链路层协议也比较简单。

（7）能方便地共享昂贵的外围设备、软件和数据。

（8）易于安装、组建和维护，保密性好，可靠性高，便于系统的扩展和升级，各个设备的位置可灵活调整和改变。

3. 局域网的 3 个主要技术要素

影响局域网性能（像传输数据的类型、响应时间、吞吐率、利用率等）的主要技术要素有 3 个，分别是网络拓扑结构、传输介质和介质访问控制方法。

（1）局域网使用总线、星状、环状、树状等共享信道的拓扑结构，使得网络的管理和控制变得简单。

（2）局域网通信距离较短，通信线路的成本在网络建设的总成本中所占的比例不大，可以选用性能优越的传输介质。

（3）将传输介质的频带有效地分配给网上各站点用户的方法称为介质访问控制方法。介质访问控制方法是局域网中最重要的一项基本技术，既要确定网络上每个结点何时可以使用共享介质传输的问题，又要解决多个站点如何共享公用传输介质的问题。一个好的介质访问控制方法要实现 3 个基本目标：协议简单，能获得有效的信道利用率，且公平合理地对待网上各站点的用户。常用的介质访问控制方法有 3 种，带冲突检测的载波监听多址访问（CSMA/CD)方法、令牌环访问控制方法和令牌总线访问控制方法。

4.1.3　局域网的参考模型

局域网与 OSI 参考模型中的物理、数据链路和网络层的功能对应，用带地址的数据帧来传送数据，不需要路由选择，所以在局域网模型中不单独设置网络层。将网络层的服务访问点（LSAP）设在 LLC 子层与高层协议的交界面上。

IEEE 的 802 委员会针对局域网的特点并参照 OSI 参考模型，制定了有关局域网的参考模型（IEEE 802 模型）和相关标准（称为 IEEE 802 系列标准）。IEEE 802 模型仅包含 OSI 参考模型的物理层和数据链路层，IEEE 802 模型与 OSI 模型的对应关系如图 4-1 所示。为使局域网的数据链路层不至于太复杂，将局域网的数据链路层划分为两个子层，即介质访问控制（MAC）子层和逻辑链路控制（LLC）子层。

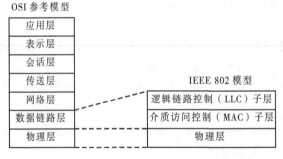

图 4-1　IEEE 802 模型与 OSI 模型的对应关系

IEEE 802 模型中各层的功能定义如下：

（1）物理层：局域网的物理层与 OSI 模型的物理层功能相当，主要涉及局域网物理链路上原始比特流的传输，定义局域网物理层的机械、电气、规程和功能特性。例如，信号的传输与接收、同步序列的产生和删除等，物理连接的建立、维护和撤销等。

（2）介质访问控制（MAC）子层：主要功能是提供帧的封装和拆封，物理介质传输差错的检测、寻址以及实现介质访问控制方法（如 CSMA/CD、Token Ring 等）。它向 LLC 子层提供单个 MSAP 服务访问点，由于有不同的访问控制方法，所以它和 LLC 子层有各种不同的访问控制方法接口，它与物理层则有 PSAP 访问点。

（3）逻辑链路控制（LLC）子层：LLC 子层与物理传输介质无关，主要执行 OSI 模型中定义的数据链路层协议的大部分功能和网络层的部分功能。例如，连接管理（建立和释放连接）、帧的可靠传输、流量控制和高层的接口（它向高层提供一个或多个服务访问点 LSAP）。LLC 子层与相邻的高层界面上，设置了多个网络的服务访问点 LSAP。可以说 LLC 子层起着向上屏蔽了物理层和 MAC 层异构的作用。

由于目前几乎所有局域网都采用以太网规范，故 LLC 子层已经不再重要。当不同的局域网需要在网络层实现互联时，报文分组就必须经由多条链路才能到达目的站，此时需专门设立一个层次来完成网络层的功能，但可以借助已有的通用网络层协议（如 IP 协议）实现。

4.1.4 IEEE 802 标准

IEEE 于 1980 年 2 月成立了局域网技术标准委员会，简称 IEEE 802 委员会，专门负责制定局域网的协议。IEEE 802 委员会为局域网、城域网制定了一系列技术标准，统称为 IEEE 802 协议（系列标准）。其中最广泛使用的有以太网、令牌环、无线局域网等。在这些标准中，根据局域网及城域网的类型，规定了拓扑结构、通信介质访问控制方法和帧格式等。IEEE 802 为局域网制定的一系列标准中，主要包括：

（1）IEEE 802.1：描述局域网体系结构以及寻址、网络管理和网络互联协议。

（2）IEEE 802.2：定义了逻辑链路控制子层的功能与服务。

（3）IEEE 802.3：描述 CSMA/CD 的访问方法和物理层规范。

（4）IEEE 802.4：描述令牌总线网的访问控制方法和物理层技术规范。

（5）IEEE 802.5：描述令牌环网的访问控制方法和物理层技术规范。

（6）IEEE 802.6：描述城域网访问控制方法和物理层技术规范。

（7）IEEE 802.7：描述宽带网访问控制方法和物理层技术规范。

（8）IEEE 802.8：描述 FDDI 访问控制方法和物理层技术规范。

（9）IEEE 802.9：描述综合语音和数据局域网技术。

（10）IEEE 802.10：描述局域网网络安全标准。

（11）IEEE 802.11：描述无线局域网访问控制方法和物理层技术规范。

（12）IEEE 802.12：描述 100VG–AnyLAN 访问控制方法和物理层技术规范。

（13）IEEE 802.14：描述利用 CATV 宽带通信的标准。

（14）IEEE 802.15：描述无线私人网（WPAN）。

（15）IEEE 802.16：描述宽带无线访问标准（BWA）。

（16）IEEE 802.17：弹性分组环（RPR）可靠个人接入技术。

（17）IEEE 802.18：正在制定的宽带无线局域网标准规范。

（18）IEEE 802.19：共存技术咨询组。

（19）IEEE 802.20：移动宽带无线访问。

（20）IEEE 802.21：符合 802 标准的网络与非 802 网络之间的互通。

（21）IEEE 802.22：无线地域性区域网络工作组（WRANs）。

图 4-2 所示为 IEEE 802 标准文本结构示意图，其中 802.1 呈倒 L 形，它的垂直部分涉及各层。整个标准体系结构将随着局域网发展而不断地增加新成员或分支，例如，802.3 家族随着以太网技术发展，增加 802.3u、802.3ab、802.3ae 等分支。

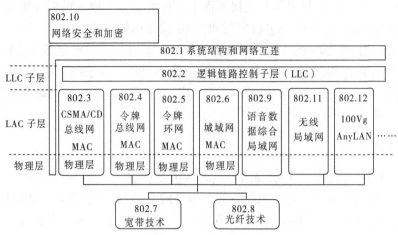

图 4-2　IEEE 802 标准文本结构示意图

自 测 题

一、单选题

1. （　　　）的主要功能是提供帧的封装和拆封装、介质传输差错的检测、寻址和实现介质访问控制协议。

　　A. 逻辑链路控制子层　　　　　　　　B. 物理层

　　C. 网络层　　　　　　　　　　　　　D. 介质访问控制子层

2. 局域网的参考模型（　　　）仅包含 OSI 参考模型的物理层和数据链路层。

　　A. MAC　　　　　B. LLC　　　　　C. IEEE 802 模型　　　D. NSAP

3. IEEE 802 为局域网制定了一系列标准，（　　　）描述 CSMA/CD 访问方法和物理层规范。

　　A. IEEE 802.3　　B. IEEE 802.2　　C. IEEE 802.11　　D. IEEE 802.2

4. LLC 子层与（　　　）无关，主要执行 OSI 模型中基本数据链路协议的大部分功能。

　　A. 介质访问控制　　B. 连接　　　　C. 传输介质　　　D. 管理

5. 局域网的数据传输速率较高，传输可靠性高，速率最高可达（　　　）。

　　A. 10 Mbit/s　　　B. 10 Gbit/s　　C. 1 000 Mbit/s　　D. 100 Mbit/s

二、填空题

1. 1995 年 6 月通过了 100BASE-T 快速以太网标准_____，其带宽是 100 Mbit/s。

2. IEEE 通过 802.3z 标准、802.3ab 标准，推出_____的产品，和快速以太网相兼容。

3. 局域网将分散在有限地理范围内的多台计算机通过传输介质连接起来的通信网络，通过网络软件实现计算机之间的相互通信和_____。

4. 由于传输介质性能较好且通信距离较短，因此局域网具有较低的_____和_____。

5. 局域网的拓扑结构简单，常用的包括：总线、_____、环状和_____等结构，便于网络的控制与管理，数据链路层协议也比较简单。

6. 局域网中的传输介质作为各站点共享的传输信道，采用介质访问控制方法以协调和控制多个站点_____对共享线路的使用。

7. 一个好的介质访问控制方法要实现 3 个基本目标：协议要简单，能获得有效的_____，且公平合理地对待网上各站点的用户。

8. 决定局域网特性的主要技术要素有 3 个，分别为介质访问控制方法、传输介质、_____。

9. 将局域网的数据链路层划分为两个子层，即_____子层和逻辑链路控制子层。

10. IEEE 802 委员会为局域网制定了一系列标准，统称为_____。在这些标准中，规定了各自的拓扑结构、通信介质访问控制方法和帧格式等内容。

4.2 局域网的基本组成

局域网的基本组成包括服务器、客户机、网络适配器（网卡）、传输介质、网络通信协议、网络操作系统及网络互连设备。

1. 服务器

在局域网中，各种服务器（Server）计算机比普通 PC 拥有更强的处理能力、更多的内存和硬盘空间，它可以是微型计算机、小型计算机和大中型计算机。服务器用来提供网络共享资源的服务，提供集中管理和控制的服务，是网络控制的逻辑核心。

根据部门服务分工的需要，局域网上可以配置不同数量的服务器，有些服务器提供相同的服务，有些服务器提供不同的服务。常用的服务器有 Web 服务器、FTP 服务器、打印服务器、代理服务器、通信服务器以及数据库和应用程序服务器等。这些服务器可由一台服务器计算机完成，也可以由若干台服务器计算机协同完成。

2. 客户机

在局域网络中，客户机（Client）一般又称为工作站，连入网络的目的是为了获取更多的网络共享资源，其接入与退出不影响网络的工作状态。通常客户机的资源配置低于服务器。

3. 网络适配器

网络适配器（Network Adaptor）又称网络接口卡（简称网卡，NIC），是局域网中最基本的部件之一，它是连接计算机与网络的通信设备。无论是用双绞线连接、同轴电缆连接还是光纤连接，设备都必须借助于网卡才能实现数据的通信。

4. 传输介质

在局域网中常用的传输介质（Transmission Media）有双绞线、同轴电缆和光纤、无线介质等。

5. 网络操作系统和通信协议

利用上述 5 种网络组件，便可架构局域网的硬件环境。再配置控制和管理局域网运行的软件，即网络操作系统（NOS），网络操作系统均在系统内部实现了通信协议。

基于网络操作系统的控制和管理界面，局域网中的计算机之间的工作模式可配置为 3 类：客户机/服务器模式（C/S）、浏览器/服务器模式（B/S）和对等模式（P2P）。

常见的网络操作系统有：Windows 操作系统和 UNIX、Linux 操作系统。中低档服务器或客户机常采用 Windows 操作系统，高端服务器常采用 UNIX、Linux 等非 Windows 操作系统。

6. 网络互连设备

局域网中常用的网络互连设备包括集线器、交换机、网桥。集线器的主要功能是对接收到的信号进行再生整形放大，扩大网络的传输距离。交换机和网桥不但可以对数据的传输做到同步、放大和整形，而且可以过滤短帧、碎片等，交换数据时只在发出请求的端口和接收的端口之间传递，不影响其他端口。集线器是物理层互连设备，交换机是数据链路层互连设备。

自 测 题

一、单选题

1. 在局域网中，服务器用来提供各种网络服务，服务器是网络控制的（　　　）。

    A. 共享中心　　　　　　　　　　　　B. 逻辑核心

    C. 服务中心　　　　　　　　　　　　D. 信息中心

2. （　　　）是局域网中最基本的部件之一，它是连接计算机与网络的硬件设备。

    A. 网卡　　　　　　　　　　　　　　B. 互连设备

    C. 服务器　　　　　　　　　　　　　D. 客户机

3. 有了局域网硬件环境，还需要控制和管理局域网运行的软件——（　　　）。

    A. 通信协议　　　　　　　　　　　　B. 应用软件

    C. 操作系统　　　　　　　　　　　　D. 网络操作系统

4. 集线器是（　　　）互连设备。

    A. 数据链路层　　B. 网络层　　　　C. 物理层　　　　D. 表示层

5. 交换机是（　　　）互连设备。

    A. 数据链路层　　B. 物理层　　　　C. 应用层　　　　D. 会话层

二、填空题

1. 局域网的基本组成包括服务器、客户机、_____、传输介质、网络通信协议、网络操作系统及网络互连设备。

2. 服务器用来提供网络_____的服务，提供集中管理和控制的服务，它是网络控制的逻辑核心。

3. 常用的服务器有_____、FTP 服务器、打印服务器、代理服务器、通信服务器以及数据库和应用程序服务器等。

4. 在局域网中常用的有线传输介质有_____、同轴电缆、光纤等。

5. 局域网中的计算机之间的工作模式分为 3 类：_____模式、浏览器/服务器模式和对等模式。

6. 中低档服务器常采用 Windows 操作系统,高端服务器常采用 UNIX、_____等操作系统。

7. 客户机一般又称为_____,连入网络的目的是为了获取更多的网络共享资源,其连入与退出不影响网络的工作状态。

8. 局域网中常用的网络互连设备包括集线器、_____和网桥。

9. 交换机和网桥不但可以对数据的传输做到同步、放大和整形,而且可以_____短帧、碎片等。

10. 集线器主要功能是对接收到的信号进行再生整形放大,扩大网络的传输_____。

4.3 以 太 网

4.3.1 以太网概述

以太网(Ethernet)是一种应用广泛的局域网,最初是以无源的电缆线作为总线来传送数据帧,用以太(Ether)来命名。

以太网的第一个技术规范是由美国施乐、DEC、Intel 三家公司联合于 1980 年 9 月公布的,即 DIX Ethernet V1 版,1982 年 11 月又公布了第二版,即 DIX Ethernet V2 版。IEEE 802 委员会的 802.3 工作组在此规范基础上,公布了第一个 IEEE 的以太网标准 IEEE 802.3,与 DIX Ethernet V2 技术规范基本兼容,因此人们将 IEEE 802.3 规范的局域网,也简称为以太网。

以太网视频

到了 20 世纪 90 年代后,以太网在激烈的局域网市场上取得了垄断地位。随着 Internet 的快速发展,TCP/IP 体系使用遵循 DIX Ethernet V2 规范的局域网,故 IEEE 802 制定的逻辑链路控制子层(LLC)的作用消失,现大部分厂商生产的适配器上仅装有 MAC 协议。以太网经历从 10 Mbit/s 的传统以太网到的高速以太网的发展过程,高速以太网包括 100 Mbit/s 的快速以太网、1 Gbit/s 以太网、10 Gbit/s 以太网、40 Gbit/s 和 100 Gbit/s 以太网。

以太网络具有灵活的无连接的工作方式、传输过程的控制相对简单、功能易于实现等特点,并不断融入 WAN 和 MAN 等大规模、长距离网络的建设领域,为无线局域网提供了更快的数据传输速率、更远的覆盖距离以及更高的安全性。下面介绍以太网的重要技术要素。

1. 以太网 MAC 帧的结构

以太网的 MAC 帧是 MAC 子层的实体间交换的协议数据单元,图 4-3 所示为以太网 MAC 帧的结构。

目的地址(DA)	源地址(SA)	数据类型	数据字节	帧校验
6 字节	6 字节	2 字节	46~1 500 字节	4 字节

图 4-3 以太网 MAC 帧的格式

MAC 帧各个字段的作用如下：

（1）源地址和目的地址标识发送和接收帧的工作站的名字，各占据 6 字节，称为硬件地址或 MAC 地址。源地址是全球唯一地址，目的地址可以是全球唯一地址，也可以是组地址或广播地址。地址中第一个字节的最低位为 0，表示全球唯一地址，如 00-0E-9B-1B-10-7E，该地址指定网络上某个特定站点；如果地址中第一个字节的最低位为 1，其余位不全为 1 表示组地址，该地址指定网络上特定的多个站点；如果目的地址的所有位为 1 表示广播地址，如 FF-FF-FF-FF-FF-FF，该地址指定网络上所有的站点。

（2）数据类型占用 2 字节，指定接收数据的高层协议，如 IP 协议。

（3）数据字节：在经过物理层和逻辑链路层的处理之后，MAC 帧包含的数据字节将被传递给在类型段中指定的高层协议。数据字节的长度范围是 46～1 500 字节。

（4）帧校验占用 4 字节，采用 CRC 码，用于校验帧传输中的差错。

以太网的帧和 IEEE 802.3 规范中定义的 MAC 帧，在结构上存在细微的差别，图 4-4 所示为 IEEE 802.3 帧格式，源地址后面是数据长度字段。

目的地址（DA）	源地址（SA）	数据长度	数据字节	帧校验
2 或 6 字节	2 或 6 字节	2 字节	46～1 500 字节	4 字节

图 4-4　IEEE 802.3 MAC 帧的格式

每个同步字节是 10101010，用于实现收发双方的时钟同步。帧起始定界符是 10101011，紧跟在前导同步码后，用于标识一帧的开始。接收端是根据 1、0 交替变化的模式迅速实现同步，当检测到连续两个 1 时，便将后续的数据传递给 MAC 子层。

2．以太网的分类和命名规范

以太网络在物理层可以使用粗同轴电缆、细同轴电缆、非屏蔽双绞线、屏蔽双绞线、光缆等多种传输介质。在 IEEE 802.3 标准中，为不同的传输介质制定了不同的物理层规范。例如，表 4-1 中的 10BASE5 对应最早的粗同轴电缆以太网、10BASE2 对应细同轴电缆以太网、10BASE-T 对应双绞线以太网、10BASE-F 对应光缆以太网。

表 4-1　4 种典型的 IEEE 802.3 10 Mbit/s 以太网的基本特点

特　性	IEEE 802.3			
	10BASE5	10BASE2	10BASE-T	10BASE-F
数据速率/（Mbit/s）	10	10	10	10
信号方式	基带	基带	基带	基带
最大网段长度	500	185	100	2000
网络介质	50 Ω粗同轴电缆	50 Ω细同轴电缆	非屏蔽双绞线	光缆
拓扑结构	总线	总线	星状	点对点

IEEE 802.3 物理层规范的名称由 3 部分组成，分别代表局域网的速度、信号类型和物理介质类型。例如，10BASE-T 中，10 表示信号的传输速率为 10 Mbit/s，Base 表示信道上传输的是基带信号，T 是双绞线电缆的英文 Twisted-pair 的缩写。规范化名称可用来区分以太网络的类型。

3．载波监听多址接入/冲突检测协议

载波监听多址接入/冲突检测（CSMA/CD）是一种介质访问控制方法，适用于总线结构及星状结构的共享式以太局域网，解决多站点在共享访问传输介质中的争用信道问题。传输介质可以是双绞线、同轴电缆或光纤。CSMA/CD的工作过程可概括为4点：先听后发，边听边发，冲突停止，随机重发。具体步骤如下：

（1）当一个站点想要发送数据时，首先检测网络，查看是否有其他站点正在利用线路发送数据，即监听线路的忙、闲状态。线路上已有数据在传输，称为线路忙；线路上没有数据在传输，称为线路空闲。

（2）如果线路忙，则等待，直到线路空闲；如果线路空闲，站点就发送数据。

（3）在发送数据的同时，站点继续监听网络一段时间以确保没有冲突发生。监听期间若没有发生冲突，发送方就假设帧传送成功。

（4）若检测到冲突发生，则立即停止发送，并发出一串固定格式的阻塞信号以强化冲突，让其他的站点都能发现冲突，此时两个冲突站点发送的数据均丢失，只能过一段时间后重新发送。

根据CSMA/CD规则，只有当线路空闲时，站点才可以发送数据，图4-5所示为冲突示意图。线路上数据的冲突有两种可能：第一种是两个结点同时检测到线路空闲，同时发送数据；第二种是第一个站点已发送数据，但由于传输的延时，第二个站点没有检测到信号，认为线路是空闲的，又向线路上发送数据。

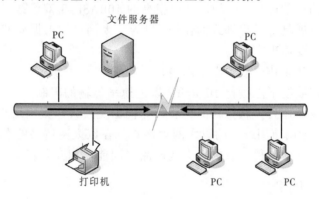

图 4-5　冲突示意图

常用的冲突检测方法如下：

（1）通过硬件检查。以信号叠加引起的接收信号电平摆动变大是否超过特定阈值，来判断是否有冲突发生。

（2）检查曼彻斯特编码信号的每位中间有无过零点（是否偏移）来判断有无发生冲突。

（3）边发边收，将发送的信号与接收的信号相比较，若不一致则说明有冲突存在。

在使用CSMA/CD协议时，一个站不可能同时进行发送和接收，必须边发送边监听信道。因此，使用CSMA/CD协议的以太网不可能进行全双工通信，只能进行半双工通信。

4.3.2　10BASE-T 网络

20 世纪 90 年代，IEEE 制定出星状以太网 10Base-T 的标准 802.3i。10BASE-T 以太网采用星状拓扑结构，使用比总线有更高可靠性的集线器（Hub）设备作为中心设备，使用双绞线连接工作站和集线器，采用曼彻斯特编码传输。图 4-6 是一个以集线器为中心结点的 10BASE-T 以太网的拓扑示意图，工作站与集线器之间的双绞线的最大距离为 100 m，双绞线的两端使用 RJ-45 接口。10BASE-T 以太网的组网部件包括：网卡、集线器、双绞线等。

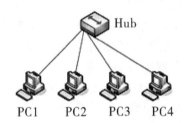

图 4-6　10Base-T 以太网示意图

10BASE-T 以太网的主要特点有：安装简单，根据网络的大小要求选择不同规格的集线器；网络的可扩展性强，扩充与减少工作站都不会影响或中断整个网络的工作；具有很好的故障隔离作用，当某个工作站与集线器的某个端口连接出现故障时，不会影响到其他结点的正常运行。这种性价比很高的 10BASE-T 双绞线以太网的出现，对于以太网技术的发展具有里程碑式的作用，也为以太网日后占据局域网中的主导地位奠定了的基础。主要体现在：

（1）首次将星状拓扑引入了以太网络。

（2）突破了双绞线不能进行 10 Mbit/s 以上速率传输的限制。

（3）引入集线器作为星状拓扑的核心，为推出交换式以太网络奠定基础。

（4）在 MAC 子层使用统一的以太网帧格式。在以太网后来的发展中，保留了这种标准的帧格式，从而使得所有的以太网产品之间能够相互兼容。

4.3.3　100BASE-T 网络

随着网络应用的不断深入和多媒体技术的发展，10 Mbit/s 以太网难以满足用户的需求。IEEE 802.3 委员会在 1995 年制定了 100 Mbit/s 的快速以太网规范（IEEE 802.3u）。快速以太网(Fast Ethernet)技术 100BASE-T 是从 10BASE-T 标准发展而来的，支持 100 Mbit/s 的数据传输速率，支持全双工和半双工的工作方式。在全双工通信方式下无冲突发生，就不需要使用 CSMA/CD 协议。在半双工方式下，一定要使用 CSMA/CD 协议。

IEEE 802.3u 在 MAC 子层保留了 IEEE 802.3 的帧格式。为了实现 100 Mbit/s 的传输速率，在物理层做了一些重要的改进。例如，编码上采用了效率更高 4B/5B 编码方式。根据所使用的网络传输介质的不同，100BASE-T 定义了 3 种不同的物理层规范，其中的 UTP 为非屏蔽双绞线，STP 为屏蔽双绞线，S/MMF 为单模或多模式光纤。

（1）100BASE-TX：使用 5 类 UTP 或 STP 双绞线，网段长度 100 m，使用线缆中的 2 对。

（2）100BASE-T4：使用 3～5 类 UTP 双绞线，网段长度 100 m，使用线缆中的 4 对。

（3）100BASE-FX：使用 S/MMF 型光纤，网段长度 400～2 000 m，全双工时的传输速率达 200 Mbit/s，使用两条多状态光纤，一条用于发送数据，一条用于接收数据。

快速以太网与 10BASE-T 布线兼容。用户升级时无须改变网络拓扑结构，所有在 10BASE-T 上的应用软件和网络软件功能都可保持不变，只须更换网卡和配置一台 100 Mbit/s 的交换机，就可轻易地将 10BASE-T 升级为快速以太网 100BASE-T，获得 100 Mbit/s 的数据传输速率。快速以太网的最大优点是结构简单实用、成本低并易于普及，主要用于快速桌面系统，也有少量被用于小型园区网络的主干。

下面对快速以太网 100BASE-T 和传统以太网 10BASE-T 做几点比较：

（1）相同之处：采用相同的介质访问控制方式——CSMA/CD 协议；采用相同的数据帧格式和网络拓扑结构；低成本、易扩展性能。

（2）不同之处：

- 快速以太网将每个比特的发送时间由 10BASE-T 时的 100 ns 降低到 10 ns。
- 工作频率不同，10BASE-T 的工作频率为 25 MHz，而 100BASE-TX 和 100BASE-FX 的工作频率为 125 MHz。
- 物理层所支持的传输介质类型和信号编码方式不同，10BASE-T 使用曼彻斯特编码，100BASE-TX 采用了效率更高的 4B/5B 编码方法（4 个数据位被编码为 5 个信号比特）。
- 快速以太网采用介质独立接口（MH）将 MAC 子层与物理层分隔开，使得物理层在实现 100 Mbit/s 速率时介质和信号编码的变化不会影响到 MAC 子层。
- 快速以太网提供使用 CSMS/CD 协议的半双工方式，也提供不使用此协议的全双工方式，传统以太网只能工作在半双工方式。

4.3.4　吉比特以太网和 10 吉比特以太网

随着多媒体技术、高性能分布式计算和视频应用的发展，用户对局域网的带宽提出了越来越高的要求，100 Mbit/s 桌面系统也要求主干网、服务器一级的设备要有更高的带宽。在这种需求背景下，IEEE 802 委员会在 1996 年 3 月成立了 IEEE 802.3z 工作组，专门负责 1Gbit/s 以太网标准的制定，并于 1998 年 6 月正式公布关于吉比特以太网的标准（支持光纤传输的 IEEE 802.3z 和支持铜缆传输的 IEEE 802.3ab）。

吉比特以太网的数据传输速率为 1 000 Mbit/s（即 1Gbit/s），保留了原有以太网的帧结构，与 10Base-T、100Base-T 以太网技术兼容，便于早期的以太网络的升级。吉比特以太网的物理层规范包括 1000BASE-SX、1000BASE-LX、1000BASE-CX 和 1000 BASE-T。

（1）1000BASE-SX：采用芯径为 62.5 μm 和 50 μm 的多模光纤，传输距离为 260 m 和 525 m。数据编码方法为 8B/10B，适用于作为大楼网络系统的主干通路。

（2）1000BASE-LX：采用多模光纤或单模光纤，传输距离超过 550 m，数据编码方法为 8B/10B，适用于作为大楼网络系统的主干通路或校园网的主干。

（3）1000BASE-CX：采用 150 Ω 平衡屏蔽双绞线（STP），传输距离为 25 m，传输

速率为 1.25 Gbit/s，数据编码方法采用 8B/10B，适用于网络设备的互连，例如，机房内连接网络服务器。

（4）1000BASE-T：采用 4 对 5 类 UTP 双绞线，传输距离为 100m，传输速率为 1Gbit/s，主要用于结构化布线中同一层建筑的通信，从而可以利用以太网或快速以太网中已铺设的 UTP 电缆，也可被用作大楼内的网络主干。

吉比特以太网的速度 10 倍于快速以太网，但其价格只有快速以太网的 2～3 倍，吉比特以太网具有更高的性能价格比。从现有的传统以太网、快速以太网平滑地过渡到吉比特以太网，并不需要新的配置、管理与排除故障技术。吉比特以太网的主要优点如下：

（1）简易性。保持了经典以太网的灵活性、安装实施和管理维护的简易性。

（2）技术过渡的平滑性。在半双工方式下采用 CSMA/CD 协议，全双工方式下不用，保留原有以太网的帧结构。

（3）易管理性和维护性。可采用简单网络管理协议（SNMP）查找和排除工具，以确保吉比特以太网的可管理性和可维护性。

（4）支持新应用与新数据类型。具有支持新应用与新数据类型的高速传输能力。

吉比特以太网可用作园区或大楼网络的主干网，也可用于有高带宽要求的高性能桌面（即用户端）环境中服务器和工作站的连接。近几年来，吉比特以太网成为以太网的主流产品，市场上新出售的计算机的以太网卡，基本上都是 1Gbit/s。

从 1999 年开始，吉比特（1 Gbit/s）以太网开始向 10 吉比特（10 Gbit/s）以太网技术发展。10 吉比特以太网不仅再度扩展了以太网的带宽和传输距离，更重要的是推动以太网从局域网领域向城域网、广域网领域渗透。IEEE 802 委员会在 1999 年底成立了 IEEE 802.3ae 工作组，进行 10 吉比特以太网技术的研究，并于 2002 年正式发布 IEEE 802.3ae 10GE 标准。

10 吉比特以太网只采用全双工方式，不使用 CSMA/CD 协议。10 吉比特以太网保留了原有以太网的帧结构，易于兼容早期的以太网技术，便于网络升级和扩展。

4.3.5　40 吉比特和 100 吉比特以太网

IEEE 802 委员会在 2010 年 6 月公布了 40GE/100GE（40 吉比特以太网和 100 吉比特以太网）的标准 IEEE 802.3ba-2010。40GE/100GE 以太网只工作在全双工方式，不使用 CSMA/CD 协议，保留了原有以太网的帧结构。40GE/100GE 以太网技术的成功，使得局域网技术的应用领域扩大到城域网和广域网，当城域网和广域网都采用吉比特以太网和 10 吉比特以太网时，用户家中实现以太网宽带接入因特网，就不需要任何调制解调器，从而实现端到端的以太网传输，中间链路不需要再进行帧格式的转换，提高数据传输效率，降低了传输成本。

自　测　题

一、单选题

1. 按照 CSMA/CD 协议，若检测到冲突发生即停止发送，发出一串固定格式的阻塞信号（　　　）。

　　A．以停止数据发送　　　　　　　　B．通知发送方发送

　　C. 以强化冲突　　　　　　　　　　D. 发送数据无效

2. 10BASE-T 采用以 10 Mbit/s 交换机为中心的（　　）结构。

　　A. 星状拓扑　　　　　　　　　　　B. 环状拓扑

　　C. 树状拓扑　　　　　　　　　　　D. 总线拓扑

3. （　　）在 MAC 子层采用 CSMA/CD 作为介质访问控制方法，保留 IEEE 802.3 的帧格式。

　　A. IEEE 802.3z　　　　　　　　　　B. IEEE 802.3u

　　C. IEEE 802.3ae　　　　　　　　　 D. IEEE 802.3ab

4. 100Base-TX 物理层所采用的信号编码方式与 10BASE-T 不同，采用（　　）编码方法。

　　A. CRC　　　　　　　　　　　　　B. 4B/5B

　　C. 曼彻斯特　　　　　　　　　　　D. 差分曼彻斯特

5. 千兆以太网的速度（　　）倍于快速以太网，但价格只有快速以太网的 2～3 倍。

　　A. 1　　　　　　B. 100　　　　　　C. 1000　　　　　　D. 10

二、填空题

1. 交换式以太网包括_____以太网、_____以太网、10 Gbit/s、40 Gbit/s 和 100 Gbit/s 以太网。

2. 以太网以其高度灵活、相对_____、易于实现的特点，成为局域网的代名词。

3. MAC 帧是 MAC 子层的实体间交换的_____。

4. 源地址和目的地址表示发送和接收帧的工作站的地址，各占据_____个字节。目的地址可以是全球唯一地址、组地址或_____地址。

5. 10BASE-T 中，10 表示传输速率为_____，Base 表示传输的是基带信号，T 是双绞线电缆的英文缩写。

6. 在 10BASE-T 网络拓扑图中，工作站与 Hub 之间的双绞线最大距离为_____米，非屏蔽双绞线的两端使用_____接口。

7. 以太网在 MAC 子层使用统一的_____。

8. 千兆以太网的数据传输率为_____，因此也称吉比特以太网。

9. 100BASE-T 定义了 3 种不同的物理层规范：_____、100BASE-T4、100BASE-FX。

10. 吉比特以太网用于园区或大楼网络的_____中，或被用于非常高带宽要求的_____环境中。

📚 4.4　虚拟局域网

4.4.1　虚拟局域网概述

　　以太网技术广泛应用于企事业单位建设局域网络的需求。在实际应用中也出现一些新问题，例如一家大型公司的局域网中，需要根据当前业务类型，将服务于不同业

务类型的计算机，连接成一个独立的网段，保证同种业务类型的一组计算机能相互通信时，不同类型业务的计算机之间不能随意通信。采用前述以太网技术来组网，很难在不改变公司现有网络硬件架构基础上实现。为了满足物理网络上组成逻辑工作组的要求，引入虚拟化措施，对传统交换式以太局域网进行扩展，产生虚拟局域网（VLAN）技术。

虚拟局域网视频

虚拟局域网 VLAN 是基于以太网交换机，通过对交换机软件进行配置，仿真出多台独立的交换机。网络管理员根据功能、部门、应用等因素，配置逻辑工作组，无须更改物理连接。例如，一家公司可能会要求在 CEO 办公室中的多台计算机和公司其他计算机之间设置一个防火墙，采用虚拟局域网技术，将 CEO 办公室的那些计算机配成一个单独的 VLAN 后，就可以安装防火墙。

VLAN 可以在一台交换机或者多台交换机之间实现。1996 年 3 月，IEEE 802 委员会发布了 IEEE 802.1Q VLAN 标准，该标准得到全世界重要网络厂商的支持。在 IEEE 802.1Q 标准中，虚拟局域网的定义：虚拟局域网是由一些局域网网段构成的与物理位置无关的逻辑组，而这些网段具有某些共同的需求。每一个虚拟局域网的帧都有一个明确的标识符，指明发送这个帧的工作站属于哪一个虚拟局域网。

下面介绍一个虚拟局域网划分例子。在图 4-7 所示的网络中，共有 4 台交换机，9 个工作站，配置在 3 个楼层中，构成了 3 个局域网段，即 LAN-1（Gp1，Gs1，Gt1）、LAN-2（Gp2，Gs2，Gt2）、LAN-3（Gp3，Gs3，Gt3）。使用 VLAN 技术将这 9 个工作站划分为 3 个逻辑工作组，即 3 个虚拟局域网：VLAN1（Gp1，Gp2，Gp3）、VLAN2（Gs1，Gs2，Gs3）、VLAN3（Gt1，Gt2，Gt3）。同一个 VLAN 可直接通信，不同 VLAN 之间需要借助网络层技术才能通信，即当 Gp1 发送广播帧时，Gp2 和 Gp3 会收到，但 Gs1、Gs2、Gs3、Gt1、Gt2、Gt3 不会收到。

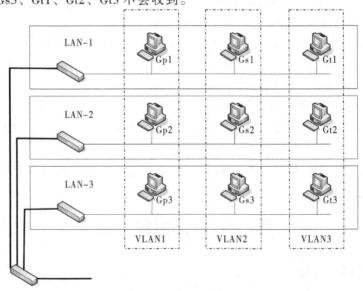

图 4-7 虚拟局域网（VLAN）示意图

采用虚拟局域网技术，可在以下三方面提高网络的性能：

（1）简化了网络管理。不受网络设备的物理位置限制，可以根据用户的需求进行网络管理。VLAN 可以在单个交换设备或跨多个交换设备上进行软件配置实现，减少在物理网络中增加、删除或移动工作站时的管理开销，无须重新布线。

（2）提高了网络的安全性。VLAN 的数目及每个 VLAN 中的主机数可由网络管理员决定。网络管理员通过软件配置，将需要直接通信的网络结点放在一个 VLAN 内，将受限制的应用和资源放在一个 VLAN 内，并设置基于应用类型、协议类型、访问权限等不同策略的访问控制表，有效地提供用户组所需的安全，组成一个安全的 VLAN。

（3）提供了一种控制广播流量的方法。通过划分不同的 VLAN，一个 VLAN 的广播帧不会影响到其他 VLAN 的性能。即使是同一交换机上的两个相邻端口，只要它们不在同一 VLAN 中，相互之间也不会渗透广播流量，大大减少了广播流量，提高了用户的可用带宽，弥补了局域网络易受广播风暴影响的弱点，是比采用路由器进行网络广播阻隔更灵活有效的方法。

4.4.2　虚拟局域网中的帧格式

IEEE 802.1Q 帧的格式，是在传统的以太网的帧格式中插入如图 4-8 所示的一个 4 字节的标识符，插在以太网 MAC 帧的源地址字段和长度（或类型）字段之间，称为 VLAN 标记，用来标记此帧属于哪一个 VLAN。

长度（或类型）=802.1Q 标记类型（2 字节）	标记控制信息（2 字节）		
1000000100000000	用户优先级（3 位）	CFI（1 位）	VID（12 位）

图 4-8　802.1Q 的 VLAN 标记字段

VLAN 标记的前两个字节和原来的类型字段的作用一样，设置为 0x8100，称为 802.1q 标记类型。当数据链路层检测到在 MAC 帧的源地址字段后面的长度（或类型）字段的值是 0x8100 时，就知道现在插入了 4 字节的 VLAN 标记。于是就检查该标记的后两个字节的内容。在后两个字节中，前 3 位是用户优先级字段，接着的一个位是规范格式指示符（CFI），最后的 12 位是该 VLAN 的标识符 VID，它唯一标识出此帧属于哪一个 VLAN 的。VLAN 的以太网帧的首部增加了 4 字节，所以 802.1Q 帧的最大长度从原来的 1 518 字节变为 1 522 字节。

4.4.3　VLAN 的类型

常见的 VLAN 配置方式有 3 种：基于交换端口的 VLAN、基于站点 MAC 的 VLAN 和基于网络层的 VLAN。

1. 基于交换机端口的 VLAN

按照交换机端口进行划分，将一组端口定义为一个虚拟局域网。一个 VLAN 中的交换机端口可以在一台交换机上，也可以跨越多个交换机。例如，在两个交换机（端口数>8）互连的以太网中，可以跨交换机划分 VLAN。1 号交换机的端口 1 和 2，与 2 号交换机的端口 4、5、6 和 7 组成虚拟局域网 A；而 1 号交换机的端口 3、4、5、6、

7 和 8 加上 2 号交换机的端口 1、2、3 和 8 组成虚拟局域网 B。

基于端口定义虚拟局域网是最常用的方法，其优点是简单，容易实现，便于直接监控。但局限是：不够灵活，当用户从一个端口移动到另一个端口时，网络管理员必须重新配置 VLAN，通常不能把连接工作站的端口配置到 2 个不同标识号的 VLAN 中。

2．基于站点 MAC 的 VLAN

这种 VLAN 划分要求交换机对站点的 MAC 地址和交换机端口进行跟踪，在新站点入网时，根据需要将其划归至某一个 VLAN。（通过定义 VLAN-MAC 对应表，将其划归至某一个 VLAN。）当该工作站在网络中移动位置，只要 MAC 地址保持不变，就无须重新配置。这种划分方式减少了网络管理员的日常维护工作量，不足之处在于所有的终端必须被明确地分配在一个具体的 VLAN 中，增加工作站或者更换网卡，都要对 VLAN 配置进行调整。

当网络中主机数量较多时，最初的人工配置比较烦琐，几千个用户必须被逐个地分配到特定的 VLAN 中。目前已有根据网络的当前状态生成 VLAN 的工具，可以为每一个子网生成一个基于 MAC 地址的 VLAN。

3．基于网络层的 VLAN

基于策略的划分是最高级也是最复杂的，可以基于网络层的协议（如果网络中存在多协议）或网络层地址（如 TCP/IP 中的子网段地址）来确定 VLAN 成员。利用网络层定义 VLAN 有以下几点优势：第一，这种方式可以按协议划分网段。第二，用户可以在网络内部自由移动而不用重新配置。第三，这种类型的 VLAN，可以减少协议转换而造成的网络延迟。

4.4.4　VLAN 的应用

1．局域网内部的局域网

在物理局域网基础上，若企业内部因安全或业务需要，要求按照业务部门或者课题组独立成为一个局域网，同时，各业务部门或者课题组的人员分布在不同地理位置场所办公，业务或课题特性还要求各业务部门或课题组网络之间不能直接通信。在这些情况下，采用 VLAN 技术应该是最优的解决方法。为了完成 VLAN 配置，可以先收集各部门或者课题组的人员组成、所在位置、与交换机连接的端口等信息，使用基于交换机端口的 VLAN 配置方法，可以创建满足需要的虚拟局域网。

在一个局域网内部划分出若干个虚拟的局域网，不仅减少了局域网内广播帧的流量，提高网络传输性能，也满足特定逻辑组网的需要。

2．共享访问——访问共同的接入点和服务器

一些大型写字楼或商业建筑（酒店、展览中心等）经常存在这样的现象：大楼内部已经建有局域网，大楼出租给各个单位，提供给入驻企业或客户网络平台，并通过共同的出口访问 Internet 或者大楼内部的综合信息服务器。由于大楼的网络平台是统一的，使用的客户有物业管理人员、各单位的业务人员。在这样一个共享的网络环境下，解决不同企业或单位对网络需求的同时，还要保证各企业间信息的安全性。虚拟局域网提供了很好的解决方案。

　　大厦的系统管理员可以为入驻企业创建一个个虚拟局域网，保证企业内部的互相访问和企业间信息的安全。然后，利用中继技术，将提供接入服务的代理服务器或者路由器所对应的局域网接口配置成为中继模式，实现共享接入，并根据需要设置中继的访问许可，灵活地允许或者拒绝互相访问，提供安全性。

3. 交叠虚拟局域网

　　交叠虚拟局域网是在端口划分的基础上提出来的，最早的交换机每一个端口只能属于一个虚拟局域网，交叠虚拟局域网允许一个交换机端口同时属于多个虚拟局域网。这种技术可以解决一些突发性的、临时性的虚拟局域网划分。例如，在一个科研机构，已经划分了若干个虚拟局域网，因为某个科研任务，要从各个虚拟局域网中抽调出技术人员临时组成课题组，要求课题组内部通信自如，同时各科研人员还要保持和原来的虚拟局域网进行信息交流。如果采用路由和访问列表控制技术，成本会较大，同时会降低网络性能。交叠技术的出现，为这一问题提供了廉价的解决方法。只需要将要加入课题组的人员所对应的交换机端口设置成为支持多个虚拟局域网，然后创建一个新虚拟局域网，将所有人员划分到新虚拟局域网中，保持各人员原来所属虚拟局域网不变即可。

自 测 题

一、单选题

1. IEEE 802 委员会于 1996 年发布了（　　　　），定义了 VLAN 标准。
　　A. IEEE 802.ac　　　　　　　　　　B. IEEE 802.1Q
　　C. IEEE 802.3　　　　　　　　　　D. IEEE 802.4

2. 虚拟局域网其实只是局域网给用户提供的一种（　　　　），而并不是一种新型局域网。
　　A. 服务　　　　　B. 接口　　　　　C. 协议　　　　　D. 网络管理

3. 基于（　　　）的 VLAN，当用户更换端口时，VLAN 要重新配置。
　　A. 站点 MAC　　　B. 网络层协议　　　C. 交换机端口　　　D. IP 地址

4. 使用 VLAN 的好处是在组成（　　　）时，无须考虑用户或设备在网络中的物理位置。
　　A. 工作组　　　　　B. 计算机　　　　　C. 网络　　　　　D. 逻辑工作组

5. 在一幢写字楼局域网环境中，要解决不同机构对网络独立性、信息安全性的需要，最好的解决方案是采用（　　　）技术。
　　A. 虚拟局域网　　　B. 吉比特以太网　　　C. 快速以太网　　　D. 人工组网

二、填空题

1. VLAN 是通过对交换机的_____配置完成的。

2. 采用 VLAN 后，可在许多方面提高网络的性能，主要有简化了网络管理、提高了网络的安全性，提供了一种_____的方法。

3. 802.1Q 帧中，是在传统的以太网的帧格式中插入一个 4 字节的_____。

4. 802.1Q 帧的最大长度从原来的 1518 字节变为_____字节。

5. 常见的 VLAN 配置有：基于交换机_____的、基于_____和基于网络层的 VLAN。

6. 端口划分是定义虚拟局域网最常用的方法，从一个端口发出的_____，直接发送到同一个 VLAN 内的其他端口。

7. 基于站点 MAC 的 VLAN 中，无论该工作站在网络中怎样移动，由于其_____保持不变，故不需要进行虚拟局域网的重新配置。

8. 基于网络层的 VLAN 划分，使用_____或网络层地址来确定 VLAN 成员。

9. 在一个局域网内部划分出若干个 VLAN，可减少了局域网内的广播帧的_____。

10. _____允许一个交换机端口同时属于多个虚拟局域网。

4.5 无线局域网

在某些应用环境中，使用有线网络存在明显的限制。例如，在机场、车站、码头、股票交易场所、列车或地铁等一些用户频繁移动的公共场所，在缺少网络电缆而又不能打洞布线的历史建筑物内，在一些受自然条件影响而无法实施布线的环境，以及在一些需要临时增设网络结点的场合如体育比赛场地、展示会等，适合应用无线局域网。无线局域网（WLAN）是指采用无线传输介质、使用无线技术来发送和接收数据。

无线局域网视频

1991 年，美国 AT&T 公司率先推出了无线局域网产品，为无线局域网的设计、与有线网络的互连以及无线 Internet 接入等方面的发展提供了标准。1997 年，IEEE 委员会发布了 IEEE 802.11 协议，这是在无线局域网领域内的第一个国际上被广泛认可的协议。随后，IEEE 802.11a、802.11b、802.11d 等一系列标准相继完成，推动着 WLAN 走向安全、高速、互联。各生产厂家在 802.11 系列标准协议的基础上，实现产品的标准化。IEEE 802.11 系列的无线局域网又称 Wi-Fi 系统。

4.5.1 无线局域网的组网模式

无线局域网的组网模式有两类：第一类是有固定基础设施的，或称为基础架构网络（Infrastructure Network）；第二类是无固定基础设施的，或称为自组网络（Ad-hoc Network）。

1. 基础架构网络

IEEE 802.11 标准无线局域网使用星状拓扑，其中心叫作接入点 AP，一个 AP 的覆盖范围大约为 90～150 m。在 MAC 层使用载波侦听多址接入/碰撞避免（CSMA/CA）协议。接入点 AP 作为无线局域网的中心，负责信号的接收和转发。接入点 AP 同时还可以作为一个桥梁，实现无线网络和有线以太网的有机结合，使得接入无线网络的客户机可以和以太网中的计算机互相通信、进行数据共享。在图 4-9 中，接入点 AP 实现无线网络和有线网络的桥接作用。

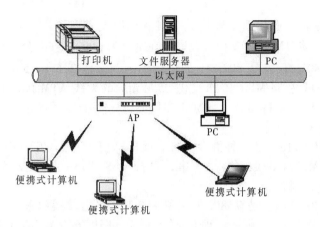

图 4-9 AP 桥接无线网络和有线网络

2．自组网络

自组网络不必使用接入点 AP 设备，几台移动站设备装上无线网卡，即可达到相互通信、资源共享的目的。处于平等状态的移动设备组成临时网络，如图 4-10 所示。由于自组网络中没有预先建好的网络固定基础设置，因此连网的用户数量通常受限，用户数多时网络性能较差，并且用户之间的有效通信距离约为 100 m 以内，网络一般不和外界的其他网络相连接。

相对于自组网络，基础架构网络有可扩展性、集中安全管理、扩大因特网接入范围等优点，优先得到广泛的应用。家用无线路由器都内建了 AP，支持基础架构的网络模式。

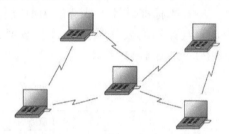

图 4-10　一个移动的自组网络

随着移动设备的大量普及，近年来，自组网络的组网方式也受到广泛关注，在军用和民用领域有很好的应用前景。移动自组网络中的一个子集——无线传感网络（WSN）引起业界的普遍关注，在组成各种物联网中获得大量应用。

4.5.2　IEEE 802.11 标准

IEEE 802.11 系列标准，覆盖了无线局域网的物理层和 MAC 子层。物理层标准规定了数据的传输规范，而 MAC 子层标准是物理层上的一些应用要求规范。

1．802.11 无线局域网的物理层

在 IEEE 802.11 标准中，定义了 3 个可选的物理层实现方式：红外线（IR）、跳频扩频（FHSS）和直接序列式扩频（DSSS）。红外技术和调频扩频现在很少用了，实际应用以 DSSS 为主流。根据物理层的不同（如工作频段、数据率、调制方法等），802.11 无线局域网标准加上后缀，又可细分，如 IEEE 802.11a、802.11b、802.11d、802.11g、802.11h，2009 年又颁布了标准 802.11n。以下简单介绍基于 802.11b、802.11a、802.11g 和 802.11n 标准的无线局域网特征：

（1）IEEE 802.11b（也称 Wi-Fi）：采用 2.4 GHz 直接序列扩频，最高数据传输速率

为 11 Mbit/s。可动态进行速率转换。当射频情况变差时，可将数据传输速率降低为 5.5 Mbit/s、2Mbit/s 和 1Mbit/s。支持的范围是在室外为 300 m，在办公环境中最长为 100 m。

（2）IEEE 802.11a：是 802.11b 的后续标准，工作在 5.1～5.8 GHz 频率范围，最高数据传输速率可达 54 Mbit/s，可提供 25 Mbit/s 的无线 ATM 接口和 10Mbit/s 的以太网无线帧结构接口，支持语音、数据、图像业务。一个扇区可接入多个用户，每个用户可带多个用户终端。

（3）IEEE 802.11g：是一种混合标准，既能适应传统的 802.11b 标准，在 2.4 GHz 频率下提供 11 Mbit/s 的数据传输速率，也符合 802.11a 标准在 5 GHz 频率下提供 56 Mbit/s 的数据传输速率。

（4）IEEE 802.11n：是在 802.11g 和 802.11a 之上发展起来的一项技术，工作在 2.4 GHz 和 5 GHz 两个频段。理论速率最高可达 600 Mbit/s（目前业界主流为 300 Mbit/s）。

以上 4 种标准都使用共同的介质接入控制协议（CSMA/CA），适用基础架构的或自组的拓扑结构。

2. 802.11 无线局域网的 MAC 层协议

802.11 标准设计了独特的 MAC 层，它通过协调功能（CF）来确定在基本服务区中的移动站何时发送数据和接收数据，分为点协调功能（PCF）和分布式协调功能（DCF），如图 4-11 所示。

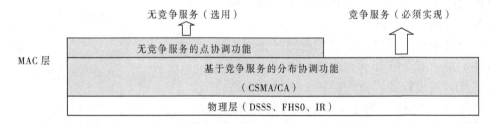

图 4-11　802.11 的 MAC 层

（1）点协调功能（PCF）：接入点采用集中控制的接入方法，用类似于轮询的形式将通信权轮流交给各个站，从而避免了碰撞的产生。实际使用中很少用到 PCF，因为在无线局域网中，通常没有办法完全阻止网络中临近的站发送竞争流量，产生碰撞。

（2）分布式协调功能（DCF）：不采用任何中心控制，每个站都独立行事，工作站都使用 CSMA 协议的分布式接入方法，各个站通过争用信道来获取发送权。用于向上提供竞争服务。802.11 协议规定，所有的无线网络都要包含 DCF 功能。

载波侦听多址接入/碰撞避免（CSMA/CA）协议中，CA 是碰撞避免的意思，目的是尽量减少碰撞发生的概率。CSMA/CA 协议的工作过程可概述为：

（1）要发送数据的站先检测信道，若检测到信道空闲时，则需要等待 DIFS 时间长度（分布式帧间间隔，DIFS=50μs）后发送高优先级帧。

（2）若无高优先级帧发送，发送数据帧。若目的站正确收到此帧，信道空闲，等待时间间隔 SIFS（短帧帧间间隔，SIFS=10 μs）后，发送确认帧 ACK 到发送站。

（3）若发送站在规定时间内没有收到确认帧 ACK，就必须重发此帧，直到收到确认为止，如果经过若干次重传失败，则放弃发送。

由于无线信道的通信质量远不如有线信道好，802.11 无线局域网在使用 CSMA/CA 的同时，还使用停止等待可靠传输协议，即无线站点发送完一帧后，要等到收到对方的确认帧后，才能继续发送下一帧。

为了减小临近的站之间因同时发送数据导致碰撞的风险，IEEE 802.11 引入称为请求发送/允许发送（RTS/CTS）的机制，允许发送数据的站对信道进行预约。其工作过程概述如下：

（1）源站在发送数据帧之前先发送一个短的控制帧——请求发送（RTS），它包括源地址、目的地址和本次通信（包括相应的确认帧）所需的持续时间。

（2）若目的站正确收到源站发来的 RTS 帧，且信道空闲等待一段时间 SIFS 后，发送一个响应控制帧——允许发送（CTS），它包括本次通信所需的持续时间。

源站收到 CTS 帧后，再等待一段时间 SIFS 后，就可发送其数据帧。若目的站收到源站发来的数据帧，在等待时间 SIFS 后，发送确认帧 ACK 到源站。

（3）其他临近的站可监听到此传输事件的发生，同时将在此时间段内的传输任务向后推迟。这样，站点间传输数据时发生碰撞的概率就会大大减少。

另一种有效改善帧成功传输概率的方法是发送短帧。通过降低来自网络层数据包的最大尺寸，或把帧分割成更小的单元进行传输。

3. 802.11 帧结构

802.11 标准定义了 3 种不同类型的帧：数据帧、控制帧和管理帧。每一种帧都有一个头部，包含和 MAC 子层相关的各种字段，还有一些头部被物理层使用来处理传输所涉及的调制技术。数据帧的格式如图 4-12 所示。

字节	2	2	6	6	6	2	0～2312	4
	帧控制	持续时间	地址 1（接收地址）	地址 2（发送地址）	地址 3	序号	数据	帧检验序列

	协议版本=00	类型=10	子类型=0000	去往 DS	来自 DS	更多段	重传	电源管理	更多数据	受保护	顺序
比特	2	2	4	1	1	1	1	1	1	1	1

图 4-12　802.11 数据帧的格式

数据帧的第一个字段是控制字段，又分成 11 个子字段。其中：

（1）协议版本子字段：为了保证不同协议版本，可同时在一个区域内运行。

（2）类型子字段：用来标识是数据帧、控制帧和管理帧。

（3）子类型字段：用来标识 RTS 或 CTS 帧。

（4）去往 DS 标志位：表示此帧是发送到 AP 连接的网络。

（5）来自 DS 标志位：表示此帧是来自 AP 连接的网络。

（6）更多段标志位：后面还有更多段。

（7）重传标志位：表明这是以前发送的某个帧的重传。

（8）电源管理标志位：表示发送方进入节能模式。

（9）更多数据标志位：表明发送方还有更多数据要发送。

（10）受保护标志位：标明此帧的数据被加密。

（11）顺序标志位：告诉接收方按顺序处理帧。

数据帧的第二个字段是持续时间，出现在 3 种帧中，通告"此帧"和"确认帧"将会占用信道多长时间，按微秒计时。

接着是地址字段，这些地址格式符合 MAC 地址标准。发往 AP 或从 AP 接收的帧都有 3 个地址：第一个地址是无线网络中的接收方地址；第二个地址是无线网络中发送方地址；第三个地址用来指明远程客户端或者 Internet 接入点地址，在基站子系统（BSS）与有线局域网互连中起着重要的作用。

序号字段是帧的编号，可用于检验重复的帧，每发出去一帧该数字递增，也可使接收方区分是新传输的帧，还是以前帧的重传。数据字段包含了有效载荷，其长度可以达到 2 312 字节。最后一个字段是帧校验序列，为 32 位的循环冗余校验（CRC）。

4.5.3 无线局域网提供的服务

由于无线局域网的普及，在许多公共场所都会提供有偿或无偿接入 Wi-Fi 上网的服务，如办公室、机场、火车站、地铁、快餐店、旅馆、购物中心、娱乐场所等，这些公众无线入网点称作热点，由许多热点和接入点 AP 连接起来的区域叫作热区。

现在的台式计算机、笔记本式计算机、打印机、扫描仪、智能手机等设备，都有内置的无线局域网适配器（即无线网卡），只要进入到某个 AP 的无线信号覆盖范围之内，就可使用关联（Association）服务，将自己和某一个 AP 关联。相互之间使用 802.11 关联协议进行对话，如果关联成功则意味着建立了一条虚拟线路，只有关联的 AP 才向此站点发送数据帧，该站点也仅通过此 AP 向因特网发送数据帧。

对于智能手机、平板计算机等移动站点来说，当从某个 AP 无线信号覆盖区域移动到另一个 AP 无线信号覆盖区域时，需要使用解除关联（Disassociation）服务，目的是解除与上一个 AP 的关联，再使用重新关联（Reassociation）服务，与另一个 AP 建立关联。如果重新关联服务使用正确，则切换的结果不会造成数据丢失。

为了与特定的 AP 创建一个关联，站点可能要向该 AP 鉴别自身，也可能无须鉴别，802.11 无线网络提供了多种鉴别和接入方法。如果是免费 Wi-Fi 上网服务，则任何人都无须鉴别就可以接入。如果用户使用有偿 Wi-Fi 上网服务时，必须输入已经在网络运营商处注册登记的正确的用户名和密码。在无线局域网发展初期，这种接入加密方案称为有线等效加密（WEP）。由于 WEP 相对容易被破译，故当前无线局域网普遍采用保密性更好的加密方案：无线局域网受保护接入（WPA）或第二个版本 WPA2。WPA2 是 802.11n 标准中强制执行的加密方案。

当在 Windows 操作系统界面上单击"开始"→"设置"→"网络连接"→"无线网络连接"，就会看到在当前无线局域网信号覆盖范围中的一些网络名称，在有些网络名称下面会显示"启用安全的无线网络（WPA）/(WPA2)"，这就表明对这个网络，只有在弹出的密码窗口中输入正确的密码后，才能与其 AP 建立关联。

自 测 题

一、单选题

1. 无线局域网的组网模式有基础架构网络和无固定基础设施，无固定基础设施也称为自组网络，英文缩写是（　　　）。

  A．Infrastructure Network   B．BSS

  C．Access Point   D．Ad-hoc Network

2．IEEE 802.11 标准在 MAC 子层采用（　　　）方法。

  A．带冲突避免的载波监听多址访问（CSMA/CA）

  B．带冲突检测的载波监听多址访问（CSMA/CD）

  C．跳频扩频（FHSS）

  D．直接序列式扩频（DSSS）

3．无线网络的数据帧中，发往 AP 或从 AP 接收的帧都有（　　　）个地址。

  A．2   B．4   C．3   D．5

4．在无线局域网中，移动站可使用（　　　），将自己和某一个 AP 关联。

  A．鉴别   B．关联服务   C．重新关联   D．解除关联

5．无线局域网 WLAN 是采用（　　　）介质进行通信。

  A．无线电波   B．双绞线   C．广播   D．电缆

二、填空题

1．802.11 标准定义了 3 种不同类型的帧：_____、控制帧和_____。

2．在 IEEE 802.11 标准中，定义了 3 个可选的物理层实现方式：红外线、跳频扩频和_____。

3．IEEE 802.11 系列的无线局域网又叫作_____系统。

4．IEEE 802.11 标准无线局域网使用_____，其中心叫作接入点 AP，一个 AP 的覆盖范围大约为 90～150 m。

5．MAC 在物理层的上面，包括两个子层：点协调功能（PCF）和_____。

6．在请求发送/允许发送（RTS/CTS）的机制，允许发送数据的站对信道进行_____。

7．许多热点和接入点 AP 连接起来的区域叫作_____。

8．为了与特定的 AP 创建一个关联，站点可能要向该 AP_____，也可能无须鉴别，802.11 无线网络提供了 WEP 和_____加密方案。

9．在 802.11 帧数据帧结构中，第一个字段是控制字段，又分成_____个子字段。

10．另一种有用的改善帧成功传输概率的方法是发送_____。

【自测题参考答案】

4.1

一、单选题：1．D 2．C 3．A 4．C 5．B

二、填空题：1．IEEE 802.3u 2．千兆以太网 3．资源共享 4．延时、误码率 5．星状、树状 6．同时 7．信道利用率 8．网络拓扑结构 9．介质访问控制 10．IEEE 802 协议。

4.2

一、单选题：1．B 2．A 3．D 4．C 5．A

二、填空题：1. 网络适配器（网卡）　2. 共享资源　3. Web 服务器　4. 双绞线　5. 客户机/服务器　6. Linux　7. 工作站　8. 交换机　9. 过滤　10. 距离

4.3

一、单选题：1. C　2. A　3. B　4. B　5. D

二、填空题：1. 100 Mbit/s、1 Gbit/s　2. 简单　3. 协议数据单元　4. 6、广播　5. 10 Mbit/s　6. 100、RJ-45　7. 以太网帧　8. 1 000 Mbit/s　9. 100BASE-TX　10. 主干、高性能桌面。

4.4

一、单选题：1. B　2. A　3. C　4. D　5. A

二、填空题：1. 软件　2. 控制广播流量　3. VLAN 标记　4. 1522　5. 交换端口、MAC　6. 广播帧　7. MAC 地址　8. 协议　9. 流量　10. 交叠虚拟局域网

4.5

一、单选题：1. D　2. A　3. C　4. B　5. A

二、填空题：1. 数据帧、管理帧　2. 直接序列式扩频　3. Wi-Fi　4. 星状拓扑　5. 分布式协调功能（DCF）　6. 预约　7. 热区　8. 鉴别自身、WPA　9. 11　10. 短帧

【重 要 术 语】

载波监听多址接入/冲突检测（CSMA/CD）：Carrier Sense Multi- Access with Collision Detection

载波监听多址接入/冲突避免（CSMA/CA）：Carrier Sense Multi-Access with Collision Avoidance

直接序列式扩频（DSSS）：Direct Sequence Spread Spectrum

以太网：Ethernet	逻辑链路控制（LLC）：Logical Link Control
令牌环：Token Ring	介质访问控制（MAC）：Medium Access Control
令牌总线：Token Bus	基础架构网络：Infrastructure Network
Mac 地址：Mac Address	无线传感网络（WSN）：Wireless Sensor Network
自组网络：Ad-hoc Network	分布式帧间间隔(DIFS)：Distributed Inter-Frame Space
接入点（AP）：Access Point	短帧帧间间隔（SIFS）：Short Inter-Frame Space
热点：Hot Spot	点协调功能（PCF）：Point Coordination Function
热区：Hot Zone	分布协调功能（DCF）：Distributed Coordination Function
请求发送(RTS)：Request To Send	
允许发送（CTS）：Clear To Send	有线等效加密（WEP）：Wired Equivalent Privacy
	无线局域网受保护接入(WPA)：Wi-Fi Protected Access

【练 习 题】

一、单选题

1. 下面不属于局域网拓扑结构的是（　　　　）。

A. 总线 B. 星状 C. 网状 D. 环状

2. 下面（ ）叙述是正确的。

A. 星状以太网是物理总线和逻辑总线拓扑

B. 10BASE-T 以太网是物理总线和逻辑总线拓扑结构

C. 同轴以太网的物理拓扑是星状，逻辑拓扑是总线拓扑

D. 10BASE-T 以太网的物理拓扑是星状，逻辑拓扑是总线拓扑

3. 下列情况中最适合采用无线网卡的是（ ）。

A. 当计算机的所有插槽都被其他设备占用时

B. 当计算机成为某一广播域的单个成员时

C. 当计算机需要另外的昂贵的光缆连接时

D. 当计算机需要在移动过程中使用，但仍然要和网络连接时

4. 在 IEEE 802.3 规范中，（ ）局域网技术被标准化。

A. 安全型 B. Ethernet

C. 无线网 D. Token Ring

5. 100BASE-TX 使用（ ）传输介质。

A. 同轴电缆 B. 双绞线

C. 光纤 D. 红外线

6. IEEE802.1q 协议是在以太网帧的（ ）处打上 4 字节的 VLAN 标记的。

A. 以太网帧的头部

B. 以太网帧的尾部

C. 以太网帧的源地址和长度/类型字段之间

D. 以太网帧的外部

7. 在多数情况下，网络接口卡实现的功能处于（ ）。

A. 物理层和数据链路层协议 B. 物理层和网络层协议

C. 数据链路层协议 D. 网络层协议

8. 快速以太网可以工作到的最高速率达到（ ）。

A. 5 Mbit/s B. 10 Mbit/s

C. 1 000 Mbit/s D. 100 M bit/s

9. （ ）局域网络的冲突域。

A. 一个局域网

B. 连在一台网络设备上的一台主机

C. 能接收到一个冲突帧的所有主机的集合

D. 冲突在其中发生并传播的区域

10. 在下列协议标准中，符合（ ）标准的无线局域网传输速率最快。

A. 801.11a B. 801.11g C. 801.11n D. 801.11b

二、多选题（在下面的描述中有一个或多个符合题意，请用 ABCD 标示之）

1. 决定局域网特性的主要技术要素包括（ ）。

A. 网络拓扑 B. 介质访问控制方法

C. 传输介质　　　　　　　　　　D. 网络应用

2. 常用的局域网介质访问控制方法有（　　　　）。

A. 带冲突检测的载波监听多址访问方法

B. 令牌环访问控制方法

C. 令牌总线访问控制方法

D. 带冲突避免的载波监听多址访问方法

3. 在局域网内使用 VLAN 配置，所带来的好处有（　　　　）。

A. 可以简化网络管理员的配置工作量

B. 广播可以得到控制

C. 局域网的容量可以扩大

D. 打破物理位置的限制进行分组

4. 在无线局域网中，下列（　　　　）方式适用于对无线数据进行加密。

A. SSID 隐藏　　　　　　　　　　B. MAC 地址过滤

C. WEP　　　　　　　　　　　　D. WPA

5. 在以太网络中，发生冲突的前提是（　　　　）。

A. 信道空闲时发送 32 字节的数据帧

B. 信道忙的时候发送数据帧

C. 有两台主机同时发送数据帧

D. 网络上的主机都以广播方式发送帧

三、简答题

1. 局域网的主要特点是什么？什么是交换以太网？

2. IEEE 802 局域网参考模型与 OSI 参考模型有何异同之处？

3. 写出缩写 CSMA/CD 的全称，并解释每一部分的含义。

4. 假设一个网络包括 3 个速度为 100 Mbit/s 的网段，它们由两个网桥连接，且每个网段有一台计算机。如果两台计算机向第三台计算机发送数据，发送者可达到的最高速率和最低速率是多少？

5. 试定义单播、多播和广播地址，并解释它们的含义。

6. 给定一个 IEEE 的 MAC 地址，如何才能判定它不是一个单播地址？

7. 在一个 802.3 以太网帧中，最大的载荷长度是多少，接收方如何知道一个以太网帧使用的是 802.3 标准？

8. 为什么大部分无线局域网采用基础架构型而不采用 Ad hoc 结构型？

9. 为什么在无线网络上需要采用 CSMA/CA？

10. 在无线局域网中，什么是 SIFS 和 DIFS，为什么需要它们？

<<<<<<<<<<<<<<<<<<<<<<<<<<<<<<<<<<<<<<<<<<<<<<<<<<<<<<<<<<<<<<<<<<<<<<

【扩展读物】

[1] 李琳，姜春雨. 局域网技术与应用［M］. 北京：清华大学出版社，2004.

[2] 电气电子工程师协会（中国分会）http://cn.ieee.org/.

📖 **学习过程自评表**（请在对应的空格上打"√"或选择答案）

知识点学习-自我评定

评价 学习内容 ＼ 项目	预 习			概 念			定 义			技 术 方 法		
	难以阅读	能够阅读	基本读懂	不能理解	基本理解	完全理解	无法理解	有点理解	完全理解	有点了解	完全理解	基本掌握
局域网概述												
局域网的基本组成												
以太网												
虚拟局域网												
无线局域网												
疑难知识点和个人收获 （没有，一般，有）												

完成作业-自我评定

评价 学习内容 ＼ 项目	完 成 过 程			难 易 程 度			完 成 时 间			有助知识理解		
	独立完成	较少帮助	需要帮助	轻松完成	有点困难	难以完成	较少时间	规定时间	较多时间	促进理解	有点帮助	没有关系
同步测试												
本章练习												
能力提升程度 （没有，一般，有）												

网络操作系统 <<<

第 5 章

【本章导读】

　　网络操作系统是局域网中的核心网络软件，是用户使用计算机网络的界面。本章概述网络操作系统的基本概念、功能、服务、工作模式和应用，并以流行的网络操作系统 Windows 和 Linux 系统为例，介绍 Linux 网络操作系统的基本概念、功能和发展趋势，Windows 网络操作系统的基本概念、功能和发行版本的特点，以及在网络操作系统环境下进行用户和文件资源管理的概念和方法，可帮助读者在了解网络操作系统知识的过程中，学会一些基本应用。

【学习目标】

- 理解：网络操作系统的基本定义、功能、服务、工作模式和应用等基本概念。
- 理解：Linux 网络操作系统的基本概念、用户和文件资源的概念和管理方法。
- 理解：Windows 网络操作系统的基本概念、用户和文件资源的概念和管理方法。

【内容架构】

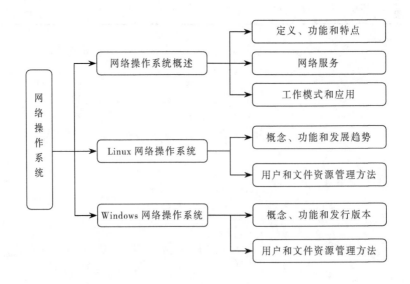

5.1 网络操作系统概述

5.1.1 网络操作系统简介

操作系统（OS）是控制和管理计算机系统的全部软硬件资源，对程序的执行进行控制，提供用户和计算机之间的接口的系统软件。它的基本功能包括文件管理、设备管理、进程管理、存储管理和作业管理。

网络操作系统概述视频

网络操作系统（NOS）是可以对整个网络范围以内的所有资源进行管理的软件集，也是用户和计算机网络之间的接口。网络操作系统除了具备单机操作系统所有的功能外，还具有向网络计算机提供网络通信和网络资源共享功能，管理网络中的软、硬件资源（如网卡、网络打印机、大容量外存等），为用户提供文件共享、打印共享等基本网络服务，电子邮件、Web 服务等专项网络服务，以及用户对资源的限制性访问和安全保证功能。网络操作系统一般运行在被称为服务器的计算机上，所以有时也称为服务器操作系统。

运行在服务器上的操作系统（如 UNIX、Windows Server 2008/2012、Linux 等）与运行在工作站上的操作系统（如 Windows 7、Windows XP、Windows10 等）的主要区别，在于提供的网络服务的类型、功能的不同。例如，Windows Server 2008 中的 Internet 信息服务的功能就比 Windows 7 中的 Internet 信息服务的功能要强得多。

网络操作系统的基本任务是用统一的方法管理网络中各主机之间的通信和资源共享，屏蔽本地资源和网络资源的差异性；为用户提供各种基本的网络服务和安全性服务，完成网络管理，使网络相关特性达到最佳。网络操作系统的基本功能包括：网络通信、资源管理、网络管理、互操作和提供网络接口等。

5.1.2 局域网的工作模式

基于网络操作系统的结构设计模式，常用的网络操作系统有对等式和客户机/服务器两种类型。基于网络操作系统的两种类型，局域网的工作模式可分为对等式、客户机/服务器和浏览器/服务器 3 种模式。这里的网络工作模式是指网络中服务器、工作站等设备的工作、组织和处理网络上的数据或信息的方式，非指它的硬件结构或拓扑形式。

1. 对等式

在对等式网络（Peer to Peer，P2P）中，所有计算机地位平等，没有从属关系，没有专用的服务器。网络操作系统（常选用工作站系统）平等地配置在网络的结点上，所有的连网结点可以相互分享资源，网络中的每台计算机都以前后台方式工作，前台为本地用户提供服务，后台为其他结点的网络用户提供通信和资源共享服务，网络中的资源是分散在每台计算机上且分散管理。对等式网络也常被称为工作组，组成的计算机数量通常不超过 10 台。对等式适合家庭、办公室等小型局域网应用。其优点是容易操作、安装简单、管理方便，内置一些网络资源管理工具和提供一定的安全访问级别。

对等网络除了共享文件外，还可以共享打印机以及其他网络设备。因为对等网络不需要专门的服务器来支持网络，也不需要其他组件来提高网络的性能，组网的成本相对其他模式来说要便宜许多。其缺点也非常明显：仅能提供较少的服务功能，难以确定文件的位置，提供资源的高级别的安全保障。常用的操作系统有 Windows XP、Windows 7、Windows 10。

2．客户/服务器模式

在客户/服务器工作模式（Client/Server，C/S）下，客户和服务器可以在同一计算机上运行，也可以在不同的计算机上运行。在 C/S 模式下，发出请求的一方为客户，响应请求的一方称为服务器，如果一个服务器在响应客户请求时不能单独完成任务，还可以向其他服务器发出请求，发出请求的服务器就成为另一个服务器的客户。客户/服务器工作模式适合中小型企业局域网和互联网的应用。网络中运行客户进程且具有一定处理能力的自主计算机，就成为客户机或工作站。

客户/服务器模式的主要特点是：用户使用简单直观，网络资源集中管理，可以获得更高级别的安全保证；网络系统内部的负荷可以做到比较均衡，网络资源利用率较高；允许在一个客户机上运行多种不同应用，系统易于扩展，能较好地匹配用户对需求的变化。其缺点是安装、管理和维护比较复杂。

这种模式中，常用的服务器操作系统有 Windows Server 2000/2003/2008/2012/2016、Linux 和 NetWare。

3．浏览器/服务器模式

浏览器/服务器（Browser/Server，B/S）是随着 Internet 技术的兴起，对 C/S 模式的一种改进。客户机上需要安装一个浏览器（Browser）软件，统一客户端，将系统功能实现的核心部分集中到服务器上，从而简化系统的开发、维护和使用。常用的浏览器包括 Netscape Navigator、Google Chrome 和 Windows Internet Explorer，服务器安装 SQL Server、Oracle、MySQL 等数据库。浏览器通过网络服务器与数据库进行数据交互。目前广泛应用在因特网和互联网络中。

由于 B/S 模式应用时存在的问题，人们又研发出一种具有三层结构的模式。在浏览器和服务器之间加入中间件软件，构成浏览器—中间件—服务器结构。

5.1.3　网络操作系统提供的服务

在网络环境中，服务主要以 C/S 形式提供。网络操作系统中默认驻留许多服务程序，运行时始终监视用户的请求，执行请求所需的操作，并把结果返回给用户。网络操作系统为用户提供的服务可以分为操作系统级服务和增值服务。

（1）系统级服务：主要包括用户注册与登录、文件服务、打印服务、目录服务、远程访问服务等。这类服务的特点是只要用户进行系统登录，登录后对服务的使用是透明的，访问远程服务如同访问本地服务。

（2）增值服务：主要包括数据库服务、Web 服务、电子邮件（E-mail）服务和远程登录（Telnet）等。这类服务的特点是可以开放给社会公众，用户很多，有极大的用户访问量。这类服务要满足大容量访问的需求，系统的效率对这类服务的响应时间影响极大。

下面列举了几种服务的特点，其中 FTP 服务和数据库服务为增值服务。

1．文件服务

文件服务是网络操作系统所提供的最基本的服务之一。文件服务器是一个提供文件存储和访问的计算机。文件服务的主要形式分为两类：文件共享和远程文件传输。

（1）文件共享：主要用于局域网环境，允许通过映射（例如建立共享文件或映射网络驱动器），使登录到文件服务器的用户可以像使用本地文件系统一样来使用文件服务器上的文件资源。Windows、Linux、UNIX 和 NetWare 均提供这种形式的文件服务。

（2）FTP 服务：可用于局域网或广域网环境中，客户端的用户通过系统注册和登录，可以下载 FTP 服务器中的文件或将本地的文件资源上传到 FTP 服务器。大部分网络操作系统都包含内部的 FTP 命令集，例如输入一条命令 ftp:// ftp.sjtu.edu.cn，就可以连接上海交通大学的 FTP 服务器。

2．打印服务

打印服务也是最基本的网络服务，可使局域网上的用户随时可以方便地使用打印机资源，通过打印服务器实现网上共享。建立打印服务器的方式有两种：软件形式和硬件形式，如图 5-1 所示。

（1）软件形式：打印服务软件安装在网络服务器上或网上的任一台计算机上。

（2）硬件形式：使用专用的打印服务器硬件。

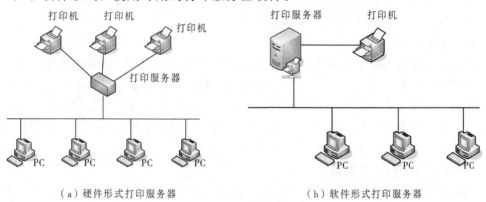

（a）硬件形式打印服务器　　　　　　（b）软件形式打印服务器

图 5-1　打印服务器的两种形式

3．目录服务

目录服务可以将一个网络中的所有资源，包括邮件地址、计算机设备、外围设备（如打印机）等集合在一起，以统一的界面提供给用户进行访问，其基本形式如同电信部门所提供的"黄页"服务。在理想情况下，目录服务将物理网络的拓扑结构和网络协议等细节掩盖起来，这样用户不必了解网络资源的具体位置和连接方式就可以进行访问，而且目录中的资源可以动态、实时更新。常见的目录服务有 Microsoft 的活动目录（Active Directory）。

4．数据库服务

选择适当的网络数据库软件，如 SQL Server、MySQL。依照客户机/服务器工作模式，客户可以使用结构化查询语言（SQL）向数据库服务器发出查询请求，服务器进

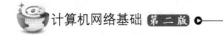

行查询后，将查询结果返回客户端。

5.1.4 网络操作系统的主要特征

网络操作系统的主要特征表现在：硬件无关性、支持各种类型的网络、支持不同类型的客户端、网络目录服务、多用户和多任务、网络管理、网络安全控制、强大的系统容错能力等。

1．硬件无关性

网络操作系统可以在不同的硬件平台上运行。例如，UNIX 操作系统和 Linux 操作系统可运行在各种大、中、小、微型计算机上；Windows 系统可以运行在 Intel 处理器和 Compaq Alpha 处理器的微型计算机上。通过加载相应的驱动程序模块，网络操作系统能支持各种网卡，例如 Intel、D-Link、华为等厂家的产品。网络操作系统一般支持硬件设备的即插即用功能。

2．支持各种类型的网络

网络操作系统能支持采用不同拓扑结构的网络，例如总线、环状、星状、混合和点对点的连接网络；能够支持不同类型的局域网，例如以太网、令牌环网、FDDI、ATM 等；能够支持各种网络协议和网络服务。

3．支持不同类型的客户机

客户机上可以安装不同类型的操作系统。

4．网络目录服务

网络目录服务采用目录和目录服务这两个基本组件来实现。目录指存储了各种网络对象（用户账号、网络上的计算机、服务器、打印机、容器、组）及其属性的全局数据库；目录服务是指提供一种存储、更新、定位和保护目录中信息的方法。有了目录服务，用户无须了解网络中共享的资源的位置，只需登录网络后，就可以定位并访问所有的共享资源，不必到提供资源的计算机上登录。

5．多用户、多任务支持

网络操作系统能够同时支持多个用户的访问请求，并可以支持多任务处理。在多用户环境下，给用户的应用程序及其数据文件提供了足够的、标准化的保护。在多任务支持系统中，为了避免任务并行处理带来的问题，可以采用多线程的处理方式。

6．网络管理

网络操作系统提供许多网络管理工具软件。例如，用户注册管理、分组管理（例如，设置"组策略"来管理各种资源的访问权限）可减轻网络管理员的工作负担。系统备份（制订备份计划）可应付可能发生的故障，调整网络主机/服务器的各种工作参数，使系统工作在最佳状态。网络监视管理工具，可监视系统工作状态（例如网络流量、冲突、错误、用户数和网络资源占用情况），监视服务器状态（比如 CPU 利用率、内存/缓冲区的状态、存储系统状态），支持专用的网管软件的运行。

7．网络安全控制

网络操作系统比一般操作系统提供更加安全的操作环境。使用访问控制表（ACL）对系统资源进行控制，可以使不同类型的用户对同一资源的访问具有不同的权限。通过设置用户账号来保证系统最基本的安全性，并允许对每个用户设置各种入网限制，控制用户入网的时间和站点等。

8．系统容错能力

网络操作系统的系统容错能力表现在存储的数据不会因服务器出现故障而丢失，可采用磁盘镜像、磁盘双工等技术来提高系统的可靠性。通过采用包括双机切换、热备份以及多台服务器构成的"群集系统"，来提供连续服务的功能。

5.1.5　常见的网络操作系统

常见的网络操作系统有 Windows Server、Linux、UNIX、NetWare。对于不同的应用，需要选择合适的网络操作系统。各种系统的特点概述如下：

1．Windows

Windows 网络操作系统是全球最大的软件开发商微软（Microsoft）公司开发的。Windows 系统不仅在单机操作系统中占有绝对优势，在网络操作系统中也占了相当大的份额。局域网中的工作站常配置这类操作系统，也应用在企业的中低档服务器上。主要版本有 Windows NT 4.0 Server、Windows Server 2000 /Server 2003/Server 2008 / Server 2012/ 2016。

2．Linux

Linux 是一个类 UNIX 的网络操作系统，其最大的特点就是源代码开放，可以免费获得应用程序。目前 Linux 主要版本有 Ubuntu、RedHat、Slackware、Debian 和 SuSE，中文版本有 RedHat（红帽子）、红旗 Linux 等。它与 UNIX 有许多类似之处，体现较好的安全性和稳定性，主要应用于中高端服务器中。

3．UNIX

UNIX 操作系统的第一版于 1969 年在 Bell 实验室产生，1975 年对外公布，1976 年以后得到广泛使用。UNIX 操作系统是一个多用户、多任务的分时操作系统，具备完善功能的网络操作系统，曾是世界上使用最普遍、发展最成熟的操作系统之一。UNIX 提供一套丰富的软件工具和一组强有力的实用程序，有一个功能强大的 Shell 命令解释程序。

4．NetWare

NetWare 是 Novell 公司于 1983 年推出的网络操作系统，它是一个开放的网络服务器平台，可以方便地对其进行扩充。NetWare 系统对不同的工作平台、不同的网络协议环境以及各种工作站操作系统提供了一致的服务。

自　测　题

一、单选题

1．网络操作系统是也是用户和计算机网络之间的（　　　），对整个网络范围以内的所有资源进行管理的软件集。

　　　A．接口　　　　　　B．网络服务　　　　　C．共享资源　　　　　D．数据通信

2．运行在服务器的操作系统与运行在工作站的操作系统的主要差别，在于其提

供的（　　　）不同。

  A．工作模式 B．服务和功能 C．通信方式 D．网络资源

  3．（　　　）可以将一个网络中的所有资源，例如邮件地址、计算机设备、外围设备等集合在一起，以统一的界面提供给用户进行访问。

  A．打印服务 B．网络管理 C．文件服务 D．目录服务

  4．（　　　）是一种特殊形式的客户机/服务器工作模式。

  A．Web Server   B．Client

  C．浏览器/服务器   D．Peer to Peer

  5．局域网中可供选择的网络操作系统种类很多，常见的有 Windows、Linux、UNIX 和 NetWare 等，推出时间最早的是（　　　）。

  A．Windows B．NetWare C．Linux D．UNIX

二、填空题

  1．网络操作系统的基本任务包括用＿＿＿＿＿＿管理网络中各主机之间的通信和共享资源的使用，屏蔽本地资源和＿＿＿＿＿＿的差异性。

  2．网络操作系统是运行在被称为服务器的计算机上的，有时也把它称为＿＿＿＿＿＿。

  3．在＿＿＿＿＿＿中，所有计算机地位平等，没有从属关系，没有专用的服务器和客户机。

  4．客户/服务器网络操作系统有两个基本的组成部分，即运行在＿＿＿＿＿＿上的操作系统软件和运行在＿＿＿＿＿＿上的客户应用软件。

  5．文件服务的主要形式分为两类：＿＿＿＿＿＿和＿＿＿＿＿＿。

  6．客户端的用户通过系统注册和登录，可以＿＿＿＿＿＿FTP 服务器中的文件或将本地的文件资源＿＿＿＿＿＿到 FTP 服务器。

  7．网络操作系统为用户提供的服务可以分为操作系统级服务和＿＿＿＿＿＿。

  8．网络操作系统比一般操作系统提供更加安全的操作环境。使用＿＿＿＿＿＿对系统资源进行控制，使不同类型的用户对同一资源的访问具有不同的权限。

  9．UNIX 提供一个功能强大的＿＿＿＿＿＿命令解释程序。

  10．建立打印服务器的形式有两种：＿＿＿＿＿＿形式和＿＿＿＿＿＿形式。

5.2　Linux 网络操作系统

5.2.1　Linux 操作系统概述

  Linux 操作系统的核心部分——内核（Kernel）是由芬兰赫尔辛基大学的一名大学生 Linus Torvalds 于 1991 年创建并在 Internet 上发布，后由 Internet 上来自世界各地的成千上万的自由软件开发者一起协同开发并完善，形成网络操作系统。Linux 是 Linus's UNIX 的缩写，发音为 Lin-noks。任何人只要遵守通用公共许可证（GPL）版权，都可以免费使用和修改 Linux。人们可以在 Internet 上免费下载 Linux 源代码和 Linux 应用程序，自由修改并扩充内核和应用程序的功能。修改者拥有修改后的软件

的版权，可以再次进行网上发布或商业性发行。这种自由软件
开发方式吸引了众多软件开发者的加入,由此产生大量免费的
Linux 应用软件,使得 Linux 快速发展壮大。特别是 IBM、Intel、
Oracle 等商业软件厂商纷纷对 Linux 进行商业开发和技术支
持,使得 Linux 的商业价值越来越高。在服务器到用户桌面、
从移动设备到云计算和大数据、再到嵌入式等领域,都得到广
泛的应用。

Linux 网络操作系统视频

Linux 作为类 UNIX 的操作系统,几乎所有 UNIX 系统下的应用软件都能运行在
Linux 上,实现了 UNIX 的全部功能。Linux 操作系统的主要优点还包括:强大的内置
网络功能,支持 TCP/IP 协议;具有多任务和多用户,能同时运行多个任务和访问多
个设备,性能和安全性强;自由软件,源代码公开以及免费,便于定制和再开发;软
件版本更新速度快。

5.2.2 Linux 的内核和发行版本

内核是一个操作系统的核心,负责管理系统的进程、内存、设备驱动程序、文件
和网络系统,决定着系统的性能和稳定性。

Linux 内核的维护是由 Linus Torvalds 领导的开发小组负责的。开发小组每隔一段
时间就会公布新的版本或修订版,从 1991 年 Linus 向世界公开发布的内核 0.0.2 版本
到 2018 年 7 月编写的 4.17.9 版本,Linux 的功能越来越强大。

Linux 内核的版本命名有一定的规则,版本号的格式通常为"主版本号.次版本号.
修正号"。主版本号和次版本号标志着重要的功能变动,修正号表示较小的功能变更。
以 4.17.9 版本为例,4 代表主版本号,17 代表次版本号,9 代表修正号。如果次版本
号是偶数,就表示该内核是一个稳定版,如果是奇数,则表示该内核加入了某些测试
的新功能,是一个内部可能存在 BUG 的测试版。例如,4.17.9 是一个测试版内核,4.18.6
是一个稳定的内核。可以通过 Linux 内核官方网站 http://www.kernel.org/,查阅到更多
的信息并下载最新的内核代码。

发行版本是各个商业公司或社区推出的版本,与核心版本是各自独立发展的。发
行版本通常内附一个核心版本的源代码和针对不同硬件设备的软件包的集合。

Linux 的发行版本可以分为两类:一类是商业公司维护的,如国内使用人群最多
的 RedHat 系列;另一类是社区组织维护的,如 Fedora、Ubantu 等。至今为止,全球
大约有数百款的 Linux 系统版本,每个系统版本都有其特性和适用的目标。

5.2.3 Linux 的发展趋势

随着开源软件在世界范围内影响力的日益增强,Linux 在服务器、桌面、移动设
备和嵌入式以及云计算、大数据等领域获得了重大的发展,以下从四方面讨论 Linux
操作系统的发展趋势。

1. 服务器领域

随着 Internet 的迅猛发展,以及在 RedHat、SUSE 等主要 Linux 发行商的努力和

IBM、Intel 等大公司的大力支持下，Linux 在服务器端得到了长足的发展，在互联网服务器领域已经占据主导的地位。在高端应用的某些方面，如 SMP、Cluster 集群等，已经动摇了 UNIX 的统治地位。

2．桌面领域

Linux 在桌面领域的发展趋势非常迅猛，不少系统软件厂商都推出 Linux 桌面操作系统，已在政府、企业、OEM 等领域得到广泛应用。Ubuntu 也相继推出了基于 Linux 的桌面系统 Ubuntu Linux，已经积累了大量社区用户，但是从系统的整体功能、性能来看，Linux 桌面系统和 Windows 系列相比还有一定的差距，主要表现在系统易用性、系统管理、软硬件兼容性、软件丰富程度等方面。

3．移动设备和嵌入式领域

Google 基于 Linux 内核的 Android 系统的推出，促进 Linux 在移动设备的应用领域中得到广泛应用；思科在网络防火墙和路由器也使用了定制的 Linux；阿里云也开发了一套基于 Linux 的操作系统 YunOS，可用于智能手机、平板计算机和网络电视。常见的数字视屏录像机、舞台灯光控制系统等都在逐渐采用定制版本的 Linux 来实现。

4．云计算、大数据领域

云计算技术的支撑是虚拟化和网格技术，而虚拟化和网格技术基本是 Linux 的天下，云计算技术和大数据作为一个基于开源软件的平台，Linux 占据了核心优势。据 Linux 基金会的研究，86%的企业已经使用 Linux 操作系统进行云计算和大数据平台的构建，Linux 已开始取代 UNIX 成为最受青睐的云计算、大数据平台操作系统。

5.2.4　Linux 的用户管理

Linux系统具有极强的用户管理功能，所有文件和程序必须属于某一个"用户"。每个用户都有一个唯一的身份标识，称为用户 ID（UID）。每个用户也至少属于一个"用户组群"，用户组群是由系统管理员创建的用户小组，每个用户组群也有一个唯一的身份标识，称为用户组群 ID（GID）。每个用户 ID 或者用户组群 ID 都可以被赋予相关的操作权力或文件的访问权限。

用户对每个文件或程序的访问是以它的 UID 和 GID 为基础的，一个执行中的程序继承了调用它的用户的权力和访问权限。Linux 系统中的用户分为普通用户和根用户（通常也被称为"超级用户"），根用户是在 Linux 安装时创建的唯一用户，用户名是 root，可以访问系统中全部的文件和程序。普通用户是根据需要创建的，根据其所拥有的权力和权限，只能访问它们拥有的或者有权限执行的文件。

Linux 系统中管理用户的具体方法有两种：图形化的用户管理器和在 Shell 提示符下的命令集。不同的发行版本的用户管理器的操作界面会有差异，通过窗口、选项卡和对话框的提示，可直观便捷地新建用户、修改用户属性、删除用户和管理组群。不同 Linux 版本的 Shell 提示符下的用户管理命令是完全相同的，下面介绍管理普通用户、超级用户和用户组群的命令。

1．管理普通用户

（1）新建用户是在系统中添加新用户，可以使用 useradd 或 adduser 命令创建一个用户账号。运行该命令后，系统除了增加一个新的用户账号外，还会自动执行一些操作：设置用户 ID，新增该用户的用户组并赋予组 ID，创建一个主目录，指定用户 Shell 环境，用户可随时更改密码，用户账号在 99999 天后预期失效，失效前 7 天开始警告用户。例如：

#useradd –u 554 –g 100 –d/home/test –s /bin/hash –e 02/01/20 –p 123456 sbsuser

该命令新增 sbsuser 用户，UID 是 554，把 sbsuser 用户加入到 sbsuser 用户组，组 ID 是 100，用户主目录是/home/test，用户的 Shell 为/bin/bash，账号的期限是 2020 年 2 月 1 日，用户密码是 123456。

（2）修改用户账号，是根据实际情况更改用户的有关属性，如用户名、主目录、用户组和登录后的 Shell 环境等。可以使用 usermod 命令更改用户的相关属性。例如：

#usermod –d/var/sbs –s /bin/ksh –g sbs sbsuser

该命令将 sbsuser 用户的登录 Shell 环境改为 ksh，主目录改为/var/sbs，用户组名改为 sbs。

（3）用户密码的管理是指定和修改密码，命令是 passwd。普通用户只能用其修改自己的密码，执行 passwd 命令时，先输入原密码，如果验证不通过则不允许修改。验证通过后再要求用户两次输入新密码，若两次输入的密码一致，修改成功。超级用户可以为自己修改密码、为其他用户指定密码，修改密码需要验证原密码，指定密码就无须验证，若两次输入一致，则修改成功。

（4）删除用户或临时禁止用户。当某些账号不再使用时，可以用 userdel 命令将其删除，可以只删除用户账号和属性，也可以将用户主目录和所有相关文件一并删除。例如：

- #userdel sbsuser：删除用户 sbsuser，但不删除其主目录及文件；
- #userdel –r sbsuser：删除用户 sbsuser，包括 home 目录及所有相关文件一并删除。

有时需要临时禁止一个用户而不删除它，可在/etc/passwd 或/etc/shadow 中找到关于该用户对应的条目，在第一个字符前加上一个"＊"。需要恢复时，删除这个星号即可。

2．管理超级用户

在 Linux 中，用超级用户（root）登录时，Shell 命令的提示符是"#"。root 用户对整个系统有完全的控制权力，可以增加/删除用户账号、变更密码、查看日志和安装/删除软件等，系统不对 root 账号的操作进行任何限制和约束。因此，必须是有经验的用户才能使用 root 账号，防止误操作带来的不良后果。

root 账号安全管理的原则包括：建议在必要情况下才使用 root 登录系统，如完成普通用户不能操作的任务；通常情况下，尽量使用普通用户账号登录系统，不要删除 root 账号和泄露 root 账号的密码。使用过程中，如果出现忘记 root 密码的情况，需要进入 Linux 的单用户模式，重新设置密码。

3．管理用户组

在 Linux 中，每个用户都属于一个用户组，系统可以对每个用户组中的所有用户进行集中管理。如果用户属于和其同名的用户组，则这个用户组是在创建用户时同时创建的。

要在系统中添加新的用户组，可以使用 groupadd 或 addgroup 命令。修改用户组的属性的命令是 goupmod。删除用户组的命令可以使用 groupdel 或 delgroup。当该用户组中包括在线的用户时，必须把该在线用户运行的所有程序关闭后才能进行删除。当删除一个用户组后，允许把系统中原来属于该组的文件修改为属于其他组。

5.2.5 Linux 的文件管理

在 Linux 的文件系统中，用户的数据和程序、系统的数据和程序、系统设备等都是以文件形式存在的。要对文件进行访问、操作和管理，可以使用如 Krusader、Nautilus 之类的图形化接口的文件管理器，也可以使用 Shell 提示符下的文件处理命令集。

Linux 系统核心可以支持十多种文件系统类型，包括 Ext、Ext2、Ext3、Ext4、NFS、NTFS 等。Linux 操作系统中默认的文件系统是 Ext 文件系统族，全称 Linux 扩展文件系统（extf），最早的 Ext2 文件系统是在内核 2.2 上实现的第二代文件扩展系统，Ext3 文件系统从 Ext2 发展而来，完全兼容 Ext2 文件系统，是 Linux 操作系统中最受欢迎的文件系统之一。在 Ext3 的基础之上做了很多改进推出的 Ext4 文件系统，引入了大量新功能以便提高未来 Linux 系统的性能，但 Ext4 依然能够与 Ext3 实现相互兼容。

Linux 操作系统内核支持装载不同的文件系统类型，不同的文件系统有各自管理文件的方式，Linux 允许不同的文件系统共存。为了支持各种文件系统的互操作，Linux 内核使用虚拟文件系统（VFS），一方面提供一种操作文件、目录和其他对象的统一方法，使用户进程不必知道文件系统的细节。另一方面定义了一个通用文件模型，支持具体不同文件系统中对象（或文件）的统一视图，达成一种协调，通过 VFS 实现跨文件系统的操作。例如，用户可以使用同一个命令，把文件从 NTFS 文件系统格式的硬盘中复制到 Ext3 文件格式的硬盘中。

下面简要介绍 Linux 文件系统管理中涉及的文件系统结构、类型、访问权限、所有权和文件系统装载等概念。

1. Linux 文件系统结构

Linux 文件系统采用的是树状结构（见图 5-2），整个文件系统以一个树根目录"/"为起点，所有的文件和外围设备都以文件形式装载在这个文件树上，包括硬盘、光驱、网络适配卡等。在根目录下，可以用命令装载或卸载子文件系统，可以扩展和缩小文件树。在 Linux 中，无论操作系统管理几个磁盘分区，目录树只有一个。这和以驱动器盘符为基础的 Windows 系统是不大相同的，Windows 树状结构的根目录是磁盘分区的盘符，有几个分区就有几个树状结构，它们之间的关系是并列的。

Linux 文件系统中有一些重要的目录位置和功能。例如：

（1）/boot：启动 Linux 的核心文件。
（2）/bin：存放最常用的命令。
（3）/dev：设备文件。
（4）/etc：存放各种配置文件。
（5）/home：用户主目录。
（6）/lib：系统最基本的动态链接共享库。

在对某个特定的文件进行操作时，必须知道这个文件的路径（Path）。路径指定一个文件在文件树中的位置，是一串用斜杠符（/）分隔的目录名或文件名的集合。如果这串字符用斜杠字符开头，即从根目录开始，则称为绝对路径；如果用其他目录名开始，则称为相对路径。

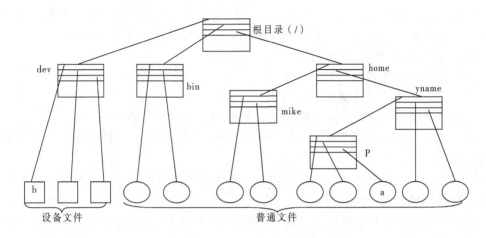

图 5-2　Linux 文件系统结构

例如，在图 5-2 中，根目录包含了 dev、bin 和 home 三个子目录，而 home 目录又包含了 mike 和 yname 子目录，在目录的最底层包含了普通文件和设备文件，如 a 和 b。Linux 的文件系统正是利用这些目录文件才构成分层的树状结构。a 和 b 文件的绝对路径是：/home/yname/P/a 和/dev/b。

如果当前目录是 yname，从目录 yname 到文件 a 的相对路径是 P/a，到文件 b 的相对路径是../../dev/b。标记".."表示目录层次中当前位置的上层目录，"."表示当前位置的目录。

2．Linux 文件类型

Linux 操作系统支持的文件类型为：普通文件、目录文件、设备文件和符号链接文件。

（1）普通文件，也称作常规文件，包含各种长度的字符串。通常可进一步归类为文本文件、程序使用的数据文件和可执行的二进制文件。

（2）目录文件是一种特殊文件，利用它可以构成文件系统的分层树结构。内核对目录文件中的数据设置特定结构，即文件名称和它的索引结点号构成列表，列表中每一对文件名称和索引结点号称为一个连接。每个索引结点保存了文件系统中的一个文件的元信息数据，每个索引结点在文件系统中有一个唯一的索引结点号。

（3）设备文件。在 Linux 系统，所有设备都作为一类特殊文件对待，用户像使用普通文件那样对设备进行操作，从而实现设备的无关性。设备文件除了存放在文件索引结点处的信息外，它们不包含任何数据内容。系统用设备文件来标识各个设备驱动器，内核使用它们与硬件设备通信。设备文件可分为块设备文件和字符设备文件。

（4）符号连接文件。Linux 具有为一个文件起多个名字的功能，称为链表。被链接的文件可以存放在相同的或不同的目录下。如果在同一目录下，二者必须有不同的文件名，而不用在硬件上为同样的数据重复备份。如果在不同的目录下，被链接的文件可以与原文件同名，只要对一个目录下的该文件进行修改，就可以完成对所有目录下链接文件的修改。

3．Linux 文件和目录访问权限

在 Linux 中每个文件或目录都包含了访问权限，这些访问权限决定了谁能访问和如何访问这些文件和目录。存在以下 3 种访问方式可用来设置谁能访问：

（1）允许文件的所有者访问。

（2）允许文件所属的用户组访问。

（3）允许系统中的任何用户访问。

存在 3 种基本的文件访问权限用来设置如何访问这些文件和目录：

（1）读取（r）：对文件而言，具有读取文件内容的权限；对目录而言，具有浏览该目录信息的权限。

（2）写（w）：对文件而言，具有新增、修改文件内容的权限；对目录而言，具有删除、移动目录内文件的权限。

（3）执行（x）：对文件而言，具有执行文件的权限；对目录而言，具有进入目录的权限。

用户可以控制一个给定的文件和目录的访问权限。当用户创建一个普通文件时，系统会自动赋予该文件的所有者读/写的权限，允许文件所有者显示文件内容和修改文件。文件所有者可以使用 chmod 命令，将文件访问权限改变为任何他想要指定的权限。

可以用文件列表查看命令 ls 显示文件或目录的详细信息，其中包括权限的详细信息。例如，执行 ls 命令后的回显结果形式如下：

drwxrw-r-x   2   sbsuser   sbsuser   4096   Mar 24 15:32   a

列表由 7 个域组成，第一个域代表该文件的类型和访问权限，其中第 1 个字符用来区分文件类型，不同字符的含义分别是：

- d：表示是一个目录。
- –：表示是一个普通文件
- l：表示是一个符号链接文件
- b、c：分别表示区块设备和其他的外围设备。

第 2～4 个字符表示所有者的访问权限，第 5～7 个字符表示所有者同组用户的访问权限，第 8～10 个字符表示其他用户的访问权限。如果在 2～10 中看到一个短线"–"字符，则意味不具有该项权限。

4．Linux 文件和目录的所有权

Linux 是一个多用户系统，因此所有文件和目录都有所有者。文件和目录的创建者就是其所有者，所有者拥有有所有权。例如，sbsuser 用户创建了文件 a，则 a 的所有者为 sbsuser。可以使用 chown 命令修改文件和目录的所有权和所属的用户组。

5．Linux 文件系统装载

Linux 在启动过程中，会把各个分区上的文件系统加载到对应的加载点上，除了

加载 Linux 所必需的文件系统外，Linux 用户还经常需要使用其他的各种文件系统，特别是一台计算机上同时安装了多个操作系统的时候。例如，计算机上同时安装了 Linux 和 Windows Server 2008，其中 Windows 的 C 盘采用 NTFS 文件系统，D 盘采用 FAT32 文件系统。而在 Linux 上工作时，经常需要访问 Windows 上的 C 盘和 D 盘内容，这时需要用户通过 mount 命令去加载一个文件系统，当不需要时，可以通过 unmount 命令去下载一个文件系统。例如：

- #mount –t vfat /dev/hda3/mnt/D：加载 Windows 的 D 盘，设备编号为/dev/hda3，加载点是/mnt/D。
- #umount /dev/hda3：下载 Windows 的 D 盘，设备编号为/dev/hda3。

自 测 题

一、单选题

1. Linux 操作系统的主要优点不包括（　　　）。

　　A. 强大的内置网络功能，支持 TCP/IP 协议

　　B. 自由软件且免费

　　C. 具有多任务和多用户

　　D. 安全性比 Windows 差

2. 下载 Linux 内核的官方网站的域名是（　　　）。

　　A. http://www.kernel.org/　　　　　　　　B. http://www.redhat.com/

　　C. http://www.kernel.com/　　　　　　　　D. http://www.ibm.com/

3. Linux 文件系统采用的是树状结构，整个文件系统以一个（　　　）为起点。

　　A. 驱动器盘符　　B. 树根目录（/）　　C. 主目录　　　　D. 内核

4. 根用户是在 Linux 安装时创建的唯一用户，默认的用户名是（　　　），可以访问系统中全部的文件和程序。

　　A. boot　　　　　　B. administrator　　　C. root　　　　　　D. group

5. 为了支持各种文件系统的互操作，Linux 内核使用（　　　）支持用户空间程序对文件系统的统一的访问接口。

　　A. 虚拟文件系统（VFS）　　　　　　　　B. 扩展文件系统（Ext3）

　　C. 新技术文件系统（NTFS）　　　　　　D. 网络文件系统（NFS）

二、填空题

1. ＿＿＿＿＿＿是一个操作系统的核心，负责管理系统的进程、内存、设备驱动程序、文件和网络系统，决定着系统的性能和稳定性。

2. Linux 的发行版本内附一个核心版本的＿＿＿＿＿和针对不同硬件设备的软件包的集合。

3. 每个用户都有一个唯一的身份标识，叫作＿＿＿＿＿（UID）。

4. 在 Linux 管理普通用户的功能中，包括＿＿＿＿＿、修改用户账号和＿＿＿＿＿。

5. 在 Linux 中，每个用户都属于一个＿＿＿＿＿。

6. 在 Linux 文件系统中，标记".."表示目录层次中当前位置的＿＿＿＿＿，标记

"."表示_____的目录。

7. chmod命令有两种最为常用的操作方式：权限代号修改法和_____。

8. Linux操作系统支持的文件类型：_____、目录文件、设备文件和_____。

9. 用ls命令显示文件或目录的权限信息时，第1个字符用来区分文件类型：_____表示目录文件，_____表示区块设备文件。

10. Linux所有文件和目录都有所有者，其_____就是其所有者，所有者拥有_____。

5.3 Windows 网络操作系统

5.3.1 Windows 网络操作系统概述

微软在1993年推出第一代网络操作系统产品Windows NT 3.1后，便正式加入网络操作系统的市场角逐。到目前为止，比较经典的版本为：Windows NT 3.5/4.0 Server、Windows 2000 Server/Advance Server（即Windows NT 5.0）、Windows Server 2003、Windows Server 2008、Windows Server 2012，最新的版本是Windows Server 2016。Windows 网络操作系统的每个产品族都有其工作站

Windows 网络操作系统视频

版（家用版）相对应，比如Windows Server 2003与Windows XP对应，Windows Server 2008与Windows Vista对应，Windows Sever 2008 R2与Windows 7对应，Windows Sever 2012与Windows 8对应，Windows Server 2016与Windows 10对应。

依据Windows操作系统产品的生命周期，系统自发布后5年之内为主流支持服务期，微软提供产品补丁包或非安全性补丁、系统功能性升级以及提供常规免费的技术支援。其后5年为延长支持服务期，微软仅提供安全性补丁和系统修补性更新，提供付费的技术支持。当微软发布终止产品服务时，过了以上两类周期的产品会被微软真正放弃。故用户最好是在终止日期到达之前对系统进行升级或更换。迄今为止，微软已宣布放弃Windows Server 2000之前的产品，于2015年7月14日宣布结束对Windows Server 2003产品族的延长支持服务，将会在2020年1月14宣布终止对Windows Server 2008和Windows Server 2008 R2产品族的延长支持服务。目前企业网络中，常用的为Windows Server 2008/2012/2016。

Windows Server是中小型企业局域网络中最常用的网络操作系统。相比其他网络操作系统，Windows Server在易用性方面是做得最好的，这一特性极大地降低了使用者的学习成本，也是Windows Server在网络操作系统领域中经久不衰的原因之一。

5.3.2 Windows Server 的主要版本和特点

1. Windows Server 2003

Windows Server 2003是微软基于Windows XP/NT 5.1开发的服务器操作系统，于2003年3月28日发布。Windows Server 2003家族有4种版本，适合不同的商业需求：

（1）Windows Server 2003标准版（Windows Server 2003 Standard Edition）：适用于

小型商业环境的网络操作系统，为中小型组织提供解决方案，包括针对基本文件的打印和共享服务、互联网的安全连接、对于常规用途应用程序的支持。

（2）Windows Server 2003 Web 版（Windows Server 2003 Web Edition）：专门为 Web 服务及 Web 主机托管应用程序量身定制的单一用途版本。使用 IIS 6.0Web 服务器，主要用于生成和发布 Web 应用程序、Web 页面以及基于 XML 的 Web 服务。

（3）Windows Server 2003 企业版（Windows Server 2003 Enterprise Edition）：支持高性能服务器，可以群集服务器，有助于确保系统即使在出现问题时仍可用。具有构建企业基础设置、应用程序和电子商务的功能。

（4）Windows Server 2003 数据中心版（Windows 2003 Datacenter Edition）：它是功能最强大的版本，分为 32 位版与 64 位版，支持高端应用程序，针对要求最高级别的可伸缩性、可用性和可靠性的大型企业或国家机构等而设计。

2. Windows Server 2008

Windows Server 2008 是基于 Windows NT 6.0 内核开发的服务器操作系统，它保留前期 Windows Server 2003 版本的优势，在对功能做进一步改进的同时，还提供了更具价值的新功能。新的 Web 工具、虚拟化技术、安全性的强化以及管理用的公用程序，不仅可帮助用户节省时间、降低成本，也为企业 IT 基础架构提供稳定的基础。

Windows Server 2008 通过内置的服务器虚拟化技术，可帮助企业降低运营成本，提高硬件利用率，提高服务器可用性。通过 PowerShell、Windows Deployment Services 以及增强的联网与集群技术等，为工作负载和应用要求提供功能丰富且可靠的 Windows 平台；通过为网络、数据和业务提供网络接入保护、联合权限管理以及只读的域控制器等保护，提供安全的 Windows Server；通过改进的管理、诊断、开发与应用工具，达到更高效地管理和控制，提供丰富的 Web 体验和最新网络解决方案。Windows Server 2008 最主要的 4 个核心版本为：

（1）Windows Server 2008 基础版：包含了 Windows Server 2008 的大量专有功能，主要用于中小型网络环境中提供域名服务，支持多路或四路对称处理器系统，在 32 位版本中至多可支持 4 GB 内存，64 位版本中可支持 32 GB 的内存。

（2）Windows Server 2008 企业版：主要可用于大中型网络环境，尤其是跨部门环境下使用。支持群集功能，最多可以包含 8 个群集结点。在 32 位版本中至多可支持 32 GB 内存，64 位版本中可支持 2 TB 的内存。

（3）Windows Server 2008 数据中心版：适用于托管关键业务系统，构建大规模的企业级虚拟化以及扩充解决方案。包含 Enterprise 版本的所有功能，支持超过 8 个结点的群，在 32 位版本中至多可支持 64 GB 内存，64 位版本中可支持 2 TB 的内存。

（4）Windows Server 2008 Web 版：为单一用途 Web 服务器而设计的系统，整合了 IIS 7.0 Web 服务器，以便提供任何企业快速部署网页、网站、Web 应用程序和 Web 服务。在 32 位版本中至多可支持 4 GB 内存，64 位版本中可支持 4 GB 的内存。

Windows Server 2008 R2 是基于 Windows NT 6.1 内核开发的仅面向 64 位的服务器操作系统，基于 Windows Server 2008 硬件基础而设计的，具有更好的稳定性。7 个版本中有 3 个是核心版本，还有 4 个是特定用途版本。Windows Server 2008 Core（服务器核心)是 Windows Server 2008 或 Windows Server 2008 R2 某个版本的精简版。没有桌面和图形化界面,通过命令来管理系统,特点是占用空间小,运行相对稳定。

3. Windows Server 2012

Windows Server 2012 是 Windows Server 2008 R2 的继任者,也是微软首个支持云计算环境的服务器操作系统。相比早期的版本,Windows Server 2012 从操作界面的设计到各项功能的新增与改善,有着大幅度的改变与突破,凭借在虚拟化、网络、存储、可用性以及其他方面的新增功能,成为企业客户到数据中心的可选的服务器系统。Windows Server 2012 发布时有标准版和数据中心版,后续的 Windows Server 2012 R2 发布之后,增加了基础版与精华版。Windows Server 2012 每个版本又分为服务器核心版和图形用户界面版。

(1)Windows Server 2012 基础版:包括本版本中的大多数核心功能,面向中小企业,用户限定在 25 位以内,该版本简化了界面,不支持虚拟化。

(2)Windows Server 2012 精华版:适用于用户数小于 25 名、服务数不超过 50 的小企业。提供通用服务器功能,不支持虚拟化,但可作为虚拟机安装。

(3)Windows Server 2012 标准版:一款企业级的云服务器,提供完整的服务器功能,但限制虚拟主机的台数为 2。

(4)Windows Server 2012 数据中心版:一款虚拟化服务器,适合应用于高度虚拟化的环境中。提供完整的服务器功能,不限制虚拟主机数量。

云计算技术可简单定义为利用远程网络服务器(非本地服务器)网络来存储、管理和处理数据,也是当下世界商业发展的驱动力。Windows Server 2012/2012 R2 将云计算技术扩展到企业组织,使得企业数据可现场或远程通过虚拟机或个人工作站直接备份到云中,显示微软在新一代网络操作系统领域内的竞争实力。

4. Windows Server 2016

Windows Server 2016 是微软于 2016 年 10 月 13 日发布的最新服务器操作系统。它在整体界面设计风格上更加靠近 Windows 10,改进内核以进一步完善对数据中心底层硬件的支持。在性能、可扩展性、安全性、软件定义的计算、网络、存储以及云应用程序平台上都有极大的增强,也是微软操作系统应对云计算技术挑战的一次重新架构。主要的版本有 3 种:

(1)Windows Server 2016 基础版:专为小型企业而设计,最多可容纳 25 个用户和 50 台设备,支持两个处理器内核和高达 64 GB 的 RAM,不支持虚拟化。

(2)Windows Server 2016 标准版:为具有很少或没有虚拟化的物理服务器环境而设计,最多支持 64 个插槽和最高 4 TB 的 RAM。它包括最多两个虚拟机的许可证,并且支持 Nano 服务器安装(Nano 服务器是针对有云和数据中心进行优化的远程管理的服务器操作系统)。

(3)Windows Server 2016 数据中心版:专为高度虚拟化的基础架构设计,包括私有云和混合云环境,最多支持 64 个插槽,最多 640 个处理器内核和最高 4 TB 的 RAM。它为在相同硬件上运行的虚拟机提供了无限基于虚拟机许可证。它还包括新功能,如存储空间直通和存储副本,以及新的受防护的虚拟机和软件定义的数据中心场景所需的功能。

5.3.3　Windows 的用户管理

在 Windows 的系统中,管理人员很重要的一项日常工作是管理用户账户、用户组。在 Windows Server 的不同版本中,提供了多种用户账户类型,其中最主要的 3 类是:域用户账户、本地用户账户和默认用户账户。

(1)域用户账户是在域控制器上创建的,账户的信息建立在域控制器上的安全数据库中。登录时需要通过控制器的验证,只有符合才能登录成功,可在域中的计算机上登录。

(2)本地用户账户是在本机建立的,账户信息建立在本机的安全数据库中。在本机登录时,需要使用本机安全数据库的验证,如果符合则允许登录本机,但无法登录域,只能访问这台计算机内的资源,无法访问网络上的资源。

(3)默认用户账户:在安装 Windows Server 时自动创建的用户账户,通常为系统管理员(Administrator)和来宾(Guest)。Administrator 是对计算机有完整控制权的账户,必须设置非常强的密码,该账户无法删除和禁用,但可以重命名。Guset 账户可被在计算机中没有账户的用户使用,默认情况下该账户被禁用,可将其设置为有效。

每个用户账户新建完成后,系统都会为其建立一个唯一的安全识别码(SID),系统利用这个 SID 来代表该用户,有关的权限设置等都是通过 SID 来设置的。SID 不会被重复使用,例如,将某个账户删除后,再添加一个相同名称的账户,因 SID 不同,它也不会拥有原来该账户的权限。可以使用命令 whoami /logonid 来查看 SID。

Windows 系统为了简化用户的管理,提出了用户组的概念。用户组是指具有相同或相似特征的用户的集合,针对某个组进行授权时,该授权对组中的所有成员都有效。例如,对某个组授予访问共享文件夹和打印机的权限,那么组中的成员都将拥有此权限,这样可以减少用户账户管理配置的工作量。在安装 Windows 时,系统会自动创建内置组,这些组本身都已经被赋予了一些权限,以下列出几个常用的内置本地组:

(1)管理员组(Administrators):成员具有系统管理员权限,拥有对这台计算机的完全控制权。Administrator 账户属于此组,无法将其删除。

(2)备份操作员组(Backup Operators):成员可以备份和还原计算机内的文件,不论他们有无权限访问这些文件,都可以登录和关闭计算机,但不能更改安全设置。

(3)来宾组(Guests):此组内的用户无法永久改变其桌面的工作环境,当他们登录时,系统会为其创建一个临时用户配置文件,而注销时此配置文件就会被删除。

(4)用户组(Users):此组内的用户只拥有一些基本权限,例如运行应用程序、使用本地与网络打印机、锁定计算机等,但他们不能将文件夹共享给网络上其他的用户,不能将计算机关机等。任何新建用户都是该组的成员。

1.创建用户账户

在 Windows 环境中,可以通过图形化管理工具或命令行新建用户账户,以下以图形化工具为例进行介绍。

(1)创建域用户账户。域系统管理员需要为每一个域用户建立一个用户账户,让用户利用这个账户登录域,访问网络上的资源。使用 "Active Directory 用户和计算机"管理工具来新建账户,账户会被自动建立在第一台域控制器内的安全数据库中。

新创建的域用户账户，不能直接在域控制器上登录，除非被赋予"本地登录"的权限。每个域用户账户都有一些属性设置，包括相关的个人信息（地址、电话、传真、电子邮件）和账户信息（例如用户账户的"登录时间"、"登录到"以及"账户过期"）等。

（2）创建本地用户账户。本机管理员使用"计算机管理"控制台新建用户账户，根据对话框的提示输入要创建的用户名和密码。根据用户使用习惯选择用户"登录Shell"的方式，确认系统默认创建的主目录"/home/用户名"或者设置用户需要的主目录。新建用户默认属于 Users 组的成员。

2．用户账户的管理

在创建好用户账户后，管理员经常需要对账户重新设置密码、修改属性和重新命名。利用"Active Directory 用户和计算机"管理工具或计算机管理控制台完成这类基本管理。例如：

（1）复制：复制具有相同属性的账户以简化管理员的工作。

（2）停用账户/启用账户：若账户在某一时间内不使用，则可以将其停用，待需要使用时，再将其重新启用。

（3）重命名：将该账户更名，由于其安全识别码（SID）并没有改变，因此其账户的属性、权限设置和所属的组都不会受到影响。

（4）删除账户：将不再使用的账户删除，以免占用空间。将账户删除后，即使再添加一个相同名称的账户，这个新账户也不会继承原账户的权限、权力与所属组。

（5）重置密码：出于系统安全性考虑，系统管理员需要每隔一定的时间就对用户账户密码重新设置。

（6）更改用户所属的组：在创建一个用户时，系统会将其添加到用户组中，通常需要根据用户的具体需要，重新设置其账户所属的组。

3．创建和管理用户组

用户可以根据实际需要来创建自己的用户组。例如，将一个部门的用户放置在一个用户组中，然后针对这个用户组进行属性设置，以便快捷完成对部门内所有用户的属性修改。用户可以同时属于多个组，当属于多个组时，也就有了多个组的权限。

（1）创建域用户组：可以通过"Active Directory 用户和计算机"管理工具新建用户组，根据组的使用范围和管理的需要，设置本地域组、全局组和通用组，添加合适的组成员。也可以在不同层级的组织单位下新建组，达到分散管理任务的目的。

（2）创建本地用户组：与新建本地用户一样，对本地用户组的创建操作也需要在"计算机管理"控制台中完成。在对话框中输入合适的组名及描述信息，同时从本机已有的用户中选择用户，添加成为该组成员。用户组创建完成后，后续可以在这个用户组中添加更多用户或其他用户组，也可以删除用户或其他用户组。系统管理员也可以通过管理工具将一些用户或用户组删除。

5.3.4 Windows 的文件管理

常用的 Windows 文件系统是 FAT32 和 NTFS，其中 NTFS（新技术文件系统）是随着 Windows NT 操作系统而产生，提供了 FAT 文件系统所没有的安全性、稳定性、可靠性和磁盘空间利用率。NTFS 文件系统的详细定义属于商业秘密，微软已将其注册为知识产权产品。

NTFS 文件系统对用户权限做出了非常严格的限制，每个用户都能按照系统赋予的权限进行操作。NTFS 提供了容错结构日志，可以将用户的操作全部记录下来，从而最大限度地保护了系统的安全。Windows 系统提供了完善的 NTFS 分区格式支持。

1. NTFS 文件系统的主要特性

（1）提供文件和文件夹的安全性：通过为文件和文件夹分配权限来维护本地级和网络级上的安全，任何试图越权的操作都将被系统禁止。NTFS 分区中的每个文件或文件夹均有一个访问控制列表（ACL），包含用户或组的安全标识符以及授予用户或组的权限。

（2）支持加密：NTFS 分区支持加密文件系统（EFS），可以加密硬盘上的重要文件，阻止没有授权的用户访问文件。

（3）提供高可靠性：NTFS 是一种可恢复的文件系统，使用事务日志自动记录所有文件夹和文件更新，当出现系统损坏和电源故障等问题而引起操作失败后，系统使用日志文件和检查点信息自动恢复文件系统的一致性。

（4）支持对分区、文件和文件夹的压缩：NTFS 支持对单个文件或文件夹的压缩，文件的压缩率高达 50%。对分区的压缩，其可控性和速度都要比 FAT 分区压缩要好得多，任何程序对 NTFS 压缩文件进行读/写时都无须其他软件事先解压缩，对文件读取时，自动解压缩，文件关闭或保存时会自动对文件进行压缩。

（5）支持磁盘配额管理：管理员可以为用户所使用的磁盘空间进行配额限制，限定每个用户只能使用最大配额范围内的磁盘空间，避免由于磁盘空间使用的失控而可能造成的系统崩溃，提高系统的安全性。

（6）审核策略：应用审核策略可以对文件、文件夹及活动目录对象进行审核，审核结果记录在安全日志中，可发现系统存在的非法访问，并采取相应的措施减少安全隐患。

（7）簇重映射：NTFS 能检测坏簇或可能包含错误的磁盘区域，标记为坏簇后不再使用。

2. 管理文件和文件夹权限

在 NTFS 分区上，可以为文件和文件夹设置访问权限，这些权限允许或禁止用户和组的访问。管理员可以用图形化工具设置访问权限，例如，通过文件或文件夹的属性对话框中的“安全”选项卡设置文件或文件夹的访问权限。也可以通过命令行方式完成访问权限的设置。NTFS 访问权限分为文件夹的权限和文件的权限，文件的权限优先于文件夹的权限产生作用。

（1）文件夹的访问权限类型：

- 完全控制：用户拥有所有 NTFS 文件夹的权限，可以修改权限与取得文件夹的所有权。
- 修改：用户可以在该文件夹下加入子文件夹、更改名称、删除文件夹并具有“写入”“读取及执行”权限。

- 读取及执行：此权限与"列出文件夹目录"的权限基本相同，唯一不同之处是权限的继承性。"列出文件夹目录"的权限只是由文件夹继承，而"读取及执行"可以由文件夹与文件同时继承。

- 列出文件夹目录：可以列出文件夹与其子文件夹中的内容，但不具有在该文件夹内建立子文件夹的权力，又称遍历。

- 读取：用户可查看和列出文件夹中的文件及子文件夹，列出文件夹的属性、权限分配和所有者。

- 写入：用户可在文件夹中建立子文件夹和文件，改变文件夹的属性，列出文件夹的所有者和权限分配情况。

（2）文件的访问权限类型：

- 完全控制：用户拥有所有 NTFS 的权限，可以修改权限和取得文件的所有权。

- 修改：用户可以更改文件内的数据、删除文件、重命名文件，同时拥有"写入"和"读取及执行"的权限。

- 读取及执行：拥有读取文件的权限并具有运行应用程序的权限。

- 读取：用户可显示文件内容，显示文件属性、所有者和权限分配情况。

- 写入：用户可以将文件覆盖、改变文件的属性、查看文件的所有者和权限等。拥有此权限只能将整个文件覆盖掉，但不能改写文件内的数据。

可以为 NTFS 的文件和文件夹设置特殊权限，可用的特殊权限又细分为 13 种，基本访问权限中的每一个都是由特殊权限的逻辑组合而成的。文件系统的权限具有继承性，即文件继承文件夹的权限，子文件夹继承父文件夹的权限。这种继承性可以通过设置进行屏蔽或开启。

3. 审核文件和文件夹的访问

NTFS 访问权限设置可用于保护数据，但无法知道哪些用户删除了重要数据，以及哪些用户未经授权尝试访问文件和文件夹。为了监控文件或文件夹的访问和操作情况，需要预先为文件或文件夹的访问配置审核。一般来说，完善的网络资源安全策略应该包含审核。设置审核的操作步骤为：启用审核、指定要审核的文件和文件夹、监控安全日志。

管理员可以通过图形化的"组策略"或"本地安全策略"管理工具配置审核策略，完成启用审核步骤。再通过文件或文件夹的属性对话框中的"安全"选项卡，指定要审核的文件或文件夹。当配置启动了审核的文件或文件夹被访问后，相应的操作就会被写入到系统的安全日志中，供管理员查看。

4. 设置文件和文件夹的加密和压缩

在 Windows Server 2008/2012/2016 中，可以通过 NTFS 权限管理保护用户数据安全，但硬盘驱动器被移动到另外一台计算机上，NTFS 的访问权限将失去作用。为了更好地保护用户数据，可使用加密文件系统（EFS）对数据进行加密，这样的加密/解密与用户的账户信息和个人配置文件密切相连。如果用户忘记了登录密码或密码被更改、个人配置文件损坏或丢失，都会造成文件永久处于加密状态，不允许任何人访问。管理员通过文件或文件夹属性对话框中的"高级属性"对话框，指定要加密的文件或文件夹。

Windows 可以在使用 NTFS 文件系统对卷进行格式化时直接启用压缩，当该卷被压缩后，保存在其中的所有文件和文件夹都将在创建时自动被压缩，读出时自动解压缩，这样可以节约大量磁盘空间，但可能会降低计算机的性能。也可选择对特定的文件或文件夹进行压缩或解压缩。管理员通过"资源管理器"工具，对 NTFS 分区、文件或文件夹设置压缩特性。

自 测 题

一、单选题

1. 微软在 1993 年推出第一代网络操作系统产品是（　　）。

    A. Windows NT 3.1 　　　　　　　　B. Windows Server 2000

    C. Windows 98 　　　　　　　　　　D. DOS

2. Windows Server 是中小型企业局域网络中最常见的网络操作系统。相比其他网络操作系统，Windows Server 在（　　）方面是做得最好的。

    A. 可靠性 　　　　B. 开放性 　　　　C. 扩展性 　　　　D. 易用性

3. （　　）的成员具有系统管理员权限，拥有对这台计算机的完全控制权。

    A. 备份操作员组 B. 管理员组 　　　　C. 用户组 　　　　D. 来宾组

4. 使用（　　）管理工具来新建账户，账户会被自动建立在第一台域控制器内的安全数据库中。

    A. 计算机管理 　　　　　　　　　　B. 安全选项卡

    C. Active Directory 用户和计算机 　　D. 资源管理器

5. （　　）是指用户拥有所有 NTFS 文件夹的权限，可以修改权限、取得文件夹的所有权。

    A. 写入 　　　　　B. 完全控制 　　　　C. 修改 　　　　D. 读取及执行

二、填空题

1. _____ 基于 Windows NT 6.0 内核开发，_____ 基于 Windows NT 6.1 内核开发。

2. Windows Server 2012 是微软首个支持 _____ 环境的服务器操作系统。

3. Windows Server 中的用户类型都包括：域用户账户、_____ 和默认用户账户。

4. 默认用户账户是在安装 Windows Server 时自动创建的，通常为 _____ 和 _____。

5. Administrator 是对计算机有完整控制权的账户，必须设置非常强的 _____。该账户无法 _____，但可以重命名。

6. 可以使用命令 _____ 或 _____ 来查看用户的 SID。

7. 在安装 Windows Server 时，系统会自动创建内置组，并被赋予了一些权限，常用的内置本地组包括：管理员组、_____、来宾组、_____。

8. 常用的 Windows 文件系统是 FAT32 和 _____。

9. NTFS 文件系统的主要特性包括：_____、_____、提供高可靠性、支持对分区、文件和文件夹的压缩、支持磁盘配额管理、审核策略和簇重映射。

10. 设置审核的操作步骤为：_____、指定要审核的文件和文件夹、监控安全日志。

【自测题参考答案】

5.1

一、单选题：1. A 2. B 3. D 4. C 5. D

二、填空题：1. 统一的方法、网络资源 2. 服务器操作系统 3. 对等网络 4. 服务器、客户机 5. 文件共享、远程文件传输 6. 下载、上传 7. 增值服务 8. 访问控制表 9. Shell 10. 软件、硬件

5.2

一、单选题：1. D 2. A 3. B 4. C 5. A

二、填空题：1. 内核 2. 源代码 3. 用户 ID 4. 新建用户、删除用户或临时禁止用户 5. 用户组 6. 上层目录、当前位置 7. 数字权限修改法 8. 普通文件、符号链接文件 9. d、b 10. 创建者、所有权

5.3

一、单选题：1. A 2. D 3. B 4. C 5. B

二、填空题：1. Windows Server 2008、Windows Server 2008 R2 2. 云计算 3. 本地用户账户 4. Administrator、Guest 5. 密码、删除和禁用 6. whoami、logonid 7. 备份操作员组、用户组 8. NTFS 9. 提供文件和文件夹的安全性、支持加密 10. 启用审核

【重要术语】

域：Domain
用户：User
域用户：Domain User
组：Group
权限：Permission
对等网：Peer-to-Peer
客户机/服务器（C/S）：Client/Server
安全识别码（SID）：Security Identifier
活动目录（AD）：Active Directory
网络操作系统（NOS）：Network Operating System

服务器核心版：Server Core
图形用户界面版（GUI）：Graphical User Interface
通用公共许可协议（GPL）：General Public License
扩展文件系统（EXTF）：Extended File System
虚拟文件系统（VFS）：Virtual File System
新技术文件系统（NTFS）：New Technology File System
加密文件系统（EFS）：Encrypting File System

【练习题】

一、单选题

1. 只能用于构造简单的对等式网络的操作系统是（　　　　）。

    A. UNIX   B. NetWare

    C. Windows Server   D. Windows 7

2. 下列（　　）属于网络操作系统。

    A. Windows Server 2012 和 Linux

    B. UNIX 和 Windows 8

    C. NetWare 和 DOS

    D. Windows Server 2008 和 Windows 10

3. 以下属于网络操作系统的工作模式是（　　）。

    A. TCP/IP   B. ISO/OSI 模型

    C. Client/Server   D. 对等实体模式

4. 网络操作系统主要解决的问题是（　　）。

    A. 网络用户使用界面

    B. 网络资源共享与网络资源安全访问限制

    C. 网络资源共享

    D. 网络安全防范

5. Windows Server 2012 支持（　　）文件系统。

    A. FAT16   B. FAT32   C. NTFS   D. ext2

6. 以下关于网络操作系统特征的叙述错误的是（　　）。

    A. NOS 与硬件有关

    B. NOS 能同时支持多个用户对网络的访问

    C. NOS 可通过网桥、路由器等与其他网络连接

    D. 系统具有一般 OS 的功能外，还有网络管理功能，支持多种增值服务

7. Windows Server 2012 标准版限制虚拟主机的台数为（　　）。

    A. 0   B. 20   C. 25   D. 2

8. 下列对用户组的叙述正确的是（　　）。

    A. 组是代表具有相同性质用户的集合

    B. 组是用户的管理单位，可限制用户的登录

    C. 组是用户的集合，它不可包含组

    D. 组是用来给每个用户授予权限的方法

9. 对于 NTFS 权限描述错误的是（　　）。

    A. 没有文件和文件夹级的安全性   B. 内置文件加密和压缩功能

    C. 拥有磁盘配额功能   D. 拥有共享级的安全性

10. 在安装 Windows Server 2008 操作系统时，只能选择（　　）文件系统。

    A. FAT   B. NTFS   C. FAT32   D. EXT3

二、多选题（在下面的描述中有一个或多个符合题意，请用 ABCD 标示）

1. 在创建 Windows Server 2008 的域用户账户时，需要注意（　　）。

    A. 域用户的登录名在域中是唯一的

    B. 域用户的显示名在域中是唯一的

C. 域用户的登录名在 OU 中是唯一的

D. 用"计算机管理"工具创建域用户

2. Windows Server 2008 企业版的特点包括（   ）。

A. 支持群集功能，最多可包含 8 个群集结点

B. 在 32 位版本中可支持 32 GB 内存

C. 在 64 位版本中可支持 2 TB 内存

D. 构建大规模的企业级虚拟化

3. 公司的服务器要能进行域的管理，必须符合的条件是（   ）。

A. 本地磁盘至少有一个 NTFS 分区

B. 本地磁盘不需要一个 NTFS 分区

C. 有足够的可用磁盘空间

D. 安装者必须具有本地管理员权限

4. Linux 操作系统支持的文件类型为（   ）。

A. 普通文件   B. 目录文件

C. 设备文件   D. 符号链接文件

5. Linux 系统核心可以支持十多种文件系统类型，默认支持包括（   ）。

A. FAT   B. Ext4   C. Ext3   D. NTFS

三、简答题

1. 什么是网络操作系统？网络操作系统的基本功能是什么？

2. 网络操作系统能够提供哪些通用的网络服务软件？这些软件的基本功能是什么？

3. 当前流行的网络操作系统主要有哪些？

4. 什么是 Client/Server 模式？它的工作原理是什么？

5. 不同的 Windows Server 版本中的用户有哪些类型？系统默认的用户有哪些？

6. 活动目录有什么用途？

7. 什么是目录？什么是目录树？它们之间的区别是什么？有什么共同点？

8. 简述 Linux 支持哪些文件系统及其特点。

9. 为什么建议将权限赋予组，而不赋予用户？

10. NTFS 文件和文件夹的基本访问权限有哪些？

<<<<<<<<<<<<<<<<<<<<<<<<<<<<<<<<<<<<<<<<<<<<<<<<<<<<<<<<<<<<

【扩展读物】

[1] BLUM R，BRESNAHAN C. Linux 命令行与 shell 脚本编程大全 [M]. 3 版. 门佳，武海峰，译. 北京：人民邮电出版社，2016.

[2] 中国的 IT 社区和服务平台（CSDN）资源下载，https://download.csdn.net/.

[3] Linux 内核官方网站，http://www.kernel.org/.

[4] 微软. Windows Server 技术支持网站，https://technet.microsoft.com/library/

bb625087.aspx.

[5] 中国领先的 IT 技术网站（51CTO.COM），http://training.51cto.com/.

📖 **学习过程自评表**（请在对应的空格上打"√"或选择答案）

知识点学习-自我评定

项目 评价 学习内容	预　习			概　念			定　义			技　术　方　法		
	难以阅读	能够阅读	基本读懂	不能理解	基本理解	完全理解	无法理解	有点理解	完全理解	有点了解	完全理解	基本掌握
网络操作系统概述												
Linux 网络操作系统												
Windows 网络操作系统												
疑难知识点和个人收获 （没有，一般，有）												

完成作业-自我评定

项目 评价 学习内容	完　成　过　程			难　易　程　度			完　成　时　间			有助知识理解		
	独立完成	较少帮助	需要帮助	轻松完成	有点困难	难以完成	较少时间	规定时间	较多时间	促进理解	有点帮助	没有关系
同步测试												
本章练习												
能力提升程度 （没有，一般，有）												

第6章

网络互联与设备 《《《

【本章导读】

随着局域网络的广泛普及，人们需要将各种不同类型的局域网络互联起来，实现不同部门、区域或国家之间的信息交换和资源共享，网络互联成为网络技术中的一个重要组成。本章讲述网络互联的基本概念，互联设备的类型、工作原理和应用，具体内容包括：网络互联的定义、互联类型和层次；网络互联设备（网络接口卡、中继器、集线器、网桥、交换机、路由器和网关设备）的基本特点、工作原理和应用。

【学习目标】

- 理解：网络互联的概念、互联类型、层次和应用。
- 掌握：网络接口卡、交换机和路由器的特点、工作原理和应用。
- 了解：二层交换机和三层交换机的异同点。

【内容架构】

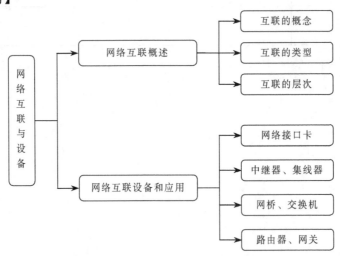

6.1　网络互联概述

在介绍网络互联之前，首先熟悉一下互联、互通与互操作这3个术语的具体定义。

（1）互联是指在两个物理网络之间至少有一条在物理上连接的线路。它为两个网络的数据交换提供了物质基础和可能性，但不能保证两个网络一定能够进行数据交换，这要取决于两个网络的通信协议是否相互兼容。

（2）互通是指两个网络之间可以交换数据。例如，在 Internet 中，TCP/IP 协议屏蔽了物理网络的差异性，保证互联的不同网络中的结点之间交换数据。互通为网络中不同计算机系统之间的互操作提供了基础。

（3）互操作是指网络中不同计算机系统之间具有透明地访问对方资源的能力，是基于互通前提下，借助高层软件实现。

网络互联基本概念视频

例如，一个由无线网络和以太网互联的网络中，假设以太网中有一台运行着数据库系统的主机，无线网络中有一部运行着 APP 的智能手机，手机用户为得到一份环境信息报告，通过 APP 向数据库发出一个当前位置信息，然后就在邮箱中收到一份环境信息报告。

互联、互通和互操作三者之间的关系是：互联是基础，互通是手段，互操作是目标。也就是说，网络互联的最终目标是实现互操作。

6.1.1 网络互联的技术要点和类型

1．网络互联的技术要点

网络互联是指把网络与网络连接起来，在用户之间实现跨不同网络进行通信与互操作的技术，能提供数据处理、资源共享和应用服务等。在互联网络中，每个网络中的网络资源都可成为互联网中的资源，与物理网络结构无关。互联网络屏蔽了各子网在网络协议、服务类型与网络管理等方面的差异性，为网络用户提供统一接口。

网络互联的基本技术要求包括：在网络之间提供一条链路，在不同网络的进程间提供路径选择和传递数据，提供各用户使用网络的记录和保持状态信息，协调各个网络的不同特性。

2．网络互联类型

计算机网络从传输距离上可以分为局域网、城域网和广域网三类，所以网络互联的类型主要有 4 类：局域网—局域网（LAN-LAN）、局域网—广域网（LAN-WAN）、局域网—广域网—局域网（LAN-WAN-LAN）、广域网—广域网（WAN-WAN）。

图 6-1 用虚线说明了这 4 种连接。在每种互联情况下，必须在两个网络间的连接处插入一个设备，以便当数据从一个网络传到另一个网络时做必要的转换，以保证数据的互通。为了方便，我们常用术语网关（Gateway）代表连接两个或多个异型网的任意设备。

（1）局域网—局域网互联（LAN-LAN）：这是最常用的一种互联，又可分为两类，即同种类型局域网互联和不同类型局域网互联。数据链路层使用同样协议的局域网称为同种类型局域网，可使用中继器（Repeater）、集线器（Hub）或网桥（Bridge）设备互联，无须进行任何协议、数据帧之间的转换。例如，两个 802.3 以太网络的互联。数据链路层使用不同协议的局域网的互联，可以使用网桥和交换机，例如，将 10 Mbit/s、100Mbit/s 和 1 000 Mbit/s 的以太网组成互联网，可以使用交换机互联进行速度匹配，将一个 802.3 以太网和一个 802.4 令牌总线网相联，要使用网桥进行数据帧的转换。

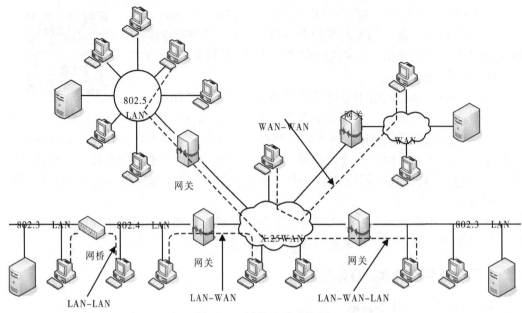

图 6-1 网络互联示意图

（2）局域网—广域网互联（LAN-WAN）：这也是常见的互联方式之一，实现局域网—广域网互联的主要设备有路由器（Router）或网关。

（3）局域网—广域网—局域网互联（LAN-WAN-LAN）：将一个局域网通过一个广域网与另一个也连接到该广域网上的局域网进行互联。常用的设备是路由器或网关。

（4）广域网—广域网互联（WAN-WAN）：使用路由器或网关互联起来，可以使分别连入各个广域网的主机资源能够相互共享。

6.1.2 网络互联的层次

由于网络协议是分层的，所以网络互联也存在着层次问题。对照 OSI 层次的结构模型，网络互联的层次可以分为以下几层：

1．物理层互联

物理层网络互联的设备是中继器。中继器从一个网络电缆里接收信号，放大或再生弱的信号，将其送入下一个电缆，延伸电缆的长度，将局域网的连接范围扩大。但在一个互联的网络中，中继器的数量是有限的。例如，在一个 802.3 以太网中，最多能有 4 个中继器。

2．数据链路层互联

数据链路层互联的设备是网桥，二层交换机就是一台多端口的网桥。网桥可用于同种局域网或异种局域网之间的连接，也能支持局域网的远程连接，它在网络互联中起到数据接收、地址过滤与数据帧的存储转发的作用。

用网桥实现数据链路层互联时，互联网络的数据链路层与物理层的协议与标准可以相同，也可以不同。

3．网络层互联

网络层互联的设备是路由器。路由器的作用是在不同的网络之间存储和转发数据包（分组），提供网络层上的协议转换，进行路由选择。

如果网络层协议相同，互联主要是解决路由选择、拥塞控制、差错处理与分段技术等问题。如果网络层协议不同，则需要使用多协议路由器（MPLS）。

路由器提供了各种速率的链路或子网接口，参加管理网络。用路由器实现网络层互联时，互联网络的网络层与以下各层的协议可以相同，也可以不同。

4．高层互联

传输层及以上各层网络之间的互联属于高层互联，高层互联使用的设备是网关。一般来说，高层互联大多数是指在应用层联结两部分应用程序，通常使用应用层网关。使用应用网关实现高层互联时，要求两个网络的应用层协议是不同的。

自　测　题

一、单选题

1.（　　）是指在两个物理网络之间至少有一条在物理上连接的线路。

　　A．资源共享　　　　　　　　　　　B．网络互联

　　C．数据交换　　　　　　　　　　　D．互操作

2．计算机网络从传输距离上可以分为局域网、城域网和广域网三类，所以网络互联的类型主要有（　　）类。

　　A．4　　　　　　B．3　　　　　　C．2　　　　　　D．9

3．（　　）互联的设备是网桥。

　　A．物理层　　　　　　　　　　　　B．网络层

　　C．数据链路层　　　　　　　　　　D．应用层

4．网络层互联的设备是（　　）。

　　A．中继器　　　　B．网桥　　　　C．网关　　　　D．路由器

5．传输层及以上各层网络之间的互联属于高层互联，高层互联使用的设备是（　　）。

　　A．网关　　　　B．传输层网关　　　　C．应用程序　　　　D．应用层网关

二、填空题

1．互联、互通和互操作的关系为互联是_____，互通是手段，互操作是_____。

2．互联网络屏蔽了各子网在_____、服务类型与网络管理等方面的差异性，提供统一接口。

3．局域网—局域网互联可分为两类：同种类型局域网互联和_____互联。

4．网络互联的类型主要有4类：_____、局域网—广域网、局域网—广域网—局域网、_____。

5．将一个802.3以太网和一个802.4令牌总线网相连，要使用_____进行数据帧的转换。

6. 用中继器互联网络时，在一个 802.3 以太网中，最多能有_____个中继器。

7. 数据链路层互联的设备是网桥，_____就是一台多端口的网桥。

8. 网桥在网络互联中起到了数据接收、_____与数据帧的存储转发的作用。

9. 路由器的作用是在不同的网络之间_____数据包，提供网络层上的协议转换，进行_____。

10. 高层互联大多数是指在应用层联结两部分应用程序，通常使用_____。

6.2　网络互联设备和应用

6.2.1　网络接口卡

网络接口卡（NIC）简称网卡，是计算机与传输介质的接口。网卡实现计算机结点与网络线路的连接，实现网络传输数据格式与计算机中数据格式之间的转换、网络上的数据传输速率和计算机总线上的数据传输速率的匹配等功能。

网卡、中继器、集线器、
网桥和交换机视频

目前常见的网卡类型分为集成网卡和独立网卡。集成网卡是指网卡的控制器直接焊接在主板上，无须安装相应的驱动程序。而独立网卡可以插在主板的扩展插槽里，可以随意拆卸，具有灵活性。例如，PCI 插槽的网卡，需安装相应的驱动程序，但寿命长。USB 网卡遵循支持即插即用功能，在无线局域网领域应用较为广泛，只占用一个 USB 接口，使用灵活、携带方便、节省资源。而笔记本式计算机中常用 PCMCIA 网卡，因为受空间的限制，体积较小。按照所支持的网络带宽，网卡可分为 10 Mbit/s 网卡、100 Mbit/s 网卡、10 Mbit/s/100 Mbit/s 自适应网卡和 1 000 Mbit/s 以上网卡等。

网卡是工作在 OSI 模型物理层和数据链路层的接口设备。从逻辑上讲，发送结点的网络层实体将数据包向下交给网卡，网卡把数据包封装在一个数据帧中，通过总线接口与链路接口发送到物理链路。在接收方，网卡收到数据帧后，提取出网络层的数据包，传递给网络层。网卡还要能够实现链路层协议。如果链路层的协议有差错检测功能，那么发送网卡就要设置差错检测，接收网卡要完成差错检测；如果链路的层协议提供可靠交付，网卡就要完全实现可靠交付的机制（例如序号、定时器、确认等）。图 6-2 所示为计算机通过网卡连接网络进行通信的示意图。

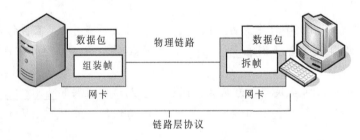

图 6-2　计算机通过网卡连接网络进行通信的示意图

网卡的存储器（EPROM）中保存了一个全球唯一的网络结点地址，由网卡生产厂商在生产网卡时写入网卡的 EPROM 芯片中，即计算机的硬件地址（MAC 地址）。

6.2.2 中继器

中继器是工作在 OSI 模型物理层的互联局域网的设备。中继器并不理解所传送的数据或信号编码，只是放大所有输入的信号，然后再发送到另一侧。因此，中继器只能用于连接两个相同类型的局域网（协议和速率相同），从而扩展局域网链路的长度。图 6-3 所示为一个中继器用于连接两个相同类型的局域网。中继器有两口和多口之分，多口中继器也称为集线器。

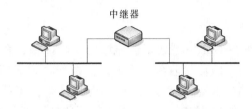

图 6-3　中继器连接示意图

6.2.3 集线器

集线器（Hub）是工作在 OSI 模型物理层的互联局域网的设备，是共享式以太网的中心连接设备。联网的结点均通过直通线与集线器连接成物理上的星状结构，但逻辑上依然是总线结构，使用 CSMA/CD 介质访问控制方法。使用集线器连接网络的特点是：当网络中某条线路或某个结点出现故障时，不会影响网络上其他结点的正常工作。

集线器是一种价格低廉、简单易用的互联设备。按照传输速率集线器常可分为 10 Mbit/s、100 Mbit/s 和 10/100 Mbit/s 自适应三种类型，按照集线器能否堆叠，分为普通集线器和可堆叠集线器。按照集线器可否支持网络管理，分为简单集线器和可网管集线器。

在 6-4（a）所示的用集线器互联的以太网络中，当某结点发送一个数据帧到集线器上时，就被广播到集线器中的所有其他端口上（除了进入的端口外），一直等到数据帧被某一目标结点接收后，其他端口才被释放出来发送数据。一个集线器和相连接的主机组成的网络称为 LAN 网段，这样的一个 LAN 网段属于一个广播域，也属于一个冲突域，即任何时候网络中都不允许有两个以上的结点同时发送数据。

可以用多个集线器将多个 LAN 网段互联起来，组成一个更大级别的局域网，如图 6-4（b）所示，将某高校某系的 3 个教研室的局域网用集线器互联后，扩展了以太网的距离，主机之间的最大距离从原来的 200 m 增加到 400 m。但集线器互联存在一些限制：原来 3 个独立的冲突域会变成一个范围更大的冲突域，网络带宽会减少到原来的 1/3；集线器互联的各网段的类型和速率要完全相同，且互联网络中的主机数目和距离也有限制。

限制规则为 5-4-3-2-1，即最多为 5 个网段，4 个集线器，仅 3 个网段可连接结点，2 个网段能用来延长而不可连接任何结点，1 个由此组成的局域网。

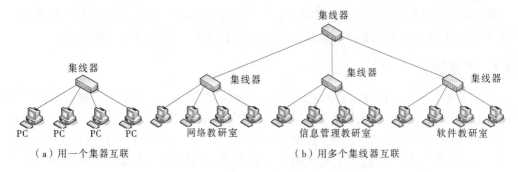

（a）用一个集器互联　　　　　　　　　　　　　　　　　（b）用多个集线器互联

图 6-4　用集线器互联的以太局域网

6.2.4　网桥

网桥（Bridge）是工作在 OSI 模型数据链路层的互联设备，在数据链路层扩展网络要使用网桥。当网桥从一个网段接收到一个帧时，根据收到的帧的目的地址，依靠转发表（或称为"端口-MAC 地址"表），进行转发和过滤，实现互联的各网络之间的通信。网桥的主要作用是扩展网络的距离，隔离不同网段之间的数据通信量，提高网络传输性能。网桥有两口和多口之分，多口网桥也称为交换机。

图 6-5 所示为一个两端口网桥分别连接网段的示意图，端口 1 连接 LAN1，端口 2 连接 LAN2。网桥的每个端口会监听与它连接的网段上传输的数据，若网桥从一个端口收到站点 A 发给 F 的帧，根据此帧的目的 MAC 地址，查找转发表后，把这个帧送到端口 2 转发到另一个网段，使得站点 F 能够收到这个帧。若网桥从端口 1 收到 A 发给 B 的帧，就会丢弃这个帧，因为根据转发表，转发给 B 的帧应从端口 1 转发出去，而此帧是从端口 1 收到的，说明站点 A 和 B 处在同一网段上，站点 B 能够直接收到这个帧而无须借助网桥的转发。也就是说，不同网段的通信不会相互干扰。例如，A 和 B 正在通信，另一网段中的 E 和 F 等都可以同时通信。

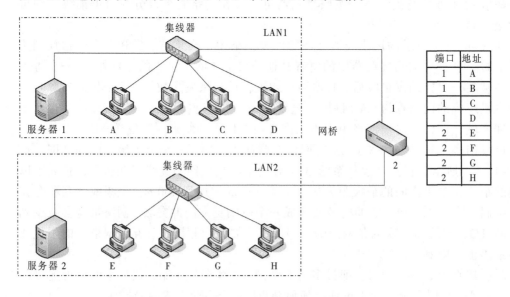

图 6-5　通过网桥连接两个网段

网桥是通过内部的端口管理软件和网桥协议实体（软件或硬件）来完成上述操作的，使用网桥可以带来以下好处：

（1）网桥可互联使用不同数据链路层协议、不同传输介质与不同传输速率的网段。

（2）网桥以地址过滤、存储转发的方式实现互联网络之间的通信。

（3）网桥互联的网络在数据链路层以上采用相同的协议。

（4）网桥可以分隔两个网络之间的广播通信量，有利于改善互联网络的性能与安全性。

（5）网桥对更高层次的协议是透明的，即用户看不到它们的存在，这样互联的网络看起来就像一个单一的逻辑网络。

用网桥连接局域网，当各网段之间的数据传输量较大时，网桥可能成为网络的数据传输瓶颈，从而降低各网段之间的通信速度。

在 IEEE 802 标准中，有两种关于网桥的标准，即透明网桥和源路由网桥。目前使用最多的网桥是透明网桥。"透明"是指网上的站点不知道其发送的帧将要经过哪几个网桥，或者说站点是看不见网络上的网桥的。透明网桥的最大优点是即插即用，无须人工配置转发表；缺点是不能选择最佳路径。

透明网桥刚刚连接到网络时，其转发表是空的，此时若网桥收到一个帧，将按照"源地址学习"过程，逐步建立起一张完整的"端口–MAC 地址"转发表。当站点 A 向 B 发送帧时，网桥收到 MAC 帧后，会按照源地址 A 查找转发表，因转发表中没有 A 的地址，就自动记录下 A 的 MAC 地址，并建立端口号与站点 A 地址的对应项"1，A"，这意味着网桥以后收到要发给站点 A 的帧，就应当从这个端口转发出去。接着按照目的地址 B 查找转发表。因转发表中没有 B 的地址，于是就通过除收到此帧的端口 1 以外的所有端口（目前是端口 2）转发过来的帧。当站点 B 向 A 发送帧时，网桥收到 MAC 帧后，因转发表中没有 B 的地址，就自动记录下 B 的 MAC 地址，并建立端口号与站点 B 地址的对应项"1，B"，再查找目的地址 A，因转发表中可以查到 A，其转发端口和进入端口一样，于是网桥就不转发该帧。

透明网桥的自学习过程和转发帧的一般步骤可总结如下：

（1）网桥收到一帧后先进行自学习。查找转发表中与收到帧的源地址有无匹配的项目，如果没有，就在转发表上增加一个项目（端口号、源地址）；如果有，则原项目进行更新。

（2）转发帧。查找转发表中与收到帧的目的地址有无相匹配的项目，如果有且转发端口和此帧进入的端口相同，则丢弃这个帧，反之则按转发表中给出的端口进行转发。如果没有，则通过所有其他端口（进入端口除外）进行转发。

为了禁止网桥互联的网络中产生环路，网桥还使用一种生成树协议（STP），在原来的网络拓扑中找出一个子集。在这个子集里，整个连通的网络中不存在回路，即任何两个站点之间只有一条路径。

源路由网桥是由发送帧的源站负责路由选择，网桥假定每个站点在发送帧时，都已清楚地知道发往各个目的站点的路由，源站点需要将详细的路由信息放在帧的首部中，源站先以广播方式向欲通信的目的站发送一个"发现帧"，每个"发现帧"都会记录所经过的路由。当这些帧到达目的站时，就沿着各自的路由返回源站，源站从所有可能中选择出一个最佳路由。以后凡是从源站向该目的站发送的帧的首部，都必须在首部附上这一路由信息。

6.2.5 第二层交换机

第二层交换机（Switch）也称为以太网交换机，是工作在数据链路层的互联设备，由多端口的网桥发展而来。交换机主要用来互联 LAN 网段，用交换机代替图 6-4（b）中的顶层集线器，可克服用集线器互联带来的问题。用交换机互联具有以下好处：

（1）交换机允许各个网段之间的通信，同时每个网段是独立的广播域。

（2）可以互联不同速度和类型的网段，且对网络的大小没有限制。

（3）交换机各端口独享交换机的带宽，可实现全双工通信，例如，1 台 100 Mbit/s 的 24 口交换机，其每个端口理论上均可同时达到 100 Mbit/s 的速率。

1．交换机的性能指标

影响交换机性能的指标主要是包转发率（MPPS）和背板带宽。包转发率为每秒可转发多少个百万数据包。其值越大，交换机的交换处理速度也就越快。背板带宽也是衡量交换机的重要指标之一，它直接影响交换机转发和数据流处理能力。

对于由几百台计算机构成的中小型局域网，几十 Gbit/s 的背板带宽一般可满足应用需求；对于由几千甚至上万台计算机构成的大型局域网，如高校校园网或城域网，则需要支持几百 Gbit/s 的大型的三层交换机。

2．交换机分类

交换机有多种分类方法。从外观形态和功能上可分为模块式交换机和固定端口交换机。从应用规模上可分为企业级交换机、部门级交换机、工作组级交换机等。从实用角度上可分为低端固定交换机、低端可变端口交换机、中型交换机和高端交换机等。

3．交换机的工作方式

交换机的工作方式是存储转发，它将某个端口发送的数据帧先存储在该端口的缓冲区，通过解析数据帧，获得目的 MAC 地址，然后在交换机的 MAC 地址与端口对应的地址表中，检索目的主机所连接到的交换机端口，找到后就将数据帧从源端口直接复制到目的端口缓冲区中，再转发到该网段或主机。如果找不到，就以广播形式发送（复制到除了数据进入端口外的所有其他端口的缓冲区）。

如图 6-6 所示，交换机的端口 1、4、5、6 分别连接了结点 A、B、C 与 D，地址表中记录端口号与结点 MAC 地址的对应关系。如果 A 向 C 发送帧，帧目的地址是 C 的 MAC 地址；此时 D 要向 B 发送帧，帧目的地址是 B 的 MAC 地址。当 A、D 同时通过交换机传送帧时，交换机的交换控制中心根据"地址表"的对应关系，将 A 发出的帧复制到端口 5 的缓冲区中，将 D 发出的帧复制到端口 4 的缓冲区中。这种转发可以根据需要同时进行，也就是说多个端口之间建立多个并发连接。

4．"端口号/MAC 地址映射表"的建立与维护

以太交换机是利用"端口号/MAC 地址映射表"进行数据交换的，因此该表的建

立和维护十分重要。交换机利用"地址学习"方法来动态建立和维护地址表。

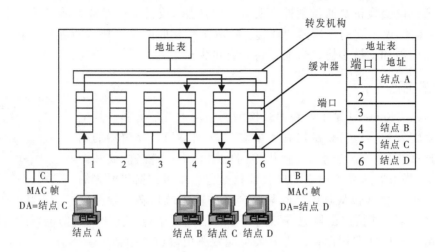

图6-6　交换机工作过程

5．交换机的交换方式

（1）直接交换：指交换机一旦接收到数据帧头，立刻检查和读出目的地址信息，查询地址表，如果有该地址项，把数据帧转发到相应端口，交换控制器不作任何其他处理。直接交换的优点是延迟较小；缺点是也会转发坏帧。

（2）存储转发交换：与直接交换不同的是增加了一个高速缓冲存储器。交换机把接收到的完整的帧放到高速缓冲器中，经过差错检查后，读取帧的目的地址，查询地址映射表，确定转发端口，再把数据帧转发到该端口。存储转发的优点是可靠性高，容易支持不同速率的线路；缺点是延迟较大。

（3）无碎片交换：综合了直接交换和存储转发交换的优点，也称为改进的直接交换。它把进入的帧的头64字节保存在缓冲区中，在转发前先检查数据包的长度是否够64字节（512位），如果小于64字节，说明是坏帧，则丢弃；如果大于64字节，判断该头部字段是否正确，如果正确，交换机再把正确的数据帧从某一端口转发出去。

6.2.6　第三层交换机

第三层交换机是工作在网络层的互联设备，采用交换机的设计思想，具有路由器的功能，能够识别网络地址。传统的路由器是通过软件来实现路由选择功能，传输数据包的延时较大，而第三层交换机通过硬件来实现路由选择功能，将数据包处理时间由传统路由器的几千微秒量级减少到几十微秒量级，甚至更短，极大缩短了数据包的传输延迟时间。

目前，普遍应用于企业和园区的内联网络中的第三层交换技术主要是VLAN技术，用于加强企业和园区内联网的管理和维护，提高网络的安全性。随着第三层交换技术的不断发展和创新，第三层交换机的应用已从企业和园区网络环境的主干网、汇聚层，开始渗透到网络边缘接入层。例如，小区宽带网络中，第三层交换机很适合放置在小区中心和多个小区的汇聚层位置，以取代传统的路由器，实现与因特网的高速互联。

因第三层交换机是通过硬件来实现路由选择，故目前依然较难适应网络体系结构各异、传输协议不同的广域网的环境。随着未来互联网使用技术的进步，第三层交换技术在高性能和支持多协议方面，将会有更大的发展。

6.2.7 路由器

路由器（Router）是工作在 OSI 模型网络层的互联设备，其主要任务是转发数据包。路由器有多个输入/输出端口，路由器的端口可以连接不同类型的网络（使用不同传输介质、链路协议和网络协议）。路由器从某个输入端口收到数据包，按照数据包要去的目的地，把该数据包从路由器的某个合适的输出端口转发给另一

路由器和网关视频

台邻接路由器，邻接路由器也按照同样方式处理数据包，直到该数据包到达目的地为止。路由器非即插即用设备，需要人工配置路由表或路由协议。

1. 路由器的组成结构

一个通用的路由器由 4 部分组成：一组输入端口、交换结构、一组输出端口和选路处理机，如图 6-7 所示，从功能上又可划分为两大部分：路由选择部分和数据包转发部分。路由选择部分的核心构件是选路处理机。数据包转发部分由交换机构、一组输入端口和一组输出端口构成。一个路由器的输入端口和输出端口就做在路由器的线路接口卡上。

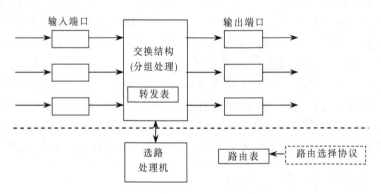

图 6-7 通用的路由器的组成

（1）输入端口是物理链路和数据包的进入处。一个输入端口包括物理层、数据链路层和网络层的处理模块，分别进行比特的接收，按照链路层的协议接收封装了数据包的帧，在拆除帧的首部和尾部后，将数据包送入网络层的处理模块。若接收到的数据包是路由器之间交换路由信息的，则把这种数据包送交选路处理机。若接收的是数据包，则根据数据包首部的目的地址查找转发表，根据查找结果，数据包经过交换结构到达合适的输出端口。

（2）交换结构连接输入端口、输出端口和选路处理机。交换结构的作用是根据转发表对数据包进行处理，以便把输入端口的数据包交换到一个或多个输出端口或者选路处理机。交换结构常用的交换技术包括总线、交叉开关、共享存储器或互联网络。

（3）输出端口与输出链路连接。输出端口从交换结构接收数据包后，再将其发送到路由器外面的输出链路上。在网络层的处理模块中设有一个缓冲区，当交互机构传送过来的数据包的速率超过输出链路的发送速率时，来不及发送的数据包就必须暂时存放在缓冲区中，缓冲区也就是队列。数据链路层处理模块把数据包加上链路层的头部和尾部，交给物理层后发送到外部线路。

（4）选路处理机的任务是根据所选定的路由选择协议构造出路由表，同时经常或定期地和相邻路由器交换路由信息，不断更新和维护路由表，执行网络管理功能。常用的路由选择协议有：路由信息协议（RIP）、开放最短路径优选协议（OSPF）和边界网关协议（BGP）。

路由器做的"转发"和"路由选择"工作是有区别的，"转发"是指路由器根据转发表把收到的数据包从路由器的合适输出端口转发出去。"路由选择"涉及互联网络中的很多路由器，按照复杂的路由算法协同工作后，再得出整个网络的拓扑变化情况，由此构造出路由表。转发表是从路由表得出的，可以用特殊的硬件来实现，以便优化查找过程。路由表总是用软件实现的。

2．路由器的基本功能

（1）网络互联：路由器有支持各种局域网和广域网的端口，主要用于互联局域网和广域网，实现不同类型网络的互相通信。

（2）数据处理。提供数据包的过滤、数据包的寻址和转发、优先级、复用、加密、压缩和防火墙等功能。

（3）网络管理。路由器提供包括配置管理、性能管理、容错管理和流量控制等功能。

6.2.8 网关

集线器、网桥、交换机和路由器分别可用于下 3 层（网络层以下）有差异的网络的互联，互联后的网络仍然属于通信子网的范畴，要求互相通信的站点的高层协议相同。如果两个网络完全遵循不同的体系结构，则无论是网桥还是路由器都无法保证不同网络用户之间的有效通信，这时，必须引入网关互联设备，执行网络层以上高层协议的转换，或者实现不同体系结构的网络协议转换。网关是工作在传输层及其以上层的互联设备。网关用于不同体系结构网络的互联，如图 6-8 所示。

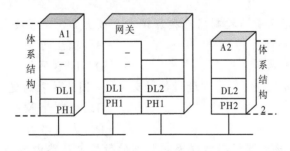

图 6-8 网关互联不同体系结构的网络

网关实现不同网络协议之间的转换可通过使用适当的硬件与软件。硬件提供不同网络的端口，软件实现不同互联网协议之间的转换。网关实现协议转换的方法主要有两种：

（1）直接将输入网络的信息包的格式转换成输出网络的信息包的格式。一个双边网关要能进行两种网络协议的转换，即由网络 1→网络 2 或网络 2→网络 1。对于互联 3 个网络的网关，则要求能进行 6 种协议的转换。如果互联 n 个网络，网关要能进行 $n(n-1)$ 种转换，也就是说要编写 $n(n-1)$ 种转换程序模块。互联的网络数越多，则 n 值越大，需要编写协议转换程序模块的工作量也就越大。同时，系统对网关的存储空间与处理能力的要求也就越高。

（2）将输入网络的信息包的格式转换成一种统一标准的网间信息包的格式。与上一种方法不同，使用该方法可以制定一种统一的网间信息包格式。网关在输入端将信息包格式转换成网间信息包格式，在输出端再将网间信息包格式转换成输出信息包格式。由于这种网间信息包格式只在网关中使用，不在互联的各网络内部使用，因此不需要互联的网络修改其内部协议。这种采用网间信息包格式的网关要完成 4 种转换：网 1→网间、网 2→网间、网间→网 1、网间→网 2。当信息包从网 1 进入网关时，将被转换成网间信息包格式（即网间格式）；在输出端网关将其转换成网 2 的信息包格式，送至网 2。如果有 n 种网络，那么将输入网络的信息包转换成一种统一的网间信息包格式的方法只需要编写 $2n$ 个转换程序模块。与前一种方法相比，n 值越大，软件设计工作量减少的越多，如图 6-9 所示。

图 6-9　网关的结构

从上面的讨论可以看出，利用网关可以实现多个物理上或逻辑上独立的网络的互联，但其协议转换复杂，一般需进行一对一的转换，或者少数几种特定应用协议的转换，但很难做到通用的协议转换，故网关是网间互联设备中最复杂的一种。

自　测　题

一、单选题

1. （　　　）是指网卡的控制器直接焊接在主板上的，无须安装相应的驱动程序。
   A. 集成网卡　　　　　　　　　　　　B. 独立网卡
   C. PCMCIA 网卡　　　　　　　　　　D. USB 网卡

2. 以太交换机是利用（　　　）进行数据交换的，因此该表的建立和维护十分重要。
   A. 路由表　　　　　　　　　　　　　B. 端口号/MAC 地址映射表
   C. 转发表　　　　　　　　　　　　　D. 源站路由

3. （　　　）是指路由器根据转发表把收到的数据包从路由器的合适输出端口转发出去。
   A. 路由　　　　　　B. 路由选择　　　　　　C. 交换　　　　　　D. 转发

4. （　　　）是工作在网络层的互联设备，采用交换机的设计思想，具有路由器的功能，能够识别网络地址。

  A．VLAN   B．第二层交换机

  C．第三层交换机   D．路由器

  5．为了防止网桥互联的网络中产生环路，网桥还使用一种（   ），在原来的网络拓扑中找出一个子集。

  A．应用网关   B．生成树协议（STP）

  C．交换结构   D．边界网关协议（BGP）

二、填空题

  1．有两种关于网桥的标准，即透明网桥和源路由网桥。目前使用最多的网桥是_____。

  2．交换机的工作方式是_____。

  3．交换机利用_____方法来动态建立和维护地址表。

  4．交换机的交换方式分为_____、存储转发交换和_____。

  5．一个通用的路由器由：一组输入端口、_____、一组输出端口和选路处理机组成。

  6．常用的路由选择协议有：_____（RIP）、_____（OSPF）和边界网关协议（BGP）。

  7．影响交换机性能的指标主要是_____和_____。

  8．路由器的交换结构常用的交换技术包括：总线、_____、交叉开关或_____。

  9．交换机各端口独享交换机的带宽，可实现全双工通信。例如，1 台 100Mbit/s 的 24 口交换机，其每个端口理论上均可同时达到_____的速率。

  10．网关实现协议转换的方法主要有两种：将输入网络的信息包的格式转换成_____和将输入网络的信息包的格式转换成一种_____。

【自测题参考答案】

6.1

  一、单选题：1．B 2．A 3．C 4．D 5．A

  二、填空题：1．基础、目标 2．网络协议 3．不同类型局域网 4．局域网—局域网、广域网—广域网 5．网桥 6．4 7．二层交换机 8．地址过滤 9．存储和转发、路由选择 10．应用层网关

6.2

  一、单选题：1．A 2．B 3．D 4．C 5．B

  二、填空题：1．透明网桥 2．存储转发 3．地址学习 4．直接交换、无碎片交换 5．交换结构 6．路由信息协议、开放最短路径优选协议 7．包转发率（MPPS）、背板带宽 8．共享存储器、互联网络 9．100Mbit/s 10．输出网络的信息包的格式、统一标准的网间信息包的格式

【重要术语】

互联：Interconnection
互通：Intercommunication
互操作：Interoperability
集线器：Hub
中继器：Repeater
交换机：Switch
路由器：Router
网桥：Bridge
透明网桥：Transparent Bridge
源路由网桥：Source Bridge
网关：Gateway
应用网关：Application Gateway

网络接口卡（NIC）：Network Interface Card
直通交换：Cut Through
存储转发交换：Store Forward
无碎片交换：Fragment Free
包转发率（MPPS）：Million Packet Per Second
生成树协议（STP）：Spanning tree protocol
LAN 网段：LAN segment
路由选择协议：Routing Protocol
路由表：Routing Table
多协议路由器（MPR）：Multi Protocol Router
路由信息协议（RIP）：Routing Information Protocol
开放最短路径优先（OSPF）：Open Shortest Path First

【练习题】

一、单选题

1.（　　）是指两个网络之间可以交换数据，结点之间能交换数据，并为网络中不同计算机系统的协同操作提供了基础。

    A. 互通　　　　　B. 互联　　　　　C. 互连　　　　　D. 互操作

2. 将数据传输率为 10Mbit/s、100 Mbit/s 和 1 000 Mbit/s 的以太网组成互联网，可以使用（　　）互联进行速度匹配。

    A. 集线器　　　　B. 交换技术　　　C. 交换机　　　　D. 路由器

3. 集线器是共享式以太网的中心连接设备，连接成物理上的（　　）结构，但逻辑上依然是总线结构。

    A. 总线　　　　　B. 星状　　　　　C. 环状　　　　　D. 混合

4. 交换机性能的指标主要是指 MPPS 和（　　）。

    A. 接口数　　　　B. 交换控制器　　C. 缓冲区　　　　D. 背板带宽

5. 透明网桥的最大优点是即插即用，无须人工配置（　　），缺点是不能选择最佳路径。

    A. 地址　　　　　B. 路由选择　　　C. 转发表　　　　D. 路由表

6. 网关实现不同网络协议之间的转换是通过使用适当的硬件与（　　）实现。

    A. 系统　　　　　B. 配置　　　　　C. 协议　　　　　D. 软件

7. 路由器的输入端口判断接收到的数据包是路由器之间交换路由信息用的，则把这种数据包送交（　　）。

    A. 交换结构　　　　　　　　　　B. 路由选择协议
    C. 输出端口　　　　　　　　　　D. 选路处理机

8. 第三层交换机是工作在网络层的互联设备，具有路由器的功能，能够识别（　　　）。

    A. 主机的 IP 地址　　　　　　　　　B. 网络地址

    C. MAC 地址　　　　　　　　　　　D. 逻辑地址

9. 一个路由器的输入端口和输出端口就做在路由器的（　　　）上。

    A. 网络接口卡　　　　　　　　　　B. 线路接口卡

    C. 交换结构　　　　　　　　　　　D. 选路处理机

10. 交换机的（　　　）的优点是可靠性高，容易支持不同速率的线路，缺点是延迟较大。

    A. 存储转发交换　　　　　　　　　B. 直接交换

    C. 无碎片交换　　　　　　　　　　D. 路由交换

二、多选题（在下面的描述中有一个或多个符合题意，请用 ABCD 标示）

1. 网络互联的类型主要有 4 类，包括以下（　　　）。

    A. 局域网—局域网　　　　　　　　B. 广域网—局域网—广域网

    C. 广域网—广域网　　　　　　　　D. 局域网—互联网

2. 网桥的主要作用是（　　　）。

    A. 扩展网络的距离

    B. 隔离不同网段之间的数据通信量

    C. 提高网络传输性能

    D. 隔离广播风暴

3. 第三层交换机广泛应用于企业和园区网络环境的（　　　），并渗透到网络边缘接入层。

    A. 骨干网　　　　　　　　　　　　B. Internet 核心层

    C. 桌面接入　　　　　　　　　　　D. 汇聚层

4. 路由器的输入/输出端口是物理链路和数据包的进入处。一个输入端口包括（　　　）。

    A. 物理层的处理模块　　　　　　　B. 应用层的处理模块

    C. 数据链路层的处理模块　　　　　D. 网络层的处理模块

5. 常用的互联网络使用的路由选择协议包括（　　　）。

    A. 静态路由协议　　　　　　　　　B. 路由信息协议（RIP）

    C. 边界网关协议（BGP）　　　　　D. 开放最短路径优选协议（OSPF）

三、简答题

1. 什么是网络互联？网络互联、互通与互操作 3 个概念的异同点是什么？

2. 为什么需要网络互联？网络互联有哪些主要类型？

3. 网桥中的 MAC 地址表是如何建成的？

4. 第二层交换机有什么功能？其存储转发过程是什么？

5. 第二层交换机和第三层交换机在功能和应用上有什么区别？

6. 典型路由器的基本结构是什么？路由器的输入/输出端口的功能有哪些？

7. 路由器的转发和路由选择有什么区别？

8. 作为网络互联设备，解释网桥、路由器和网关有什么区别。

9. 假如一个路由器最多可连接到 K 个网络，现要连接 N 个网络，需要多少个路由器？（$N \geqslant K$，请用 K 和 N 做参数，写出表达式）

10. 网关具有什么功能？一般在什么样的情况下使用？

<<<<<<<<<<<<<<<<<<<<<<<<<<<<<<<<<<<<<<<<<<<<<<<<<<<<<<<<<<<<<<<<<<<

【扩 展 读 物】

[1] 谢希仁. 计算机网络[M]. 6版. 北京：电子工业出版社，2015.

[2] 魏大新. Cisco 网络技术教程[M]. 北京：电子工业出版社，2007.

[3] 网络设备品牌大全-ZOL 中关村在线，http://net.zol.com.cn/.

[4] 太平洋电脑网，http://network.pconline.com.cn/.

学习过程自评表（请在对应的空格上打"√"或选择答案）

知识点学习-自我评定

项目 评价 学习内容	预 习			概 念			定 义			技术方法		
	难以阅读	能够阅读	基本读懂	不能理解	基本理解	完全理解	无法理解	有点理解	完全理解	有点了解	完全理解	基本掌握
网络互联基本概念												
网络互联设备和应用												
疑难知识点和个人收获 （没有，一般，有）												

完成作业-自我评定

项目 评价 学习内容	完 成 过 程			难 易 程 度			完 成 时 间			有助知识理解		
	独立完成	较少帮助	需要帮助	轻松完成	有点困难	难以完成	较少时间	规定时间	较多时间	促进理解	有点帮助	没有关系
自测题												
本章练习												
能力提升程度 （没有，一般，有）												

TCP/IP 协议 ≪

【本章导读】

前面章节介绍了组网的基本知识和网络互联设备，本章介绍把多个物理网络联成一个大型、统一的通信系统的网络互联规则，即 TCP/IP 协议，按照 TCP/IP 的体系结构、编址方法和相关协议展开介绍。从 TCP/IP 的起源和发展开始，介绍协议栈体系结构、概念和各层的功能；解释了 IP 地址的定义、编址规则和应用发展；详细介绍了网络层协议（IPv4）的数据包格式和工作过程，以及配套的网际控制报文协议（ICMP）、地址解析协议（ARP）的工作过程；阐述了新一代网络层协议（IPv6）的产生、功能和特征；介绍了传输层的 TCP 和 UDP 协议的结构、功能和工作过程；最后简述了应用层协议的特征和用途，并以文件传输协议（FTP）和超文本传输协议（HTTP）为例讨论协议工作过程。

【学习目标】

- 熟悉：TCP/IP 协议的体系结构、基本概念和各层的功能。
- 理解：IP 协议的数据包格式、IP 地址的定义和应用、IP 层协议的工作过程。
- 理解：IPv6 特征和功能，了解 IPv4 和 IPv6 之间的异同。
- 理解：TCP 和 UDP 协议结构、功能和工作过程。
- 理解：ICMP 协议、ARP 协议、FTP 协议和 HTTP 协议的定义和工作过程。

【内容架构】

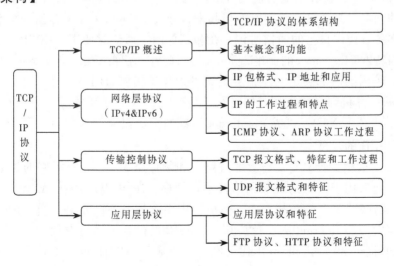

7.1 TCP/IP 概述

7.1.1 TCP/IP 的起源和发展

1. TCP/IP 的起源

TCP/IP 概述视频

TCP/IP 起源于美国国防部高级研究计划署（ARPA）在 20 世纪 60 年代后期和 70 年代资助建立的分组交换试验网络阿帕网（ARPANet）项目。为了使分布在国防部、大学和研究所的不同类型主机能够通过阿帕网进行相互通信，几个大学的研究者共同做出了努力，他们于 1972 年提出一种主机到主机的网络协议，称为网络控制协议（NCP）。基于该协议，通过 ARPANet 连接起来的不同类型的计算机可以进行网络通信。后续又开发了一些应用程序，比如，电子邮件程序（E-mail）、相异主机系统之间交换文件的文件传输程序（FTP）、远程登录后让远端主机运行自己的应用程序的远程登录程序（Telnet）。

随着后续更多广域网、局域网和分组无线电网的接入，NCP 无法在新环境下提供完全可靠的通信。为此，美国国防部高级研究计划署启动了一个研究项目对其进行改进。1974 年，一种新的通信协议——传输控制协议（TCP），即后来的 TCP/IP 协议，由美国人瑟夫（Vinton Cerf）和卡恩（Bob Kahn）完成。1977 年，在第一次试验中，3 个网络之间基于 TCP 的通信，经过 9.4 万英里（1 英里≈1.6 千米）的传输，竟然没有丢失一个数据位。

TCP 为人们提供了更可靠的主机到主机的通信服务。但 TCP 的早期版本和现在的 TCP 有很大的差别，TCP 早期版本是将数据分组可靠投递到端系统与数据分组的顺序转发功能结合在一起，（即通过具有转发功能的主机重传数据分组，目前该功能由 IP 完成）。1978 年，通过把转发功能和端到端的可靠传递功能分离成网际协议（IP）和传输控制协议（TCP），大大提高了网络通信协议的灵活性。

到了 1980 年，世界上既有使用 TCP/IP 的美国军方的阿帕网，也有很多使用其他通信协议的网络。为了将这些网络连接起来，瑟夫（Vinton Cerf）提出一个想法：在每个网络内部各自使用自己的通信协议，在和其他网络通信时使用 TCP/IP。这个设想最终导致了因特网（Internet）的诞生，并确立了 TCP/IP 在网络互联方面不可动摇的地位。

随后，美国国防部决定向全世界无条件地免费提供 TCP/IP 核心技术，规定接入 ARPANet 的计算机都必须采用 TCP/IP。随着 ARPANet 逐渐发展成为 Internet，1983 年，TCP/IP 代替了 NCP，也成为 Internet 标准通信协议。

2. TCP/IP 的发展

TCP/IP 的结构设计良好，与数据链路层和物理层无关，具有极好的扩展性和兼容性，能很好地适用于不同的底层网络技术。例如，IP 可以应用在 ATM、异步传输、移动网络、物联网等一些新技术上，在应用中整个体系不断得到完善。因此，随着网络技术快速发展和 Internet 的广泛应用，TCP/IP 也得到了迅速发展。

到了 20 世纪 80 年代和 90 年代之间，一些基于 TCP/IP 重要工具的研制成功，使得 TCP/IP 的应用得到了蓬勃发展。这些工具包括 1984 年研制的第一个域名系统（DNS）。DNS 可将域名（如 www.sbs.edu.cn）解析为 IP 地址（如 222.72.138.204）；1996 年推出超文本传输协议（HTTP），万维网（Web）使用 HTTP，将 Internet 带入世界上数以万计的家庭和企业中；同年，第一套 IP 版本 6（IPv6）标准发布。新版 IP 更适合当前的 Internet 应用发展的需要，为基于 Internet 的分布式、多媒体、移动应用创建了必要的环境。

TCP/IP 技术是开放的，即 TCP/IP 技术不归任何组织私有，是由一些国际化的组织，如 Internet 协会（ISOC）和 Internet 体系结构委员会（IAB）负责监督和管理的。IAB 管辖的 Internet 研究任务组（IRTF）负责协调所有与 TCP/IP 相关的研究项目；Internet 工程任务组（IETF）负责开发 Internet 标准和协议。IETF 是由一些在 TCP/IP 套件的某一技术领域中具有特定职责的个人所组成的团队。TCP/IP 标准总是以 RFC 的形式发布，标准最初以 Internet 草案的形式拟定，经过一段时间的检验后，如果被广泛接受，IETF 将以 RFC 的形式发布 Internet 草案的最终版本，并为其分配一个 RFC 编号。

TCP/IP 是 Internet 上的核心协议，将随着 Internet 技术和应用的发展而不断进化，会有更多新协议的提出和旧协议的修改。到目前为止，TCP/IP 协议栈中已经包含了上千种协议。

7.1.2 TCP/IP 中的基本概念

在开始学习 TCP/IP 之前，有必要熟悉一些与 TCP/IP 网络环境相关的术语及概念。这些概念将有助于我们理解 TCP/IP 的核心内容。

（1）结点：任何连接在 TCP/IP 网络上的设备至少有一个 IP 地址，如主机、路由器或网络打印机等。

（2）主机：特指连接到 Internet 上的用户计算机，每台主机必须指定一个 IP 地址，主机是 IP 数据包的发出者和接收者。

（3）路由器：用于连接两个或多个网络，在所连接的网络之间转发 IP 数据包。路由器使用数据包的目的地址来选择下一站，然后把数据包转发给合适的下一站。

（4）子网：由一个或多个局域网网段构成，接入路由器端口。在某个子网上的所有结点都具有相同的网络标识符、不同的主机标识符。

（5）TCP/IP 网络：两个或多个通过路由器连接的子网，TCP/IP 网络有时还被称为互联网络。

（6）IP 地址：在网际层中分配给一个网络接口或一组接口的、可用作 IP 数据包的源地址或目标地址的标识。在 IPv4 中，IP 地址长度是 32 位，分为网络标识符和主机标识符。在 IPv6 中，IP 地址长度是 128 位。

（7）IP 数据包：存在于网际层、由 IP 标准头部和有效负载构成的协议数据单元。

（8）子网掩码：子网掩码用来确定一个 IP 地址属于哪一个子网。例如，一个 IP 地址为 192.168.2.9，子网掩码是 255.255.255.0，将 IP 地址和子网掩码进行"与"运算后，得出的结果是子网的网络地址，比如 192.168.2.0。

（9）Internet 草案（RFC）：IETF 的标准文档称为 RFC，目前 RFC 文档的编号已更新到 8 000 多。

图 7-1 所示为 TCP/IP 网络中的基本组件。

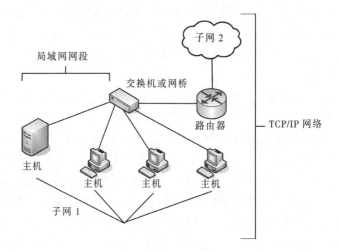

图 7-1　TCP/IP 网络中的基本组件

7.1.3　TCP/IP 参考模型

ISO 制定的 OSI 参考模型体系过于庞大、复杂招致了许多批评。其对应的 TCP/IP 参考模型也成了网络界广泛认可的一种网络体系结构。图 7-2 所示为 OSI 参考模型与 TCP/IP 参考模型。

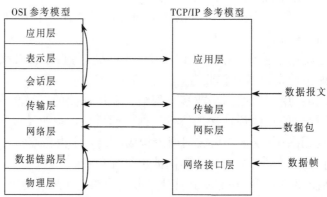

图 7-2　OSI 参考模型与 TCP/IP 参考模型

TCP/IP 参考模型分为 4 个层次：应用层、传输层、网际层和网络接口层。

（1）网络接口层：TCP/IP 参考模型没有具体定义这一层的功能，只是要求能够提供给其上面的网际层一个访问接口，以便能在该层传递 IP 分组。由于这样灵活的定义，不同类型的物理网络都容易接入。

（2）网际层：网际层是整个 TCP/IP 参考模型的核心。规定了两台主机通过因特网（即通过多个互联网络）进行通信的详细规范，并定义了分组（数据包）格式、网络地址的编址结构、将大分组划分成小分组传输的方法，以及差错报告机制等。

（3）传输层：传输层的功能是为接入因特网的两台主机的应用程序提供通信服务。在传输层定义了两种服务质量不同的协议，即面向连接且可靠的传输控制协议（TCP）和面向非连接的用户数据报协议（UDP）。

（4）应用层：应用层是为应用程序访问下面各层的网络服务提供接口，面向不同的网络应用，引入了不同的应用层协议。

7.1.4 TCP/IP 的协议结构和功能

TCP/IP 参考模型中所使用的协议列表称为 TCP/IP 协议栈，如图 7-3 所示。TCP/IP 协议栈中的核心协议可以映射到 TCP/IP 参考模型的应用层、传输层、网际层。为了较准确地描述当前网际层对应的协议状况，该图在网际层列出了目前同时在使用的两个版本的 IP 协议——IP 协议第 4 版（IPv4）和 IP 协议第 6 版（IPv6）。

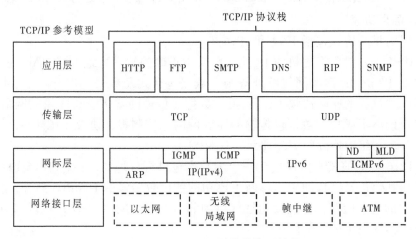

图 7-3 TCP/IP 协议栈的体系结构

IPv4 是指 IP 协议的第 4 版，这是一个非常成功的网际协议，IPv6 是 IP 协议的第 6 版。为了适应因特网持续发展的需要，因特网目前正在从 IPv4 向 IPv6 过渡。本章介绍了适应于两个版本的基本原理，详细介绍了 IPv4，简要介绍了 IPv6。想进一步了解 IPv6 细节的读者可参考扩展读物。若未特别指出，本书中的 IP 协议即指 IPv4。下面按照 TCP/IP 体系结构的层次划分，从上向下，简要介绍各层核心协议的功能和用途。

1. 应用层协议

应用层协议定义了应用程序之间用来交换数据的协议。应用层包含大量的协议，并一直会有新开发的协议加入。以下列举人们最熟悉的一些应用层协议：

（1）可用于帮助用户交换信息的协议：用于传输网页文件的超文本传输协议（HTTP）、用于传输任意格式文件的文件传输协议（FTP）、用于传输邮件的简单邮件传输协议（SMTP）。

（2）可用于帮助用户使用和管理 TCP/IP 网络的协议：将主机名称（例如www.sbs.edu.cn）解析为 IP 地址的域名系统（DNS），路由器之间交换路由信息的路由信息协议（RIP）用于收集网络管理信息，并在网络管理控制台和网络设备之间交换网络管理信息的简单网络管理协议（SNMP）。

（3）用户通过应用程序编程接口，调用这些协议提供的服务来开发各类应用系统。例如，Windows 套接字和 NetBIOS 就是两个用于开发 TCP/IP 应用程序的应用层接口。

2．传输层协议

传输层的核心协议有传输控制协议（TCP）和用户数据报协议（UDP）。传输控制协议提供一对一的、面向连接的可靠通信服务。用户数据报协议（UDP）提供一对一或一对多的、无连接的不可靠通信服务。如果要传输的数据量很少，或应用程序开发人员希望产生较小的传输开销，或上一层协议能提供可靠的保障，则使用 UDP。

TCP 是一个面向连接的、可靠的协议。它将一台主机发出的字节流无差错地传送到互联网上其他主机的接收端。在发送端，它负责把上层传输下来的字节流分成报文段并传递给下层。在接收端，它负责把收到的报文进行重组后递交给上层。TCP 还要处理端到端的流量控制，以避免缓慢接收的接收方没有足够的缓冲区接收发送方发送的大量数据。

3．网际层协议

网际层的核心协议包括 IPv4 和 IPv6：

（1）IPv4 主要包含将主机的 IP 地址解析为正确的硬件地址（即 MAC 地址）的地址解析协议（ARP）；涉及网络编址规则、数据包格式及数据包进行寻址、路由、分片和重组处理过程的网际协议（IP）；报告数据包传输的差错或获取相关网络层信息，以帮助用户诊断不成功的数据包传输的原因的网际控制报文协议（ICMP）；管理主机加入和离开多播组的网际组管理协议（IGMP）。

（2）IPv6 对应的核心协议包括一个为数据包进行寻址和路由的 IPv6 协议；报告传输错误和其他信息以帮助用户诊断不成功的数据包传输的 ICMPv6 协议；管理相邻 IPv6 结点间的信息交互，也完成地址解析的邻居发现（ND）协议；管理 IPv6 多播组的多播侦听器发现（MLD）协议。

自 测 题

一、单选题

1．任何连接在 TCP/IP 网络上的结点且至少有一个（　　　）。

    A．网络接口卡　　　B．硬件地址　　　　　C．IP 地址　　　　　D．MAC 地址

2．（　　　）是整个 TCP/IP 参考模型的核心，它的功能是转发分组。

    A．网络接口层　　　B．网际层　　　　　　C．应用层　　　　　D．传输层

3．TCP/IP 是（　　　）网络上的核心协议，TCP/IP 协议栈中已经包含了上千种协议。

    A．Internet　　　　B．局域网　　　　　　C．数据链路层　　　D．应用层

4．（　　　）使用数据包的目的地址来选择下一站，然后把数据包转发给合适的下一站。

    A．中继器　　　　　B．网桥　　　　　　　C．网关　　　　　　D．路由器

5．（　　　）用来确定一个 IP 地址属于哪一个子网。

    A．子网掩码　　　　B．网络标识　　　　　C．应用程序　　　　D．应用层网关

二、填空题

1. TCP/IP 的结构设计良好，具有极好的_____和_____，适用于不同的底层网络技术。

2. TCP/IP 参考模型分为 4 层，分别是：应用层、传输层、_____和网络接口层。

3. 将 TCP/IP 参考模型中所使用的协议列表称为 TCP/IP_____。

4. _____是下一代网际层通信协议，最终将会取代现有的 IPv4。

5. TCP 是一个_____的、可靠的协议，它将一台主机发出的_____无差错地传送到互联网上其他主机的接收端。

6. _____和 NetBIOS 就是两个用于开发 TCP/IP 应用程序的应用层接口。

7. _____是将主机的 IP 地址解析为正确的硬件地址。

8. IPv4 中的 IP 地址长度是_____位，在 IPv6 中的 IP 地址长度是_____位。

9. 用户数据报协议（UDP）提供一对一或一对多的、无连接的_____通信服务。

10. 传输控制协议提供_____的、面向连接的可靠通信服务。

7.2 IP 协 议

IP 是互联网层中的核心协议，主要涉及互联网上的数据包格式、编址规则和主机之间的数据包传递。与互联网层中的其他组件，例如路由协议、网际控制报文协议及地址解析协议等，共同完成互联网中的数据包转发功能。

IP 协议视频

IP 提供的服务是面向无连接的、不可靠又尽力而为的。传递数据包之前，通信双方无须进行一次连接。数据包在传输途中可能会丢失、传输无序、被人复制或者延迟到达，IP 不负责进行这类错误的恢复，它将这些纠错任务交给更高层协议（如 TCP 或某个应用协议），由高层协议来确认所传输的数据包并根据需要恢复丢失的数据包。下面将分别介绍 IP 数据包、IP 地址和数据包转发过程。

7.2.1 IP 数据包

一个 IP 数据包由一个 IP 数据包头和 IP 负载（上层递交下来的数据块，如 TCP 段或 UDP 消息）组成。当上层递交下来的数据量很大且一个 IP 数据包无法承载时，就要被分片后装在多个 IP 数据包中运载。

IP 数据包头包含着传输该数据包所需的全部信息，如发送主机的源 IP 地址、接收主机的目的 IP 地址、IP 数据包总长度等信息。一个 IP 数据包的基本结构如图 7-4 所示。

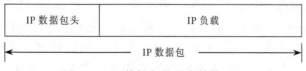

图 7-4 IP 数据包的基本结构

IP 数据包头的基本格式如图 7-5 所示。IP 数据包头中的关键字段的用途说明如

表 7-1 所示。

0	4	8	16	31
版本	首部长度	服务类型	数据包长度（B）	
16 位标识			标志	13 位偏移字段
寿命		上层协议	首部校验和	
32 位 IP 源地址				
32 位 IP 目的地址				
选项（如果有）				

图 7-5 IP 数据包头的基本格式

表 7-1 IP 数据包头中关键字段说明

IP 包头字段	说　　明
版本	规定了数据包的 IP 版本。不同的 IP 版本使用不同的数据包格式
首部长度	首部长度用来确定 IP 数据包中 IP 负载（数据单元部分）实际开始位置。一般的 IP 数据包的首部长度均为 20 B。如果包含了选项，首部长度就大于 20 B，但小于等于 60 B
数据包长度	IP 数据包的总长度（包头+负载），IP 数据包理论上最大长度为 65 535 B，实际很少有超过 1 500 B 的
标识	管理 IP 数据包的分片和重组，用来识别一个特定的分片属于哪个数据包
分片标志（MF）	管理 IP 数据包的分片和重组，共 3 位。第 1 位保留未用；第 2 位为"不分片"位，如果该位置 1，该数据包不分片；第 3 位是"更多的片"位，如果该位置 1，表明后续还有片，如果置 0，表示这是该数据包的最后一片
偏移字段	用来确认一个片在数据包中的位置
寿命（TTL）	此字段用于防止数据包在 IP 网络中无休止地循环传播。每次数据包经过一台路由器时，该字段的值减 1，如果 TTL 的值减为 0，则该数据包必须丢弃
协议	此字段仅在一个 IP 数据包到达其最终目的地才会用到。字段值用于指明 IP 数据包中的数据部分应交给哪个高层协议实体，值为 6 表明交给 TCP，值为 17 表明交给 UDP
源和目的 IP 地址	源主机的 32 位 IPv4 地址，最终目的主机的 32 位 IPv4 地址。中间路由器的地址不会出现在数据包的头部
校验和	用于检查 IP 数据包中的位错误。计算方法是：将头部的每两个字节当成一个数，用以 1 的补码算术形式计算的，即计算和值得算数反码
选项	可选项用来控制数据包的转发和处理，在 IPv4 中几乎未被使用，此域经常被忽略

1．IP 负载

IP 负载即 IP 运载的数据部分，是 IP 数据包中的重要部分。在大多数情况下，IP 数据包中的数据部分含有要交付给目的地址传输层的报文段，但也可以承载其他类型的数据，如 ICMP。

2．IP 数据包的分片和重组

IP 数据包从发送方到达目的方，中间经过的物理网络的链路承载数据包的能力不可能完全相同。有的物理网络的链路能承载大的数据包，而有的只能承载小的数据包。例如，以太网链路可承载不超过 1 500 B 的数据，而广域网链路可承载不超过 576 B 的数据。对于互联几条承载能力不同的链路的路由器来说，采用把要转发的数据包分片的方法，以适应不同链路的承载能力。假定路由器从某条链路收到一个数据包，要转发到某一条输出链路，如果输出链路无法承载原数据包的长度，则将 IP 数据包中运载的数据部分分成两个或多个较小的 IP 数据包，然后向输出链路上发出这些较小的数据包。因传输层希望从网络层收到完整的未分片的数据包，故一个分片的数据包到达目的地时，目的地主机在递交给传输层之前，需要重新组装成原始的数据包。

下面看一个例子，1 个 3 000 B 的数据包（20 B 的 IP 数据包头加上 2 980 B 的 IP 负载）到达一台路由器，且必须转发到承载能力只有 1 500 B 的链路上。这就意味着原始数据包中的 2 980 B 的数据必须被分成 3 个独立的片，再封装成 3 个独立的数据包。假定原始数据包的标识号为 555（即图 7-5 中的 16 位标识字段），则 3 个新的数据包中与分片相关的字段信息如表 7-2 所示，3 个数据包中的源和目标 IP 地址与原始数据包相同。

表 7-2　IP 分片的特征字段值

段	IP 负载中的字节数（B）	标识号	偏移字段值（以 8 个字节块为单位）	标志值
第 1 片	1 480	555	0（插入数据开始于字节 0）	1（表示后面还有）
第 2 片	1 480	555	185（插入数据开始于字节 1 480，1 480=185×8）	1（表示后面还有）
第 3 片	20	555	370（插入数据开始于字节 2 960，2 960=370×8）	0（表示最后一段）

当目的主机收到来自同一源主机的数据包时，通过检查数据包的标识号以确定这些数据包是否是一个大的数据包的分片，偏移字段指出该片应放在原始数据包的某个位置，通过检查标志值是否为 0 来确定最后一个分片是否已到达。当一个数据包的所有分片都到达以后，目的主机才能重装该数据包。若在规定时间内未收到所有分片，则接收方丢弃所有已到达的分片。IP 数据包分片和重组关系如图 7-6 所示。

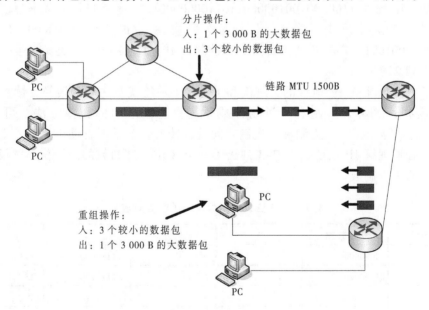

图 7-6　IP 数据包的分片和重组关系

7.2.2　IP 地址

IP 地址也称为互联网地址或 Internet 地址。IP 要求接入网络中的每台主机和路由器接口拥有一个IP地址，这样，每台主机与路由器才能发送和接收IP数据包。IP地址是在网际层分配的，是一个逻辑地址，它与主机和路由器的接口的物理地址（MAC地址）毫无关系。每台连入互联网的计算机都依靠IP地址来标识自己的网络接口。在互联网上通过IP地址可以找到一台主机或路由器。

每个IP地址长度为32位（等于4B），IPv4共有2^{32}个可能的IP地址，如果用1 000近似地表示2^{10}（1 024），约有40亿个可能的IP地址。这些地址一般按点分十进制方式书写，即用英文句号来分隔4个十进制数。可记为如图7-7所示的通用格式w.x.y.z（w、x、y、z为任意一个值为0~255的十进制数，每个十进制数代表32位地址中的8位，即1字节）。

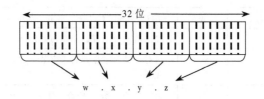

图7-7　IP地址书写格式

下面两个例子说明IP地址的二进制或十进制表示法：

例如，IP地址192.168.3.32是以点分十进制方式书写，其中192是十进制数，等价于该地址中第一个字节11000000，168等价于该地址中第二个字节10101000，依此类推。因此地址192.168.3.32的二进制表示为11000000 10101000 00000011 00100000。

又如，IP地址11000001001000001101100000001001是二进制方式书写。要转换成点分十进制表示形式，将二进制地址分割成8位的块为11000001 00100000 1101100000001001，再将各个块转换成十进制为193 32 216 9，以英文句号分隔各个块为193.32.216.9。

为了更好地理解IP地址的二进制和十进制书写格式及之间的转换，读者可以阅读扩展读物，了解二进制和十进制计数系统及它们之间的转换方法。可以使用Windows的计算器在十六进制和二进制之间进行转换，若学习者动手执行一下转换，则可以更好地理解IP地址。表7-3列出了一个8位二进制数的高序位连续设置为1时，对应的十进制数。

表7-3　8位二进制数与十进制数对应表

位的数目	二 进 制	十 进 制	位的数目	二 进 制	十 进 制
0	00000000	0	5	11111000	248
1	10000000	128	6	11111100	252
2	11000000	192	7	11111110	254
3	11100000	224	8	11111111	255
4	11110000	240	—	—	—

1．IP地址结构和编址规则

IP地址一般分成两部分：一部分用来表示主机所属的网络为网络号（网络地址）；

另一部分用来表示在该网络中的主机编号，即主机号。图 7-8 描述了一个 IP 网络，可以看到，路由器连接了 3 个网段。从左边网段中的 3 台主机和路由器端口配置的 IP 地址，可以确定网络号为 192.168.7.0，主机号是 1～4。从右下网段两台主机和路由器配置的 IP 地址，可以确定网络号是 192.168.8.0，主机号是 1～3。从右上部网段中两台主机和路由器配置的 IP 地址，可以确定网络号是 192.168.9.0，主机号是 1～3。如果一台计算机的 IP 地址是 192.168.7.32，就可以知道，这是位于左边子网中的一台主机，网络 ID 是 192.168.7.0，主机 ID 是 32。

为一个 IP 网络中的子网分配网络 ID 时，必须遵循以下准则：

（1）网络 ID 在一个 IP 网络中必须是唯一的。

（2）网络 ID 的四段数中的最左边字段不能是数字 0 或 127。

为 IP 子网上的结点（主机或路由器等设备）接口分配主机 ID 时，必须遵循以下准则：

（1）主机 ID 在一个子网内必须是唯一的。

（2）不能使用全 0 或全 1。

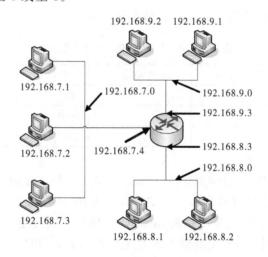

图 7-8　主机和路由器接口 IP 编址、子网地址

2．IP 地址分类

互联网中的子网规模是不可能相同的，其中有较小的局域网，也有较大的广域网。为了系统地给互联网上不同大小的子网分配网络地址，IP 编址将 IP 地址分为五大类，每一类都具体定义了用于网络 ID 和主机 ID 的位数，还定义了各类网络的可能数量和每个网络中的主机数量。其中，A 类、B 类和 C 类地址常用来配置子网中的主机或路由器设备。D 类地址是为 IP 多播地址保留的，而 E 类地址是为试验性用途而保留的。

（1）A 类地址：A 类网络 ID 被分配给拥有大量主机的子网，A 类网络 ID 部分长度只有 8 位，剩余的 24 位可用来标识多达 16 777 214 台的主机 ID。A 类网络 ID 的最高序位固定为 0，首 8 位（实际上只有后 7 位有用）只能表示成 00000001～01111111（1～127），故可用的 A 类网络 ID 的数量为 127 个。由于主机位全部设置为 0（全 0）和主机位全部设置为 1（全 1）的两个主机 ID 是保留的，不能分配给网络中主机或路由器接口，因此每个 A 类网络中的主机 ID 的数量为 16 777 214（1 677 214=16 777 216−2）个。

（2）B 类地址：B 类网络 ID 被分配给中型和大型网络，B 类网络 ID 部分长度为 16 位，后 16 位用来标识主机 ID。B 类地址的两个高序位固定为 10，这使得所有 B 类网络 ID 的首 8 位的表示只能从 10000000～10111111（128～191）。B 类地址共有 16 384 个，每个网络可以有 65 534（65 534=65 536−2）个主机。

（3）C 类地址：C 类地址被分配给小型网络，C 类网络 ID 部分长度为 24 位，后 8 位用来标识主机 ID。C 类地址的 3 个高序位固定为 110，这使得所有 C 类 ID 的首 8 位的表示只能为 11000000～11011111（192～223）。C 类地址共有 2 097 152 个，每个网络可以有 254（254=256−2）主机。

（4）D 类地址和 E 类地址：D 类地址是为 IP 多播地址保留的，D 类地址的 4 个高序位设置为 1110，这使得所有 D 类地址的高 8 位是 224～239。E 类地址是为试验性用途而保留的，E 类地址的高序位设置为 1111，这使得所有 E 类地址的高 8 位是 240～255。有兴趣了解更多 IP 地址的读者，可参考其他扩展读物。

现将 A、B 和 C 类 IP 地址的特征总结在表 7-4 中。

表 7-4　A、B 和 C 类 IP 地址格式

类别	w 的值	网络 ID 部分	主机 ID 部分	网络 ID（个）	每个网络的主机 ID（个）
A	1～127	w	x.y.z	127	16 277 214
B	128～191	w.x	y.z	16 384	65 534
C	192～223	w.x.y	z	2 097 152	254

3. 专用 IP 地址定义

一组特定范围的 IP 地址被保留用于私有网络，这些专用地址用在不直接与因特网相连的内联网中的主机或路由器接口中。设置专用 IP 地址，使得企业网络只需要很少已注册的 IP 地址，供直接连接到 Internet 的结点（如代理、服务器、路由器、防火墙和转换器等）使用，内网中其他大多数主机都只需通过这些结点上的网络服务软件来访问 Internet，降低使用注册（全局）IP 地址的成本。专用 IP 地址范围定义如下：

（1）范围 1：10.0.0.0～10.255.255.255

（2）范围 2：172.16.0.0～172.31.255.255

（3）范围 3：192.168.0.0～192.168.255.255

4. 特殊用途的 IP 地址定义

（1）0.0.0.0：称为未指定的 IP 地址，用来表示当前接口 IP 地址缺失。用作下述情况中的源地址：某个 IP 结点无 IP 地址，正尝试通过某个配置协议（如 DHCP）来获取一个地址。

（2）127.xxx.xxx.xxx：用于网络软件及本地主机进程通信测试，也称作回送地址。无论是什么程序，一旦使用回送地址作为数据包的目的地址，则数据包不会被传输到网络链路。

（3）直接广播：将目标的 IP 地址中对应的主机号全设为 1。例如，一个子网地址是 192.168.7.0，则目的主机 IP 地址为 192.168.7.255 时，该数据包将被发送给

192.168.7.0 这个子网上的所有接口，中间路由器会转发该数据包到其目的子网。

（4）有限广播：将 IP 地址所有 32 位全设为 1（255.255.255.255）。使用有限广播地址可进行本地子网上的"一对所有"传输，路由器不会转发该数据包。

7.2.3 子网掩码和子网编址

简单地说，子网掩码是为了确定一个 IP 地址中网络部分所占用的位数。子网掩码长度为 32 位二进制数，与 IP 网络部分对应的位用 1 标识，与主机部分对应的位用 0 标识。例如，255.255.255.0、255.255.0.0、255.0.0.0 都是常用的子网掩码。

将子网掩码和 IP 地址进行按位逻辑"与"运算，可以获取 IP 中的网络号，同时也可以获得主机号。下面是两个 IP 地址和子网掩码进行"与"运算，得到子网号和主机号的例子。

例 1，假设子网掩码是 11111111 11111111 11111111 10000000（255.255.255.128）

IP 地址是 10010110 01100100 00001100 10110000（150.100.12.178）

	10010110 01100100 00001100 10110000	IP 地址
	11111111 11111111 11111111 10000000	子网掩码
二进制与运算	10010110 01100100 00001100 10000000 ←	子网号
	0110000 ←	主机号

可以确定子网号是 150.100.12.128，子网号占用的位数是 25 位。连接到该子网的主机的 IP 地址范围可设置为 150.100.12.129～150.100.12.254。子网的广播地址为 150.100.12.255。

例 2，假设 IP 地址是 192.15.1.129，子网掩码是 255.255.255.0，

	11000000 00001111 00000001 10000001	IP 地址
	11111111 11111111 11111111 00000000	子网掩码
二进制与运算	11000000 00001111 00000001 00000000 ←	子网号
	10000001 ←	主机号

可以确定子网号是 192.15.1.0，子网号占用的位数是 24 位。连接到该子网的主机的 IP 地址范围可以设置为 192.15.1.1～192.15.1.254。子网的广播地址是 192.15.1.255。

注意："与"是二进制数中最常见的一种逻辑运算，其规则非常简单。

1 和 1"与"等于 1　　1 和 0"与"等于 0　　0 和 0"与"等于 0

子网编址的方法是随着接入互联网的各组织的子网规模的增大、使用两级地址结构出现一些管理问题后提出的。例如，某大学的网络拥有 64 000 台主机，如果分配了一个 B 类网络号（150.100.0.0），则该子网可以支持多达 65 534 个结点，对于一个本地网络管理员来说，管理 64 000 台主机是一件非常庞大繁杂的工作。

为此，20 世纪 80 年代中期提出了子网编址方法，即增加一个被称为"子网"的分级层次，将组织内部的主机划分成多个子网。子网编址的方法是：从主机号中拿出几位作为子网号，在原来地址结构的基础上增加一级子网号，如图 7-9 所示。

网络号	子网号	主机号

图 7-9 带子网的 IP 地址结构

子网编址的好处是：对于组织外的主机或网络来说，看到的该校园网络仍是原始的 B 类地址（150.100.0.0）。而在该组织内部，本地网络管理员可以根据实际情况，选择合适的子网号和主机号的位数。例如，在拥有 64 000 台主机的大学网络的子网编址中，管理员可根据校园网内的局域网互联结构和行政归属情况，来划分子网数和每个子网中的主机数。

例如，考虑一个已分配了 B 类网络号（157.60.0.0/16，这里/16 指网络部分占用 16 位）的一个校园网络，如图 7-10 所示，该校园网络中所有主机的接口按照二级地址结构配置，校园网中所有主机的 IP 地址中的网络号均相同，主机号不同，可接入主机台数是 65 534。

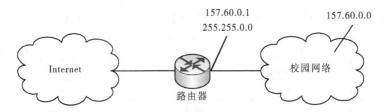

图 7-10 划分子网前的网络 157.60.0.0/16

对 157.60.0.0/16 进行内部子网编址时，如果从右边 16 个主机位中划出 8 位（即 IP 地址中的第 3 段）用作子网号，8 位可以标识 256 个子网。如图 7-11 所示，可用的子网号包括 157.61.0.0/24、157.60.2.0/24、157.60.3.0/24……157.60.255.0/24，每个子网最多可以拥有 254 个主机号（256-2），可接入主机台数共为 65024。图 7-11 中校园网络 1 的子网号是 157.60.1.0，校园网络 2 的子网号是 157.60.2.0，校园网络 3 的子网号是 157.60.3.0。

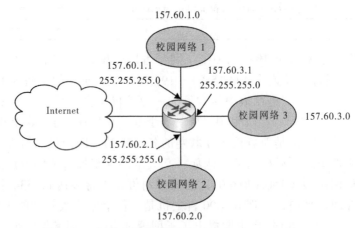

图 7-11 划分子网后的网络 157.60.0.0/16

虽然在内部网络上划分了子网，但是 Internet 中的路由器仍然认为该校的 3 个子网上的所有结点都位于网络 ID 157.60.0.0/16 上。Internet 路由器不会识别内部网络是否已做子网编址，故不需要重新配置。在内部划分子网时，路由器的开销将会增加。在图 7-11 所示的拓扑图中，2 端口路由器要替换成 4 端口的路由器。可以说，子网编址对其上一层的路由器是不可见的。现将子网编址的方法归纳如下：

（1）根据组织内部需要，假定需要子网数目为 n，每个子网能容纳的主机数为 m。

（2）确定子网位和子网掩码。选取一个最小的数值 b 使得 $n<=2^b$ 成立（如 $23<2^8$）。需要从主机号（从高位开始）划出 b 位，这 b 位就作为子网 ID 域。在 32 位子网掩码中，从左边开始将对应网络 ID 和子网 ID 的位都设置为 1，剩下的位均设置为 0，即可。

（3）子网 ID 的编号从 0…00 开始到 1…11 结束（总共为：b 位）。

（4）每个子网的主机 ID 从 0…01 到 1…10（总共为：32−网络 ID 位数−子网 ID 位数）。在主机编号中，需要剔除主机号为全 0 和全 1 两种情况。

7.2.4 无分类编址（CIDR）

划分子网在一定程度上缓解了因特网发展过程中 IP 地址的过快消耗。但因特网主干网上的路由器上的路由表的项目数急剧增加，较大地影响了路由的效率，于是 IETF 提出无分类编址的方法来解决。无分类域间路由选择是基于划分子网时使用可变长子网掩码（VLSM）方法（即可以同时使用几个不同的子网掩码），在进一步提高 IP 地址资源利用率的基础上，提高路由器的工作效率。无分类编址的基本特点可概括为以下两点：

（1）CIDR 消除了传统的 A 类、B 类和 C 类地址以及子网编址的概念，把 32 位的 IP 地址划分为两部分。前面部分是"网络前缀"，后面部分用来标识主机，回到无分类的两级编址，即前缀的长短是灵活可变的，使用"斜线记法"（或称为 CIDR 记法），即在 IP 地址后面加上斜线"/"，在其后写前缀所占的位数。例如，191.15.17.0/20。

（2）CIDR 把前缀都相同的连续的 IP 地址组成一个"CIDR 地址块"，只要知道 CIDR 地址块中的任何一个地址，就可以知道这个地址块的起始最小地址、最大地址和地址个数。例如，IP 地址 191.15.17.0/12 是某 CIDR 块中的一个地址，写成二进制表示，其中前 20 位是网络前缀，前缀后面 12 位是主机号，即 192.15.17.0/20=11000000 00001111 00010001 00000000。

这个地址所在的地址块中的最小地址和最大地址可以得出：

最小地址： 192.15.16.0   11000000 00001111 00010000 00000000
最大地址： 192.15.31.255   11000000 00001111 00011111 11111111
地址块中可用的 IP 地址个数：$2^{12}-2=4096-2=4094$ 个（全 0 和全 1 不可分配）。

7.2.5 网际控制报文协议（ICMP）

网际控制报文协议由（RFC792）定义，ICMP 报文是由 IP 数据包来承载的。ICMP 主要用于报告数据包无法传递差错以及对差错的解释信息。例如，当浏览一个网站时，用户也许会遇到一些诸如"目的网络不可达"之类的消息。这实际上表明 IP 数据包无法被传输到目的主机。

ICMP 报告数据包传递错误时，基本的错误消息报告

ICMP 协议、ARP 协议、
IP 分组工作过程、IPv6 视频

格式如图 7-12 所示。主要字段功能描述如下：

（1）类型：用于识别消息的类型，编码为 0～12。

（2）代码：对于一个特定的消息类型，代码字段提供进一步描述的信息。

（3）检验和：用来检验 ICMP 数据包中的位错误。

（4）原始 IP 数据包：引起该 ICMP 报文首次生成的 IP 数据包的摘要信息。

图 7-12　ICMP 基本的错误消息格式

例如，一个类型为 3 的消息说明目的端出了问题。具体是什么问题由反馈的代码字段给出。例如：

- 0：网络不可达；　　　　　　　　　　1：主机不可达；
- 2：协议不可达；　　　　　　　　　　3：端口不可达；
- 4：需要分片并且已设置 DF；　　　　5：源路由失败。

又如，众所周知的 ping 命令，会利用 ICMP 的回复请求消息格式，向指定主机发出一个 ICMP 类型为 8、代码值为 0 的报文到指定主机，接收主机收到回复请求消息后，直接向源主机回送一个对应的回复应答消息来响应，即回送一个 ICMP 类型为 0、代码值为 0 的报文。

ICMP 没有使 IP 成为一个可靠的协议，但 ICMP 会尝试报告错误并会在特定的情况下提供反馈，使得 IP 能提供尽力而为的服务。

7.2.6　地址解析协议（ARP）

地址解析协议是 IP 不可缺少的部分。因为 IP 数据包最终要通过一个特定的物理网络的链路发送。不同的物理网络有它们自己的寻址方式和地址格式。例如，以太网的硬件只能解读 48 位的以太网 MAC 地址格式，要将数据包成功地投递到以太网的目的主机，源主机必须知道目的主机的链路接口的 MAC 地址。为此，设计了一种巧妙的方法 ARP，通过已有的 IP 地址，查找目的 MAC 地址。下面通过一个实例说明 ARP 的工作过程。

假设以太网中的一台计算机 A（IP 地址是 192.168.0.1）要向计算机 B（IP 地址是 192.168.0.2）发送数据包，而此时 A 尚不知道 B 的物理地址（以太网地址）。为了获得 B 的物理地址，A 首先广播一个 ARP 请求报文以要求目的主机回应。此时，以太网上所有的主机都会收到此数据包，但只有 B 主机（识别目的 IP 地址）响应 A 主机的 ARP 请求报文，B 主机会发出包含了 B 的 MAC 地址和 IP 地址的 ARP 响应报文给主机 A。

从现在开始，A 主机知道了如何向 B 主机发送数据包。为了避免 A 主机每次向 B 主机发送数据包时都需要发送 ARP 请求报文，A 将 B 的 IP 地址和 MAC 地址映射项缓存在本机的 ARP 缓冲区中，以后如果需要 B 的 MAC 地址，可直接从 ARP 缓冲区中查找。

每台计算机中的 ARP 自动维护着一个 IP 地址和以太网地址的映射项表。除非特殊指定，ARP 表中的表项都分为动态和静态两类，每个动态的表项被限定更新时间，即一个表项在一段时间内没有被用过，该表项就会被删除。

与 ARP 相对应的协议是反向地址解析协议（RARP），用于 MAC 地址转换成 IP 地址。

7.2.7　IP 数据包的发送和接收

为了了解 IP 数据包的发送和接收过程，需要考虑一台工作站将 IP 数据包发送到一台服务器的情况。假设已知服务器的 IP 地址为 219.220.243.128（网站名 www.sbs.edu.cn）。本机 IP 实体将源 IP 地址、目的 IP 地址和高一层的负载数据封装到一个 IP 数据包中，再查找本机的路由转发表（例如用 route print 命令显示）。发送和接收处理分为以下 2 种：

1．工作站和服务器在一个子网内

主机路由转发表中存在与服务器 IP 地址对应的匹配项（例如，IP 地址全匹配或网络号匹配），说明服务器与工作站连接到同一个网络上，根据服务器的 IP 地址，在 ARP 表查找目的 MAC 地址，如果没找到，启动 ARP 机制，发起 ARP 请求获得服务器 MAC 地址。IP 数据包在数据链路层封装成数据帧，通过网卡发送到链路上。当服务器的网卡接收到此帧，对其进行检查，根据协议类型字段值（IP），将 IP 数据包上传给本机的 IP 实体。IP 实体根据协议字段值把 IP 数据包中的数据部分传递给上一层协议。

2．工作站和服务器不在一个子网中

路由转发表中不存在与服务器 IP 地址对应的匹配项，则选择默认路由。根据默认网关的 IP 地址，在 ARP 表查找目的 MAC 地址，如果没找到，则启动 ARP 机制，发起 ARP 请求获得默认网关的 MAC 地址。在获得网关的 MAC 地址后，IP 数据包在数据链路层被封装成数据帧，通过网卡发送到链路上。指定的默认网关设备的网卡捕获这些帧并对其进行检查。检查协议类型字段后，将 IP 数据包上传给 IP 实体，IP 实体检查 IP 数据包后，将会发现目的 IP 地址不是本机，就按照路由转发表中的定义，将 IP 数据包转发出去。如果一切都正常，IP 数据包最后将被转发到服务器所在的子网中。目的子网中的网关设备把数据包转发给服务器计算机。

第 1 种情况称为直接交付（或直接投递），即发送主机和接收主机在同一个子网；第 2 种情况称为间接交付（或间接投递），即发送主机和接收主机在不同的子网。

自 测 题

一、单选题

1．当上层递交下来的数据量很大且一个 IP 数据包无法承载时，就要被（　　　）后装在多个 IP 数据包中运载。

    A．分包　　　　　B．重组　　　　　C．分组　　　　　D．分片

2. 对于一个返回的 ICMP 消息，类型为 5 的 ICMP 消息，说明（　　　）。

　　A. 源路由失败　　　B. 网络不可达　　　C. 主机不可达　　　D. 需要分片

3. 一网络管理员根据组织内部网络环境，规划需要的子网数目 22 个，且每个子网能容纳的主机数为 256 台，组织从上一级网络获得的网络地址属于 B，确定合适的子网位数是（　　　）。

　　A. 4　　　　　　　B. 5　　　　　　　C. 8　　　　　　　D. 3

4. 简单地说，（　　　）是为了确定一个 IP 地址中网络部分所占用的位数。

　　A. 与运算　　　　B. 子网编址　　　　C. 子网掩码　　　　D. 路由器

5. 将目的 IP 地址所有 32 位全设为 1（255.255.255.255），即为（　　　），可进行本地子网上的"一对所有"传输。

　　A. 子网广播　　　B. 有限广播地址　　　C. 广播　　　　　D. 组播

二、填空题

1. IP 是网际层中的核心协议，涉及互联网上的_____、编址规则和数据包传递。

2. IP 提供的服务是面向_____的、不可靠又尽力而为的。

3. IP 地址一般分成两部分，用来表示主机所属的网络为_____，另一部分用来表示在该网络中的_____。

4. 一组特定范围的 IP 地址被保留用于_____，这些地址用在不直接与因特网相连的内联网中的主机或路由器接口中。

5. 子网号是 210.70.32.128，子网号占用的位数是 25 位。连接到该子网的主机的主机号取值范围为_____，子网的直接广播地址是_____。

6. ping 命令利用 ICMP 的回复请求消息格式，向指定主机发出一个 ICMP 类型为_____、代码值为_____的报文到指定主机。

7. 与_____相对应的协议是反向地址解析协议（RARP），用于 MAC 地址转换成 IP 地址。

8. ARP 表中的每个_____的表项被限定更新时间，即一个表项在一段时间内没有被用过，该表项就会被删除。

9. 本机 IP 实体将源 IP 地址、目的 IP 地址和高一层的负载数据封装到一个 IP 数据包中，再查找本机的_____。

10. 路由转发表中不存在与服务器 IP 地址对应的匹配项，则选择_____。

7.3　IPv6 协议

随着全球互联网的快速增长，新的子网和 IP 结点以惊人的增长率接入到 Internet，32 位的 IP 地址空间即将用完。为了满足这种对大的 IP 地址空间的需求，IPv6 于 20 世纪 90 年代早期被开发出来，称为 IPv6[RFC 2406]。

IPv6 在以下方面对 IPv4 做了重要的改变：

（1）更大的地址空间：IPv6 的地址长度是 128 位，是 IPv4 地址长度的 4 倍。一个 128 位地址空间允许 2^{128}（或 3.4×10^{38}）个可能的地址。

（2）简化的头部格式：IPv6 的头部格式比 IPv4 简单。如 IPv4 中的检验和、标识、标志和偏移字段在 IPv6 中将不再出现。

（3）流标签：为了更好地适合网络多媒体应用的需要，IPv6 增加了"流标签"字段。

（4）安全性：IPv6 支持内置的认证和机密性。

（5）更大的分组：IPv6 通过扩展包头，支持长度超过 64 KB 的 IP 负载。

7.3.1 IPv6 的数据包格式

IPv6 的数据包格式和 IPv4 的数据包格式有较大的不同。IPv6 数据包的基本格式如图 7–13 所示。IPv6 数据包头将原 IPv4 数据包头中所有可选字段移出 IPv6 数据包头，置于扩展数据包头中，并将扩展包头放置在 IP 负载部分。简化了的 IPv6 数据包头，可提高中转路由器的转发效率。

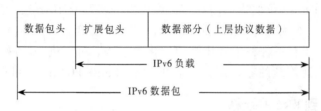

图 7–13　IPv6 数据包基本结构

根据实际情况，IPv6 扩展数据包头可以没有，也可以有一个或多个。IPv6 扩展数据包头长度不固定，这种灵活性便于日后扩充新增选项，提高 IPv6 的适用性。

IPv6 数据包的基本头部格式如图 7–14 所示。主要字段描述如下：

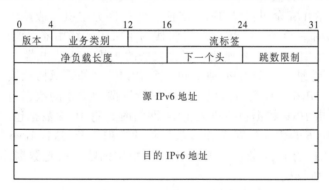

图 7–14　IPv6 基本头部格式

（1）版本：4 位长，规定了协议的版本号，数值为 6，表示 IPv6。

（2）业务类别：8 位长，规定了数据包的服务类型，与 IPv4 中的"服务类型"定义相同。

（3）流标签：20 位长，用来标记一个数据包的流的特性，对于实时音频和视频数据的传送有用。对于传统的非实时数据，没有用处。

（4）净负载长度：16 位长，指示数据包中数据部分的长度（不包括头部，但含扩展头部），长度限制为 65 535 B。

（5）下一个头：8 位长，指定紧跟 IPv6 头部后面的信息的类型，如扩展头（有的话）或数据。

（6）跳数限制：8 位长，规定了数据包在被路由器丢弃之前可以经过的跳数。与 IPv4 中的"生存期"有相同定义。

（7）源 IPv6 地址和目的 IPv6 地址：128 位源主机地址和目的主机地址。

128 位的 IPv6 地址的书写格式是按每 16 位用 1 个英文冒号（：）来分隔，每个 16 位块转换成 4 个十六进制数。这种表示形式称为冒号十六进制表示形式。下面是一个二进制表示的 IPv6 地址：

0011111111111110 0010100100000000 1101000000000101 0000000000000000
0000001010101010 0000000011111111 1111111000101000 1001110001011010

将每个 16 位块都转换成十六进制，相邻的块用英文冒号隔开。结果为：

3FFE:2900:D005:0000:02AA:00FF:FE28:9C5A

通过删除每个 16 位块内的前导零，可以进一步简化 IPv6 表示形式。不过，每个块必须至少有一个数字。删除前导零后，地址就变成了 3FFE:2900:D005:0:2AA: FF:FE28:9C5A。还有一种称为零压缩的优化表示法，可以进一步减少字符个数。零压缩用两个冒号代替连续的零，例如，地址 FF0D:0:0:0:0:0:0:B1，可以写成 FF0C::B1。

7.3.2 从 IPv4 到 IPv6 的迁移

IPv4 技术广泛应用于 Internet 上，如何迁移到 IPv6 是一个非常值得关注的问题。IPv6 系统是向后兼容的，在基于 IPv6 的互联网中，能够发送、路由和接收 IPv4 数据包，但现有的 IPv4 系统却无法直接处理 IPv6 数据包。要确保 IPv4 尽可能平滑地过渡到 IPv6，当前的解决方法有两种：双协议栈和隧道技术。

双协议栈是指在完全过渡到 IPv6 之前，使一部分主机（或路由器）装有两个协议栈，一个 IPv4 和一个 IPv6。因此双协议栈的主机（或路由器）既能够和 IPv6 的系统通信，又能够和 IPv4 的系统通信。双协议栈的主机（或路由器）记为 IPv6/IPv4，表明它有两种 IP 地址：一个 IPv6 地址和一个 IPv4。例如，双协议栈的路由器可以独立地运行 IPv4 和 IPv6 两种路由协议，并能够转发两种类型的数据包。

隧道技术是指 IPv6 数据包要进入 IPv4 网络时，将 IPv6 数据包封装成为 IPv4 的数据包，即整个 IPv6 的数据包变成 IPv4 数据包的数据部分，这样 IPv6 数据包就在 IPv4 网络的隧道中传输。当 IPv4 数据包离开 IPv4 网络中的隧道时把数据部分交给主机（或路由器）的 IPv6 协议栈。

自 测 题

一、单选题

1. 在 IPv6 数据包中，净负载长度指示数据包中数据部分的长度（不包括头部，但含扩展头部）限制为（   ）。

    A．256B   B．网络互联   C．65 535B   D．65 534B

2. 这个下一代的 IP 协议被称为（   ）。

    A．IPv6   B．IPv4   C．IP   D．ICMPv6

3. 一个 IPv6 的地址 1080:0:0:0:8:800:200C:417A，可以写成（   ）。

A.　1080::8:8:200C:417A B.　108::8:8:2C:417A

C.　1080::8:8:2C:417A D.　1080::8:800:200C:417A

4.　IPv6 数据包头中，一共划分成（　　）字段。

A.　6 B.　2 C.　8 D.　13

5.　一个 IPv6 的地址 0:0:0:0:0:0:0:1，可以写成（　　）。

A.　1 B.　::1 C.　0.1 D.　::

二、填空题

1.　IPv6 的地址长度是_____位，是 IPv4 地址长度的 4 倍。

2.　在 IPv6 协议中，简化了的 IPv6 数据包头，可提高_____的转发效率。

3.　128 位的 IPv6 地址的书写格式是按每 16 位用_____个英文冒号（:）来分隔。

4.　通过删除每个 16 位块内的_____，可以进一步简化 IPv6 表示形式。

5.　在 IPv6 的地址压缩表示法中，零压缩用_____代替连续的零。

6.　IPv6 系统是_____的，在基于 IPv6 的互联网中，能够发送、路由和接收 IPv4 数据包。

7.　确保 IPv4 尽可能平滑地过渡到 IPv6，解决方法有两种：_____和隧道技术。

8.　双协议栈的主机（或路由器）记为_____，表明它有两种 IP 地址。

9.　_____是指 IPv6 数据包要进入 IPv4 网络时，将 IPv6 数据包封装成为 IPv4 数据包的数据部分。

10.　IPv4 包头中的_____、标识、标志和_____域在 IPv6 中将不再出现。

7.4　传输控制协议

TCP 和 UDP 是建立在 IP 之上的两个传输控制协议。借助 TCP，应用层进程之间有了一条面向连接的、可靠的、有序的字节流传输通道。借助 UDP，应用进程之间建立了一个无连接的、不可靠的数据报文传输通道。

应用程序不管使用哪一种传输协议，都要通过套接字调用。如果将应用层进程类比成一座房子，套接字可以类比为其门户。当一

传输控制协议视频

个进程想通过网络与远端另一台主机上的另一个进程通信时，它必须把要传输的报文通过套接字推出"门户"，再由互联网把报文运到目的主机。一旦报文被送抵目的主机，又要通过套接字门户进入接收进程。

套接字由主机的 IP 地址、传输层的端口号和协议标识组成。传输层的端口号可分为两大类：服务器端使用的端口号和客户端使用的端口号。

（1）服务器端使用的端口号又分为两类，最重要的一类称为知名端口号，数值为 0～1023，Internet 编号分配机构（IANA）把这些端口号指派给 TCP/IP 中最重要的一些应用程序，让所有用户都知道。例如，Web 服务进程（HHTP）用的是 80 号端口，邮件服务进程（SMTP）用的是 25 号端口，文件服务进程（FTP）用的是 20、21。另一类叫作登记端口号，数值为 1 024～49 151，这类端口号是为没有知名端口号的应用程序使用。使用这类端口号必须在 IANA（互联网数字分配机构）按照规定的手续

登记，以防止重复使用。

（2）客户端使用的端口号，数值为 49 152～65 535。由于这类端口号仅在一个客户进程运行时才动态选择，客户进程结束运行后，这个端口号就可以分配给其他客户进程使用。

下面将分别讨论 TCP 和 UDP 协议和特征。

7.4.1　TCP 协议和特征

TCP 为应用层的进程提供了一个面向连接、可靠、数据流量可控和全双工的传输服务，TCP 报文的格式比 UDP 报文格式复杂许多。

1. TCP 报文基本格式

TCP 定义一个报文为段（Segment），由首部和一个用户数据组成。图 7-15 所示为 TCP 段的格式和报头中的主要字段名称。

图 7-15　TCP 数据报基本格式

（1）源/目的端口号：16 位长，表示一个发送应用进程和一个接收应用进程的端口号。

（2）序号：32 位长，指出该段中所携带数据的第一个字节在发送端的字节流中的序号。接收方利用这一序号，对报文段进行排序和计算确认号。连接建立时将设置要传送的字节流的起始序号。

（3）确认号：32 位长，如果已设置了 ACK 位，这个字段用于指出发送端下一次期待接收的数据字节的序号。

（4）首部长度：4 位长，规定了以 32 位长的字为计量的 TCP 头部的长度。

（5）保留未用：6 位长，保留为今后使用，但目前应置 0。

（6）URG：1 位长，置 1 时，紧急数据指针有效。

（7）ACK：1 位长，置 1 时，确认号有效。

（8）PSH：1 位长，置 1 时，通知接收端的 TCP 立即将数据传递给应用进程。否则，接收端 TCP 模块暂时缓存此数据，直至缓存中累积了足够的数据再传递。

（9）RST：1 位长，置 1 时，用来通知接收端 TCP 因一些异常情况而终止连接。

（10）SYN：1 位长，置 1 时，请求建立一个连接。

（11）FIN：1 位长，置 1 时，用来通知对方，没有数据再要发送。

（12）窗口：16 位长，指定了 TCP 发送报文段的一方目前可以接收的字节数，也是用来让对方设置发送窗口大小的依据。该值可以用来控制数据流的发送速度和拥塞。

（13）检验和：16 位长，该字段用来检验 TCP 段的首部和数据传输错误。在计算检验和时，要在 TCP 报文段前面加上 12B 的伪首部（包括从 IP 包中获取的源和、目的 IP 地址、协议类型、TCP 段长度）。

（14）紧急数据指针：16 位长，仅当 URG 位置为 1 时才有意义。紧急数据指针字段的值加上序号字段的值指向"紧急数据"（需要立即投递的数据）的最后一个字节。

（15）选项：该字段可被用来提供头部没有涵盖的其他功能。

2．TCP 连接建立和连接终止的管理

TCP 是面向连接的，因此两个应用进程交换数据之前，必须先建立一条 TCP 连接。假设主机 A 的 TCP 客户程序先启动连接，通过 3 次握手方式与主机 B 的 TCP 服务程序建立连接（目的是为了同步连接双方的"序列号"、"确认号"和 TCP 窗口大小等状态信息）。下面介绍 TCP 连接的建立过程：

（1）客户程序向服务端发送一个特殊的 TCP 段，置 SYN 位为 1，假设选择一个初始序列号 seq=x，一个窗口大小（可用来存放从服务端传输来的段的缓冲区的大小），随后 TCP 客户程序进入 SYN-SEND（同步已发送）状态。SYN 报文段不能携带数据，会用掉一个序号。

（2）服务程序收到连接请求后，如果同意建立连接，就发送回一个特殊的 ACK 确认段：设置 ACK 和 SYN 位均为 1，确认号是 ack=x+1，为自己选择一个初始的序号 seq=y，一个窗口大小（用来存储从客户端发送来的报文段的缓冲区的大小）。这时 TCP 服务程序进入 SYN-RCVD（同步收到）状态。这个报文段也不能携带数据，同样要用掉一个序号。

（3）客户程序收到确认后，要再向服务端发送一个确认报文段，设置 ACK 位为 1，确认号 ack=y+1，而自己的序号 seq=x+1。此 ACK 报文段可携带数据，如果不携带数据则不消耗序号，下一个 TCP 数据报文段的序号仍然是 seq=x+1。这时，TCP 连接已经建立，客户程序进入 ESTABLSHED（已建立连接）状态。服务程序收到确认，也进入 ESTABLSHED 状态。

当主机 A 和主机 B 的应用进程数据传输完毕后，通信双方需要释放连接，TCP 的 4 次终止连接过程如下：

（1）假如主机 A 的应用进程先向 TCP 发出连接释放，则 TCP 客户程序就会发出首部的终止控制位 FIN 位置 1 的连接释放报文段，序号 seq=n，n 等于前面已传送过的数据的最后一个字节的序号加 1，并进入 FIN-WAIT-1（终止等待 1）状态，等待服务端的确认。FIN 报文段即使不携带数据，也会消耗掉一个序号。

（2）服务程序收到连接释放报文段后，发出确认报文段，且 ACK 置 1，确认号是 ack=n+1。序号为 seq=m，m 等于前面已传送过的数据的最后一个字节的序号加 1，然后进入 CLOSE-WAIT（关闭等待）状态。TCP 客户程序接收到确认报文段，将通知其高层应用进程，主机 A 到主机 B 的 TCP 连接就释放了。这时 TCP 连接处于半关闭状态，即主机 A 已经没有数据要发送了，如果主机 B 有数据发送，主机 A 依然要接收。

（3）客户程序进入 FIN-WAIT-2（终止等待 2）状态，等待服务进程发出连接释放报文。假如主机 B 应用进程没有数据要发送，就通知 TCP 释放连接。这时，TCP 服务程序发出的终止控制位 FIN 位为 1 的连接释放报文段，序号 seq=p，p 等于前面已传送过的数据的最后一个字节的序号加 1，并重复上次所发的确认号 ack=n+1，服务进程进入 LAST–ACK（最后确认）状态，等待客户端的确认。该 FIN 报文段也会用掉一个序号。

（4）客户程序收到连接释放报文段，即发出确认报文，ACK 置 1，确认号是 ack=p+1，该报文段的序号为 seq=n+1，然后进入 TIMEE–WAIT（时间关闭等待）状态。服务程序收到客户端发来的连接释放确认报文后，就进入 CLOSE（关闭连接）状态。客户程序也会随后进入 CLOSE（关闭连接）状态，并等待设置的时间后，结束这次 TCP 连接。

3．TCP 可靠传输的实现技术

一旦建立起一个 TCP 连接，两个应用进程之间就可以相互发送数据。客户进程通过套接字传递用户的数据字节。数据字节流一旦通过套接字传递到 TCP 处，TCP 将用户的数据加工成 TCP 报文段下传给网络层，网络层将其分别封装在 IP 数据包中，然后发送到网络中。

TCP 为了确保服务的可靠性，采用了一组特别复杂的技术组合，这种组合已经被证明是极其成功的，主要有：处理报文段乱序传递的排序技术、处理分组丢失的重传技术、避免分组重复的技术、防止数据过载的流量控制技术以及避免网络拥塞的控制技术等。有兴趣的读者，可以参考相关的扩展读物了解具体技术细节。

4．TCP 为应用提供服务的特点

TCP 是 TCP/IP 协议栈中最主要的传输控制协议，TCP 提供的服务的主要特点如下：

（1）面向连接：TCP 提供面向连接的服务，应用程序之间首先请求建立一个源到目的地的连接，然后使用这个连接来传输数据。

（2）点对点通信：每个 TCP 连接上只有两个端点，用端口号标识。

（3）完全的可靠性：TCP 能保证在一个连接上发送的数据被正确地传递，且保证数据完整和按序到达，从而保证两个应用进程开始可靠地通信。

（4）全双工通信：TCP 连接允许数据在任何一个方向流动，并允许任何应用程序在任何时刻发送数据。

（5）流接口：应用进程利用 TCP 提供的流接口在一个连接上发送连续的字节流，TCP 不必将数据组合成报文，也不要求传送给接收应用进程的数据段大小和发送端所送出的相同。

（6）友好的连接关闭：在关闭一个连接之前，TCP 必须保证所有数据已经传递完毕，并且通信双方都要同意关闭这个连接。

7.4.2 UDP 协议和特征

用户数据报协议（UDP）是一个非常简单的协议。它为应用层的进程提供一个不可靠的无连接传输服务，避免了建立和释放一个连接所需的时间。但 UDP 不能保证数据报的到达，也不保证所传输的数据在字节顺序上是否正确，且 UDP 不重传丢失

的数据。

当应用层进程传输的数据量很少、可靠性要求不是特别高，而实时性要求高时，选用 UDP 比较好，如网络视频会议系统、QQ 聊天系统等。

UDP 数据报由 UDP 报头和 UDP 有效负载构成，其基本结构如图 7-16 所示。UDP 报头中的主要字段定义如下：

（1）源/目的端口：各 16 位长，发送应用进程和接收应用进程的 UDP 端口号。

（2）校验和：16 位长，用于检查 UDP 数据报在传输中的错误。（计算时包含 12 字节的伪首部，同 TCP 的伪首部不同的是协议号为 17、长度改为 UDP 长度）

（3）UDP 长度：UDP 数据报的长度（包括头部和数据），最小长度为 8 字节。

0	16	31
源端口号	目的端口号	
UDP 报文长度	UDP 校验和	
数据		

图 7-16　UDP 数据报基本格式

UDP 是 TCP/IP 协议栈中另一个主要的传输控制协议，UDP 提供的服务的主要特点如下：

（1）端到端：UDP 能区分运行在给定计算机上的多个应用进程，应用进程之间可以进行一对一、一对多或多对多的通信。

（2）无连接：UDP 提供给高层应用进程的接口遵循无连接模式，减少开销和发送数据之前的时延。

（3）面向报文：发送方的 UDP 对应用程序交下来的报文，在添加首部后向下交付给 IP 层，即 UDP 对应用层交下来的报文，既不拆分也不合并，不管原报文多长，一次都发送一个报文。

（4）尽力而为：UDP 提供给应用进程的服务是尽力而为，如同 IP。

自　测　题

一、单选题

1. 知名端口号是 Internet 编号分配机构（IANA）把这些端口号指派给 TCP/IP 中最重要的一些应用程序，数值范围为（　　）。

    A. 0～1 023　　　　　　　　　　　　B. 0～1 024

    C. 1 024～49 151　　　　　　　　　　D. 49 152～65 535

2. TCP 是面向连接的，因此两个应用进程基于传输层的 TCP 协议交换数据之前，必须先建立一条（　　）。

    A. TCP 通信　　　　　　　　　　　　B. TCP 连接

    C. 链路链接　　　　　　　　　　　　D. 套接字连接

3. 在 TCP 的三次握手连接建立过程中，TCP 报文段头部中 ACK 和 SYN 位均设置为 1 的情况，发生在第（　　　）次 TCP 报文段交换中。

  A. 1   B. 3   C. 每一次   D. 2

4. TCP 为了确保服务的可靠性，采用了一组特别复杂的技术组合，不包括（　　　）。

  A. 处理报文段乱序传递的排序技术   B. 避免分组重复的技术

  C. 传输错误控制报文技术   D. 处理分组丢失的重传技术

5. UDP 提供的服务的主要特点不包括（　　　）。

  A. 尽力而为   B. 面向连接

  C. 应用进程可以进行一对多或多对多的通信   D. 面向报文

二、填空题

1. 应用程序不管使用哪一种传输协议，都要通过_____调用。

2. 传输层的端口号可分为两大类：_____使用的端口号和客户端使用的端口号。服务器端使用的端口号又分为_____和登记端口号。

3. TCP 为应用层的进程提供了一个_____、数据流量可控、_____和全双工的传输服务。

4. TCP 报文头部的序号指出该段中所携带数据的_____在发送端的字节流中的序号，连接建立时将设置要传送的字节流的_____。

5. TCP 连接处于_____状态时，A 方已经没有数据要发送了，B 方有数据发送，A 方依然要接收。

6. TCP 的完全的可靠性是指 TCP 能保证在一个连接上发送的数据被正确地传递，且保证数据_____和_____到达。

7. TCP 或 UDP 的校验和计算时，要求包含_____个字节的伪首部。

8. 应用层进程传输的数据量少、可靠性要求不高，而实时性要求高时，选用_____较好。

9. TCP 的_____是指 TCP 连接允许数据在任何一个方向上流动，并允许任何应用程序在任何时刻发送数据。

10. 套接字由主机的 IP 地址、传输层的_____和协议标识组成的。

🏠 7.5　应用层协议

  应用层协议是为用户应用程序提供服务的高层协议。对用户来说，这些协议往往比其他层的协议更具有可见性。此外，应用层协议可以由用户编写，也可以是标准的。若干标准的应用协议构成了 TCP/IP 协议栈的一部分。部分常见的应用层协议、对应的应用和常用端口号如表 7-5 所示。

应用层协议视频

表 7-5　各种应用层协议和应用

应用层协议	应　　用	传输层协议	端　口　号
DNS（域名系统）	名字转换	UDP	53
TFTP（简单文件传输协议）	文件传送	UDP	69

续表

应用层协议	应 用	传输层协议	端 口 号
RIP（路由信息协议）	路由选择协议	UDP	520
DHCP（动态主机配置协议）	IP 地址配置	UDP	67/68
SNMP（简单网络管理协议）	网络管理	UDP	161/162
SMTP（简单邮件传送协议）	电子邮件	TCP	25
Telnet（远程终端协议）	远程终端接入	TCP	23
HTTP（超文本传输协议）	万维网	TCP	80
FTP（文件传送协议）	文件传送	TCP	20/21
一组专用协议	IP 电话	UDP	—
一组专用协议	流式多媒体通信	UDP	—

　　每个应用层协议都是为了解决某一类应用问题，而问题的解决又必须通过位于不同主机中的多个应用进程之间的通信和协同工作来完成的，故需要精确定义之间的通信规则。应用层协议是应用层的网络应用（或服务）的核心组成部分，例如万维网（Web）应用不仅包含超文本传输协议（HTTP）、统一资源定位符（URL）和超文本置标语言（HTML），还包含 Web 浏览器、Web 服务器。应用层的许多协议都是基于客户/服务器模式，下面介绍文件传输协议（FTP）和超文本传输协议（HTTP），进一步了解应用层协议的特征。

7.5.1　文件传输协议

　　文件传输协议（FTP）是最早的应用协议之一，在 Internet 标准文本（RFC959）中定义。应用 FTP，人们可以将文件从一台主机传输到另一台主机，而无须考虑这些主机运行何种操作系统、文件的类型和格式。FTP 使用传输层的 TCP 服务，使用客户/服务器模式。一个 FTP 服务器进程可以同时为多个客户进程提供服务。

　　当用户主机与远程主机开始一次 FTP 会话前，FTP 的客户机端先发起一个与 FTP 服务器 21 号端口的 TCP 连接。通过该 TCP 连接，FTP 客户机发送用户标识和密码，随后在其上发送诸如改变远程目录等操作命令。当 FTP 服务器端从该 TCP 连接上收到一个客户端的文件传输命令（比如读或写）后，就启用 20 号端口发起一个到客户机的 TCP 数据连接。FTP 在该数据连接上传输完一个文件并关闭该连接。如果在本次会话期间，用户还需要传输另一个文件，FTP 则打开另外一个数据连接进行传输。FTP协议的控制连接和数据连接如图 7-17 所示。对于 FTP 传输而言，控制连接贯穿整个 FTP 会话期间，而针对会话中的每一次文件传输都需要建立一个新的数据连接。

图 7-17　FTP 协议的控制连接和数据连接

　　文件传输协议（FTP）具有如下一些特征：

（1）传输任意内容的文件。FTP 可传送任意类型的数据，包括各类文档、图像和多媒体数据。可以在任意一对远程计算机之间传送文件副本。

（2）支持双向传送。FTP 可以下载文件（从服务器到客户），也可以上传文件（从客户到服务器）。

（3）支持文件访问控制和浏览文件夹。FTP 允许文件具有访问限制和授权访问，允许客户获得目录中的内容。

（4）文本形式的控制报文。FTP 服务器和客户端之间交换的控制报文时 ASCII 文本，交互方式简单。

（5）使用控制连接和数据连接：使用两条 TCP 连接，控制连接用于传送命令，数据连接用于传送文件。

7.5.2 超文本传输协议

超文本传输协议（HTTP）是在 Internet 标准文本[RFC1945]和[RFC2616]中定义的，是用于浏览器和 Web 服务器交互的主要传输协议。根据客户/服务器模式，在建立 TCP 连接后，浏览器就是客户，它提取出服务器的域名并请求连接服务器，一旦建立连接，浏览器向服务器发出一个 HTTP 请求，请求的方法类型主要分为 4 种：GET（请求一个文档）、HEAD（请求状态信息）、POST（发送数据给服务器并添加到指定的项上）、PUT（发送数据给服务器并完全替代指定的项）。浏览器最先发送 GET 请求报文，然后服务器回送对应的响应报文。

HTTP 定义了请求报文和响应报文的格式，请求和响应头部都是由文本信息组成，方便一般人阅读。

1．HTTP 请求报文格式

请求报文的第一行叫作请求行、后续的行叫作报头行，最后是一个空行，每一行最后是用"回车"（CR）和"换行"（LF）结束。

（1）请求行有 3 个字段：方法类型、URL 字段和 HTTP 协议版本字段。例如，通过 IE 浏览器访问网站（www.baidu.com）时，请求行信息为：

GET…/…HTTP/1.1（请求行：使用 GET 方法，请求对象的 URL，协议版本是 HTTP/1.1 版本）

（2）报头行包括多个行，每行都由首部字段和它的值组成，来说明浏览器、服务器和报文主体的一些信息，最后一行为空行。例如：

- Host：www.baidu.com（给出了主机的域名）。
- Connection：Keep-Alive（用来告诉服务器在发送完本次请求的对象后还保持 TCP 连接，后续的请求和响应报文使用该连接）。
- User-Agent：Mozilla/5.0（用户浏览器是 Internet Explorer 11）。
- Accept-Language：zh-cn（表示用户想优先得到中文版文档）。

2．HTTP 响应报文

响应报文的第一行叫作状态行，后续的行叫作报头行，最后一空行之后是文档内容，通常是一幅图像或一个网页。每一行最后是"回车"（CR）和"换行"（LF）结束。

（1）状态行有 3 个字段：协议版本、状态码和解释状态码的短语。状态码由 3 个数字组成，分成 5 大类。例如，HTTP/1.1 200 OK，该状态行可解释为请求成功。

（2）报头行包括多个行，格式与请求报文相同，说明服务器和报文主体的一些信息。一些字段定义为：Server 表明该报文是由一个 IIS 6.0 Web 服务器产生的；Date 表示服务器产生并发送响应报文的日期和时间；Content‑Length 表明被发送对象的字节数；Content‑Type 表明返回的文本类型；Catch‑Control 和 Expires 与页面过期时间设置有关；最后一行为空行。例如：

- Server：Microsoft‑IIS/10.0（表明该报文是由一个 IIS 10.0 Web 服务器产生的）。
- Date：Wed, 07 Nov 2018 08:41:55 GMT（表示服务器产生并发送响应报文的日期和时间）。
- `Content‑Length：6488（表明被发送对象的字节数为 6488 B）。
- Content‑Type：image/jpeg（表明返回的文本类型，是图片）。
- Catch‑Control：public, max‑age=430570（缓存的内容将在 430 570 s 后失效）。

3. Web 浏览器和 Web 服务器的交互过程

HTTP 协议定义了浏览器是如何向 Web 服务器请求网页及 Web 服务器如何将网页传输给浏览器的。Web 客户机和服务器之间的典型交互过程如图 7‑18 所示。假设一个用户要访问上海商学院的主页，就必须在浏览器地址栏中输入 HTTP://www.sbs.edu.cn。

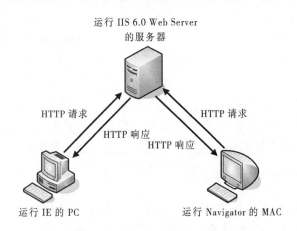

图 7‑18　HTTP 请求和响应过程

在等待主页显示在浏览器上时，浏览器和 Web 服务器之间的具体交互步骤如下：

（1）浏览器首先调用域名解析协议（DNS），将 URL（http://www.sbs.edu.cn）解析为具体的 IP 地址 219.220.243.128。

（2）浏览器和服务器建立 TCP 连接（在服务器端 IP 地址 222.72.138.204，端口是 80）。

（3）浏览器向服务器发送取主页命令。

（4）服务器 www.sbs.edu.cn 给出响应，把完整的主页文档发给浏览器。

（5）浏览器显示上海商学院主页文档中的所有内容。

自 测 题

一、单选题

1. （　　　）是 Internet 上电子邮件应用所使用的通信协议，端口号 25。

    A．DHCP（动态主机配置协议）　　　　B．SMTP（简单邮件传送协议）

    C．HTTP（超文本传输协议）　　　　　D．FTP（文件传送协议）

2. 应用层协议是应用层网络应用的核心组成部分，例如，万维网（Web）应用组成中会包含（　　　）。

    A．超文本传输协议（HTTP）　　　　B．Web 浏览器

    C．Web 服务器　　　　　　　　　　D．网页文档

3. 行 "GET/webroot /index.htm HTTP/1.1" 可能会出现在一条 HTTP（　　　）中。

    A．响应报文　　　　　　　　　　　B．状态行

    C．请求报文　　　　　　　　　　　D．报文行

4. 浏览器首先调用（　　　），将 http://www.sbs.edu.cn 解析为具体的 IP 地址。

    A．动态主机配置协议（DHCP）　　　B．域名解析协议（DNS）

    C．地址解析协议（ARP）　　　　　　D．网际控制报文协议（ICMP）

5. HTTP 定义了请求报文和响应报文的格式，请求和响应头部都是由（　　　）组成，方便一般人阅读。

    A．二进制数组　　　　　　　　　　B．Unicode 代码信息

    C．密文信息　　　　　　　　　　　D．文本信息

二、填空题

1. 应用层协议是为用户_____提供服务的高层协议。

2. 每个应用层协议都是为了解决某类应用问题，问题的解决又必须通过位于不同主机中的多个应用进程之间的_____和_____来完成的。

3. FTP 使用_____模式。一个 FTP 服务器进程可以同时为多个客户进程提供服务。

4. 当 FTP 服务器端从该 TCP 连接上收到一个客户端的文件读或写命令后，就启用_____号端口发起一个到客户机的 TCP 数据连接。

5. FTP 使用两条 TCP 连接，_____连接用于传送命令，_____连接用于传送文件。

6. 浏览器向服务器发出一个 HTTP 请求，请求的方法类型主要分为 4 种：GET、HEAD、_____和 PUT，浏览器最先发送_____请求报文。

7. 请求报文的第一行叫作_____、后续的行叫作报头行，最后是一个_____。

8. 状态行有 3 个字段：协议版本、_____和解释状态码的短语。状态码是由__个数字组成。

9. 假设一个用户要访问上海商学院的主页，就必须在浏览器地址栏中输入_____。

10. 在 TCP/IP 协议栈中，_____的许多协议都是基于客户/服务器模式。

【自测题参考答案】

7.1

一、单选题：1. C 2. B 3. A 4. D 5. A

二、填空题：1. 扩展性、兼容性 2. 网际层 3. 协议栈 4. IPv6 5. 面向连接、字节流 6. Windows 套接字 7. 地址解析协议（ARP） 8. 32、128 9. 不可靠 10. 一对一

7.2

一、单选题：1. D 2. A 3. B 4. C 5. B

二、填空题：1. 数据包格式 2. 无连接 3. 网络号、主机号 4. 私有网络 5. 1～176、210.70.32.255 6. 8、0 7. 地址解析协议（ARP） 8. 动态 9. 路由转发表 10. 默认网关

7.3

一、单选题：1. C 2. A 3. D 4. C 5. B

二、填空题：1. 128 2. 中转路由器 3. 1 4. 前导零 5. 两个冒号 6. 向后兼容 7. 双协议栈 8. IPv6/IPv4 9. 隧道技术 10. 检验和、偏移字段

7.4

一、单选题：1. A 2. B 3. D 4. C 5. B

二、填空题：1. 套接字 2. 服务器端、知名 3. 面向连接、可靠 4. 第一个字节、起始序号 5. 半关闭 6. 完整、按序 7. 12 8. UDP 9. 全双工通信 10. 端口号

7.5

一、单选题：1. B 2. A 3. C 4. B 5. D

二、填空题：1. 应用程序 2. 通信、协同工作 3. 客户/服务器 4. 20 5. 控制、数据 6. POST、GET 7. 请求行、空行 8. 状态码、3 9. http://www.sbs.edu.cn 10. 应用层

【重要术语】

TCP/IP 网络：TCP/IP Network	知名端口号：Well Known Port Number
TCP/IP 协议栈：Protocol Stack	Internet 草案（RFC）：Internet Request For Comments
应用层：Application Layer	无类别域间路由（CIDR）：Classless Inter-Domain Routing
传输层：Transport Layer	
网络接口层：Host to Network	地址解析协议（ARP）：Address Resolution Protocol
网际层：Internet Layer	网际控制报文协议（ICMP）：Internet Control Message Protocol
网际协议（IP）：Internet	

Protocol

IP 数据包：IP Packet

子网：Subnet

子网掩码：Subnet Mask

万维网（Web）：World Wide Web

生存时间（TTL）：Time To Live

端口号：Port

传输控制协议（TCP）：Transmission Control Protocol

用户数据报协议（UDP）：User Datagram Protocol

文件传输协议（FTP）：File Transfer Protocol

超文本传输协议（HTTP）：HyperText Transfer Protocol

简单邮件传输协议（SMTP）：Simple Mail Transfer Protocol

域名系统（DNS）：Domain Name System

简单网络管理协议（SNMP）：Simple Network Management Protocol

【练习题】

一、单选题

1. IPv6 地址的位数是（　　　　）位。

　　A. 32　　　　　　　B. 48　　　　　　　C. 128　　　　　　　D. 64

2. 以下 IP 地址中，属于 B 类地址的是（　　　　）。

　　A. 112.213.12.23　　　　　　　　　B. 210.123.23.12

　　C. 23.123.213.23　　　　　　　　　D. 156.123.32.12

3. 下列给出的协议名称中，属于 TCP/IP 协议栈应用层的协议是（　　　　）。

　　A. UDP　　　　　B. IP　　　　　　　C. TCP　　　　　　D. RIP

4. 主机 A 向主机 B 连续发送了两个 TCP 报文段，其序号是 60 和 100，请问第一个报文段携带是（　　　　）。

　　A. 60 字节　　　B. 40 字节　　　　C. 100 字节　　　D. 160 字节

5. 在 TCP/IP 应用层中，Web 服务器应用进程与传输层进行数据传递时，通过（　　　　）端口。

　　A. 80　　　　　　B. 110　　　　　　C. 21　　　　　　　D. 28

6. 如果一台主机的 IP 地址为 192.168.0.10，子网掩码为 255.255.255.224，那么主机所在网络的网络号占 IP 地址的（　　　　）位。

　　A. 24　　　　　　B. 25　　　　　　C. 27　　　　　　　D. 28

7. 在 TCP/IP 体系结构中，传输层的作用是向源与目的主机中的应用进程提供（　　　　）的数据传输服务。

　　A. 点对多点　　　B. 多端口之间　　　C. 点对点　　　　D. 端到端

8. 当一台路由器要路由一个 TTL 值为 1 的 IP 数据包时，将（　　　　）。

　　A. 丢弃　　　　　　　　　　　　　B. 转发

　　C. 将数据包返回　　　　　　　　　D. 不处理

9. 某个子网，其网络地址是 129.10.0.0/16，则该子网的直接广播地址是（　　　　）。

　　A. 129.255.255.255　　　　　　　B. 129.10.255.255

　　C. 129.10.0.0　　　　　　　　　　D. 129.10.1.1

10. 子网掩码为 255.255.0.0，下列选项中 IP 地址（　　　　）与其他 IP 地址不在同一子网中。

　　A．172.25.15.201　　　　　　　　　　　B．172.25.16.15

　　C．172.16.25.16　　　　　　　　　　　D．172.25.201.15

二、多选题（在下面的描述中有一个或多个符合题意，请用 ABCD 标示之）

1．以下（　　　）是 TCP 协议所具有的属性。

　　A．TCP 是工作在传输层

　　B．TCP 是一个无连接

　　C．TCP 是一个可靠的传输协议

　　D．TCP 是一个有确认机制的传输协议

2．在企业内部网络的 IP 地址规划中，以下（　　　）网段是可以使用的私有网段。

　　A．10.0.0.0　　　　　　　　　　　　　B．172.16.0.0-172.31.0.0

　　C．192.168.0.0　　　　　　　　　　　D．224.0.0.0-239.0.0.0

3．以下（　　　）是基于 UDP 协议的应用层的协议。

　　A．RIP　　　　　　B．TFTP　　　　　　C．FTP　　　　　　D．DNS

4．以下选项中，（　　　）是 TCP 数据段头部所具有的，而 UDP 头部所没有的。

　　A．源端口号　　　　　　　　　　　　　B．顺序号

　　C．应答号　　　　　　　　　　　　　　D．滑动窗口大小

5．在以下几种子网掩码表示中，正确表示一个 C 类地址默认子网掩码是（　　　）。

　　A．255.255.0.0　　　　　　　　　　　B．255.255.255.0

　　C．/24　　　　　　　　　　　　　　　D．/16

三、简答题

1．IP 地址有几种类型？它们是怎样分类的？请判断下列地址属于哪类 IP 地址。

（1）96.1.4.100　　（2）133.12.6.50　　（3）192.168.1.1　　（4）233.2.5.9

2．什么是子网掩码？子网掩码的作用是什么？

3．某单位分配到一块地址块 145.23.17.128/25，先需要划分成 4 个一样大的子网，试问：（1）每个子网的网络前缀有多长？（2）每个子网有多少个主机地址？（3）每个子网的网络地址是什么？（4）每个子网可分配给主机使用的最小地址和最大地址是什么？

4．与下列掩码对应的网络前缀各有多少位？

（1）224.0.0.0　　（2）240.0.0.0　　（3）225.192.0.0　　（4）255.255.255.252

5．为何在 TCP 和 UDP 的首部中，要把端口号放入最开始的 4 字节中？

6．TCP 提供的服务与 UDP 提供的服务各有什么特点？它们之间的异同点有哪些？

7．举例说明 ARP 和 ICMP 协议是怎样配合 IP 协议，完成网络层的数据包尽力而为传输？

8．主机 A 发送 IP 数据包给主机 B，中间经过了 4 个路由器，请问 IP 数据包的发送过程中，可能总共使用过多少次 ARP 协议？

9．一个数据包长度为 5 000 字节（固定首部长度），现经过一个以太网络传输，

以太网能够运载的数据最大长度是 1 500 字节，试问该数据包应当划分为几个短的数据包？各个短的数据包中的数据分片长度、片偏移字段 MF 标志应是什么值？

10. 一个 UDP 数据包的首部 8 个字节表示为 "04 3F 02 08 00 57 F2 13"，对照 UDP 头部格式，试求源端口、目的端口、用户数据报的总长度、数据部分长度。决定这个数据报是客户发给服务器的还是服务器发给客户的，使用 UDP 协议的高层的服务程序名称是什么？

<<<<<<<<<<<<<<<<<<<<<<<<<<<<<<<<<<<<<<<<<<<<<<<<<<<<<<<<<<<<<<<<<<

【扩展读物】

[1] 中国协议分析网, http://www.cnpaf.net/class/tcpandip.

[2] 中文 RFC 文档，http://www.cnpaf.net/class/rfc/.

[3] TCP/IP 详解 卷 1：协议（在线阅读），http://www.52im.net/topic-tcpipvol1.html.

📖 **学习过程自评表**（请在对应的空格上打"√"或选择答案）

知识点学习-自我评定

项目 / 评价 / 学习内容	预 习			概 念			定 义			技 术 方 法		
	难以阅读	能够阅读	基本读懂	不能理解	基本理解	完全理解	无法理解	有点理解	完全理解	有点了解	完全理解	基本掌握
TCP/IP 概述												
网络层地址和协议概述												
传输层的协议概述												
应用层的协议概述												
疑难知识点和个人收获（没有，一般，有）												

完成作业-自我评定

项目 / 评价 / 学习内容	完 成 过 程			难 易 程 度			完 成 时 间			有助知识理解		
	独立完成	较少帮助	需要帮助	轻松完成	有点困难	难以完成	较少时间	规定时间	较多时间	促进理解	有点帮助	没有关系
同步测试												
本章练习												
能力提升程度（没有，一般，有）												

Internet 技术与应用 <<<

第 8 章

【本章导读】

在上一章的基础上，本章进一步探讨 Internet 的概念、应用和服务，包括 Internet 的定义、发展和管理模式，以域名服务、Web 服务和电子邮件服务为例，解释了 Internet 基本服务的特点和工作过程，并探讨 Internet 服务发展趋势。介绍了 Internet 的几种常用接入方法，叙述了 ADSL、电缆调制解调器和光纤接入的特点和简单工作过程，介绍了基于 Internet 技术的企业 Intranet 和 Extranet 的架构方式，最后介绍了一组 TCP/IP 操作命令，在解决网络问题中的应用方法。

【学习目标】

- 了解：Internet 的概念、管理模式和基本服务。
- 熟悉：Internet 基本服务的特点和工作过程、Internet 服务的发展趋势。
- 了解：ISP 的概念，常用的 Internet 接入。
- 掌握：TCP/IP 常用命令的使用，以及应用方法和方式。

【内容架构】

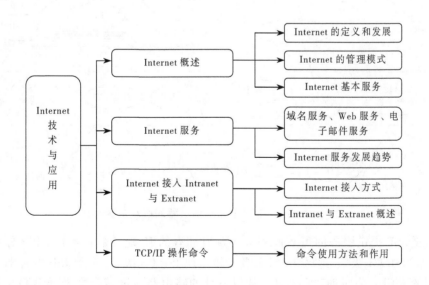

8.1 Internet 概述

8.1.1 Internet 的概念

Internet（因特网）是世界上最大的计算机网络，基于 TCP/IP 协议来进行通信。现在，因特网已成为覆盖全球的信息服务基础设施之一。通过因特网，人们可以实现全球范围的电子邮件收发、信息查询与浏览、文件传输、新闻阅读、语音和图像通信服务等功能。

Internet 概述视频

因特网的用户已经遍及全球，使用人数超过几十亿，任何人、任何团体都可以加入到因特网，成为其成员。每个用户可以自主决定其所提供的信息服务，也可自主访问他想获得的信息，这种对用户和服务提供者平等开放的原则，促成了因特网的快速普及和发展。

随着因特网规模的飞速增长，因特网的基础结构也跟着发生变化。尤其随着"三网融合"（电信网、广播电视网和计算机通信网）时代的到来，以及计算机网络向物理世界和日常生活用品的延伸，因特网的体系结构变得日益复杂多样，形成多层次 ISP 结构的因特网。图 8-1 所示为具有三层 ISP 结构的因特网的概念示意图，但此示意图并不表示各 ISP 的地理位置关系，也不代表物理网络的具体连接。

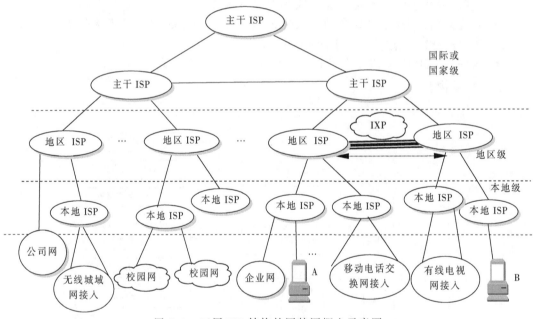

图 8-1　三层 ISP 结构的因特网概念示意图

根据 ISP 提供服务的覆盖面积大小及所拥有的 IP 地址数目不同，ISP 分为 3 个层级：主干 ISP（1 级）、地区 ISP（2 级）和本地 ISP（3 级）。主干 ISP 由若干国际或国家级别的专门的公司创建和维护，数以万计的路由器通过高带宽光纤链路互相连接在一起，形成高速主干网，这些 ISP 将它们的主干网连接到因特网交换点（IXP，IXP

网络不属于 ISP 网络，一般由第三方建立并运营），互连成因特网的基础和核心骨干网络。其他的 ISP 必须与骨干网相连接后，才能够到达整个因特网。

地区 ISP 是一些较小的 ISP，通过路由器连接一个或多个主干 ISP，形成因特网的第二层网络。为了提高传输效率，地区 ISP 也通过 IPX 相互连接，形成地区核心或商业网络，提高传输效率、降低转发成本、平衡主干的流量分布。例如，图 8-1 中的主机 A 和主机 B 的数据交换，无须通过上一层 ISP 的转发。本地 ISP 可以连接到地区 ISP，也可以连接到主干 ISP。本地 ISP 可以是一个向公众提供因特网服务的公司，或者一个拥有自己网络并向内部员工提供服务的企业、大学和园区网络。大多数的端用户会选择某种因特网接入方式，例如，局域网、移动电话交换网、有线电视网和无线城域网等，连接到在本地 ISP，从而到达整个因特网。

8.1.2　Internet 的发展历程

美国国防部的高级研究计划署（ARPA）于 1968 年提出阿帕网络（ARPANet）的研制计划。1969 年，4 个结点实验性质的阿帕网络诞生，它被认为是因特网的起源。

1983 年，ARPA 和美国国防部通信局研制成功了用于异构网络的 TCP/IP 协议，美国加利福尼亚伯克莱分校把该协议作为其 BSD UNIX 的一部分，运行于 300 多台主机的通信中。

1984 年，阿帕网分解为两个网络：一个网络沿用 ARPANet 的称谓，作为民用科研网。另一个网络就是 MILNet，作为军用计算机网络。

1985 年，美国国家科学基金会（NSF）提出了建立 NSFNet 网络的计划，主要任务是围绕着其 5 个大型计算机中心建设计算机网络。作为实施该计划的第一步，NFS 使用 TCP/IP 通信协议，首先将全美的五大超级计算机中心利用通信干线连接起来，组建了全美范围的科学技术网，成为美国因特网的第二个主干网，传输速率为 56 kbit/s。

1986 年，NSF 建立起美国国家科学基金网 NSFNet，它是一个三级计算机网络，分为主干网、地区网和校园网，覆盖了美国主要的大学和研究所。NSFNet 后来接管了 ARPANet，并将网络改名为 Internet。1987 年，NSF 采用招标方式，由 3 家公司（IBM、MCI 和 MERIT）合作建立了作为美国因特网的主干网，由全美 13 个主干结点构成。

到 1991 年，由于多种学术团体、企业研究机构，甚至个人用户的加入，因特网的使用者不再限于计算机专业人员，因特网的容量也满足不了各界的需要，于是美国政府决定将因特网主干网络转交给私人公司来经营，并开始对接入因特网的单位收取费用。

1993 年，因特网主干网的传输速率提高到了 45 Mbit/s。1996 年，传输速率为 155 Mbit/s 的因特网的主干网建成。目前，因特网的主干线路的传输速率已达到 xGbit/s，部分传输速率已经达到了 100 Gbit/s。

截至 2018 年，由互联网联盟统计，因特网已经联系着超过 160 多个国家和地区，拥有 10 多亿台主机。据国际通信联盟 2016 年统计，直接的用户已占世界总人口的 48%，利用移动设备来访问因特网社交网络的人数超过 2.8 亿人。因特网成为世界上信息资源最丰富、应用最广泛的计算机公共网络。

因特网在中国的发展可分为两个阶段：理论研究、试用阶段与正式接入因特网阶段。1987—1993 年期间，国内的一些大专院校和科研部门开展了与因特网联网的课题研究工作，首先实现了和因特网电子邮件系统的转发，并为国内一些重点高校提供国际电子邮件收发服务。期间清华大学、北京大学和中科院联合实施了 3 个单位之间建立高速互联网的项目，并建立一个超级计算中心。这期间的理论研究及试用阶段为开启第二阶段奠定了技术和人才的基础。

1994 年，首个国内高速互联网通过美国的 Sprint（1 级 ISP）的 64 kbit/s 国际专线接入因特网，开启了正式全功能接入因特网的时代。随后中国教育科研网（CERNET）开始建设，CERBET 建成包括国内主干、地区网和校园网在内的三层结构的网络，网络中心设在清华大学，在国内其他 8 个地区设立地区网络中心。此后，陆续建立了其他几个国内主干网：中国公用计算机互联网（CHINANET）、中国科学技术网（CSTNET）、中国金桥信息网（CHINAGBN）、中国联通网（UNINET）、中国移动互联网（CM Net）等。

8.1.3　Internet 的组织与管理

从整体上看，因特网并无严格意义上的统一管理机构，是在分布在不同国家中的机构、组织、团体和部门的管理下运行的，构成了一个松散的集合体，对维护和发展因特网的互联互通、正常运行起着重要的作用。另外，存在一些非政府、非营利的行业性国际组织，对于推动全球网络新技术的发展、新标准的制定、管理和协调等方面，起了重要的作用。

例如，因特网协会（IOSC）是一个领导因特网的科技和经济发展并指导因特网政策制定的民间组织，它兼顾各个行业的不同兴趣和要求，注重因特网上出现的新功能与新问题，发展因特网的技术架构。体系结构研究委员会（IAB）是制定因特网的技术标准、制定并发布因特网工作文件和发展规划，并进行因特网技术的国际协调工作。该委员会下属的因特网工程部（IETF）负责因特网的技术管理工作，而因特网研究部（IRTF）负责因特网的技术发展工作。互联网号码分配机构（IANA）负责分配因特网中重要的号码资源，对大量互联网协议中使用的重要资源号码进行分配和协调。

中国互联网络信息中心（CNNIC）是国家网络基础资源的运行管理和服务机构，作为中国信息社会重要的基础设施建设者、运行者和管理者，主要职责是：负责国家网络基础资源的运行管理和服务，承担国家网络基础资源的技术研发并保障安全，开展互联网发展研究并提供咨询，促进与全球互联网开放合作和技术交流。

8.1.4　Internet 的发展趋势

近几十年来，因特网一直在按照指数规律增长。随着高速计算和高速网络技术的出现，因特网的功用从最初的资源共享为主转移到以通用的通信为主，传送的数据类型也从文本转变为多媒体文档。随着更高带宽和传输技术的改进，因特网上将会实现传输高分辨率视频和高保真音乐，从而给人们带来更好的生活享受。

随着新的网络技术和因特网应用的不断涌现，"三网融合"采用因特网作为底层通信技术后，促进传统的通信系统从模拟向数字转变。例如，电话系统转向 IP 电话，有线电视转化为 IP 电视，移动电话转向 4G、5G 的数字蜂窝服务，因特网接入转向无线接入，数据访问从集中转向分布式服务等。目前，因特网的底层技术并未发生实质性的变化，但各种新的应用却层出不穷，例如，传感网络、电子地图和导航系统的出现，不仅使环境监测、安全和旅行变得更加便利，也为用户提供了更良好的网络应用体验。特别是社交网络应用（如微信）的兴起，人们只要通过因特网即可彼此相知相识，这将为人们创建一些全新的社会交流方式，促进形成新的社会群体和组织。

因特网的发展给现代社会带来另一个巨大的改变是云计算。作为本地计算机上存储和运行程序的替代，基于因特网的云计算模型，使得个人或企业用户可在一个数据中心存储数据和运行程序，用户付费购买需要的计算和存储。而云提供商提供弹性的计算和存储服务。

自 测 题

一、单选题

1. 术语"三网融合"，是指不包括（　　　）网络。
  A. 电信网   B. 广播电视网
  C. 计算机通信网   D. 以太网

2. 中国教育科研网（CERNET）包括国内主干、地区网和校园网在内的三层结构的网络，网络中心设在（　　　）。
  A. 清华大学   B. 上海交通大学
  C. 北京大学   D. 复旦大学

3. 中国互联网络信息中心的其主要职责不包括（　　　）。
  A. 负责国家网络基础资源的运行管理和服务
  B. 承担国家网络基础资源的技术研发并保障安全
  C. 向亚太地区的因特网用户提供域名注册、IP 地址分配等任务
  D. 开展互联网发展研究并提供咨询

4. 以下网络中，不属于国内主干网络的是（　　　）。
  A. 中国公用计算机互联网（CHINANET）
  B. 中国长城宽带（CGWBN）
  C. 中国联通网（UNINET）
  D. 中国教育科研网（CERNET）

5. 因特网的（　　　）并未发生实质性的变化，但各种新的应用却层出不穷。
  A. 体系结构   B. 数据传输类型
  C. 底层技术   D. 资源共享

二、填空题

1. ＿＿＿＿＿＿也叫因特网，是世界上最大的计算机网络，基于 TCP/IP 协议来进行通信。

2. ＿＿＿＿＿＿的因特网概念示意图既不表示各 ISP 的地理位置关系，也不代表物理网络的具体连接。

3. ISP 分为三个层级：_____ISP、地区 ISP 和本地 ISP。

4. _____ISP 可以连接到地区 ISP，也可以连接到主干 ISP。

5. 因特网在中国的发展可分为两个阶段：理论研究、试用阶段与_____因特网阶段。

6. _____（IANA）负责分配因特网中重要的号码资源。

7. "三网融合"采用_____作为底层通信技术。

8. 特别是_____应用的兴起，人们只要通过因特网即可彼此相知相识，这将为人们创建一些全新的社会交流方式，促进形成新的社会群体和组织。

9. 因特网的发展给现代社会带来另一个巨大的改变是_____，使得个人或企业用户可在一个_____存储数据和运行程序。

10. 因特网的主要功能从最初的资源共享转移到以_____为主，传送的数据类型也从文本转变为_____。

8.2 Internet 服务

因特网上的服务可分为两大类：标准化服务和专用的服务。标准化服务是指应用程序之间的交互过程要遵循标准的协议的规范，而专用服务中的应用程序之间的交互过程可由程序设计开发人员自定义。本节仅讨论标准化服务。

DNS 域名服务、Web 服务视频

对于简单的服务，比如因特网的时间日期（DAYTIME）服务，单个应用协议就足够了。对于复杂的服务，则需要用到多个独立的协议标准才能分别说明清楚各方面的内容，例如，万维网（WWW）是因特网上使用最广泛的服务之一，由于 Web 服务的复杂性，已经开发了许多协议标准来规范 Web 的各个方面和具体细节，例如，超文本置标语言（HTML）用来规范网页内容和版面格式布局，统一资源定位符（URL）用于规范网页识别符格式和含义，超文本传输协议（HTTP）用于规范浏览器与 Web 服务器交互的数据的格式和步骤。

因特网的传统服务是基于客户服务器模式，即服务器应用程序先启动，等待客户机应用程序的连接请求，然后服务器提供服务，如域名服务、Web 服务、电子邮件服务服务等。

8.2.1 域名服务

因特网上的通信必须使用 32 位二进制的 IP 地址。对于人类记忆来说，记忆有意义的主机名字比记忆 IP 地址要容易得多，所以因特网上需要一个自动转换的系统，方便人类使用名字记忆，因特网上提供的这种服务称为域名服务（DNS）。有了域名服务，用户只需在浏览器的地址栏中输入 www.baidu.com，无须记住 115.239.211.112，就可以访问百度网站。

域名服务被设计成为一个联机分布式数据库系统。域名（名字）到 IP 地址的解析是由分布在因特网上的域名服务器程序共同完成的，域名服务器程序（简称域名服务器）在特定主机上运行，人们也常把运行域名服务器程序的主机称为域名服务器。

1. 域名的概念

每个域名由句号分隔的一串字符或数字段组成，例如，上海商学院 SPOC 学习平台的域名是 spoc.sbs.edu.cn，而百度公司的域名是 www.baidu.com。

上面两个域名中最左边的段表示一个具体主机的名字，为 spoc 和 www。其他段用来识别拥有该主机域名的组织，例如 sbs 给出大学名，baidu 给出公司名，edu 表示教育机构，cn 表示中国，com 表示商业组织。DNS 未规定域名中段的数目，通常划分为 4～5 段，也不区分大小写，常见格式为：

主机名. 机构名. 二级域名. 顶级域名

组织内部主机名的指定，常和主机提供的服务的性质相关联。例如，一台运行 Web 服务的主机域名指定为 www.sbs.edu.cn，一台运行 FTP 服务的主机域名指定为 ftp.sjtu.edu.cn。这样的指定方式，主要是为易于记忆，但没有一定要这样指定的规则。任何主机都可以运行 Web 服务，其主机的域名可以不含 www。

域名是分等级的，DNS 系统只规定域名中最重要的段（称为顶级域，TLD）的含义，位于域名的最右边，由因特网名字和号码分配机构（ICANN）所管控。目前，顶级域名可分为两大类：一类是通用顶级域名（gTLD），因特网用户均可注册这类域名；另一类是按照国家/地区代码来划分的顶级域名（ccTLD），与国家/地区或者地理位置相对应。例如，中国用.cn 表示、美国用.us 表示、欧盟用.eu 表示。表 8-1 所示为常见的顶级域名示例和含义。

表 8-1　常见顶级域名（域名不区分大小写）

域　　名	归　属　于
.com	商业组织
.edu	教育机构
.gov	政府组织
.mil	军事组织
.net	主要网络支持中心
.org	上述以外的组织
.arpa	高级研究规划局网络
.int	国际性组织

互联网地址和域名分配机构（ICANN）负责全球互联网域名系统、根服务器系统、IP 地址资源及协议参数的协调、管理与分配，并协调与因特网有关的技术和政策性事务，提供 whois 来实现对域名信息的查询。随着 IPv6 地址的采用，保障全球网络互通性将继续成为 ICANN 的首要使命。经 ICANN 认证的我国域名注册公司有：

（1）北京新网互联科技有限公司（www.dns.com.cn）。

（2）中网科技（https://www.chinanet.cc/domain/）。

（3）商务中国（www.bizcn.com）。

（4）北京万网志成科技有限公司（www.net.cn）。

（5）时代互联科技有限公司（www.todaynic.com）。

（6）北京新网数码信息技术有限公司（www.xinnet.com）。

2．因特网的域名结构和域名服务器的构成

因特网上的域名是采用层次树状结构命名法，采用这样的命名法，任何一个连接到因特网的主机或路由器，都有一个唯一的层次结构名字，即域名。在因特网的域名结构树中，树根没有对应的名字，根下面一级是顶级域名，顶级域名可以往下划分二级域名，再往下划分三级域名、四级域名，等等。域名结构树的树叶就是主机的名字，它不能再继续往下划分子域。

在图 8-2 所示的域名树示意图中，在顶级域名 edu 下注册的单位都获得一个二级域名，如图中给出的 sbs（上海商学院）。一旦某个单位有了一个域名，它就可以自主决定如何划分其下属的子域。例如，图中的 sbs 域中划分了两个子域 computer（计算机学院）、management（管理学院）。计算机学院有三台主机，主机名为 www、ftp 和 email，它们的域名是 www.computer.sbs.edu.cn、ftp.computer.sbs.edu.cn、emai.computer.sbs.edu.cn。

这里需要注意，因特网的域名空间结构是按照机构的组织形式来划分的，与物理的网络无关，与 IP 地址中的"子网"无关。

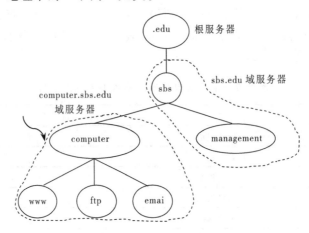

图 8-2　一个 DNS 层次结构和区域划分示意图

建立了域名层次结构体系，具体实现域名系统要使用分布在各地的域名服务器。在理论上，可以让每一级的域名都有一个相对应的域名服务器，这会造成域名服务器数量过于庞大，反而降低域名解析效率。为此，DNS 提出了将域名结构树划分成一些不重叠的区域，每个区域包含域名树的一部分，每个区设置相应的权威域名服务器。区可能小于或等于所在的域，但不能大于所在的域，域所属的组织可以自主决定内部区域的划分。

在图 8-2 中，上海商学院可以把所有的子域划分成一个区，命名为 sbs.edu。也可以划分成两个区，计算机学院为一个区，名为 computer.sbs.edu，其余属于另一个区，名为 sbs.edu，如图中虚线所示。若划分两个区，则配置两个域名服务器 sbs.edu 和

computer.sbs.edu。sbs.edu 域名服务器处理 manegement.sbs.edu 子域中主机的域名解析，不处理 computer.sbs.edu 子域中主机的域名解析，其域名解析由 computer.sbs.edu 域名服务器完成。

划分区域后，因特网上的 DNS 域名服务器也是按照层次结构分布的，每个域名服务器只管辖对应的区。根据域名服务器所起的作用，可以把域名服务器分为 3 种类型：根域名服务器、顶级域名服务器和权威域名服务器。根域名服务器是 DNS 中最高层次的域名服务器，在因特网上共有 13 个不同 IP 地址的根域名服务器。顶级域名服务器负责管理在该顶级域名服务器注册的所有二级域名。权威域名服务器就是负责一个区的域名服务器，例如，在图 8-2 中，区 sbs.edu 和区 computer.sbs.edu 各设有一个权威域名服务器，用来保存对应区中所有主机的域名到 IP 地址的映射。

与图 8-2 对应的 DNS 域名服务器树状结构示意图（见图 8-3），每个域名服务器都能进行部分域名到 IP 地址的解析。当某个 DNS 服务器不能进行域名到 IP 地址的映射时，它就设法找因特网上别的域名服务器，直至找到对应的权威服务器，完成解析。

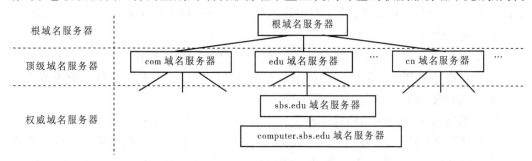

图 8-3　DNS 域名服务器的树状结构示意图

3. 域名解析

将域名解析成相应 IP 地址的过程称为域名解析，完成这项解析工作的软件称为域名解析器。当用户需要查询一个域名时，会调用本机的域名解析器，域名解析器作为客户，发出 DNS 查询请求报文给本地域名服务器（本地域名服务器是在 TCP/IP 参数配置时设置的，可以配置一个或多个），接着，等待服务器发回一个含有答案的 DNS 应答报文。参考图 8-2 和图 8-3 所示的层次结构，这里列举一个域名解析的例子。假设计算机学院的一台主机发出对域名 sell.managemet.sbs.edu 的解析请求报文，按照配置，将 DNS 请求报文发送给本地域名服务器 computer.sbs.edu，虽然它无法答复请求，但它会联系上一级 sbs.edu 域名服务器，而 sbs.edu 域名服务器是 managemet.sbs.edu 子域的权威域名服务器，故最终一定能够获得答案。

如果查询的域不在该服务器的管辖下，也没有相关域的缓存信息，那么本地域名服务器就向上一级服务器发出一个包含域名的请求。如果发现仍不属于管辖范围内，就由上级服务器向再上一级服务器发出一个包含域名的请求，这样反复向上寻找符合的域名，直到根服务器（顶层服务器）为止。域名服务器在查询域名时，可采用两种查询方式：递归查询和迭代查询。

主机向本地域名服务器查询一般采用递归查询，即查询返回的结果要么是所要查询的 IP 地址，要么报错，表示无法查询到所需要的 IP 地址。本地域名服务器向根域名服务器（或每个后续的域名服务器）的查询通常采用迭代查询，其特点是：返回的结果是让本地域名服务器继续查询的某个顶级(或其他)域名服务器地址，本地域名服务器将发出继续查询的报文，寻找一个权威域名服务器，获得准确的 IP 地址信息。

8.2.2　Web 服务

Web 服务（又称 WWW 服务、3W 服务）是以 Web 协议为基础，通过丰富多彩的图形界面和超链接将各种信息联系起来，让人们便捷地访问到巨大的人类信息财富，开展各种新型的应用，如电子商务网站购物、检索图书馆目录和阅读、地图搜索、云计算等。Web 服务是因特网上使用最广泛的服务之一。

传统的 Web 服务采用分布式客户机/服务器模式。Web 服务器端的配置较为复杂，包括服务器软件的安装和配置、Web 文档的编辑和维护、Web 服务器访问的记录和监视等。常用的 Web 服务器有微软操作系统自带的 IIS 服务器、Linux 操作系统的 Tomcat、Aache。客户机软件为 Web 浏览器，例如 Internet Explorer、Firefox、chrome、opera 和 Safari。

1．Web 协议

Web 协议是指多个协议标准的集合，包括 HTML、URL 和 HTTP 等 3 个关键标准协议，Web 服务器和客户机之间使用 HTTP 进行交互通信，网页以 HTML 为规范来编写。Web 用户使用 URL 来寻找网页文件。

URL 的标准格式为：<协议>://<主机名>:<端口号>/<目录>/<文件名>。这里的协议可以是 HTTP、FTP、Telnet、Mailto 等；主机名就是要访问的服务器域名或服务器的 IP 地址；默认端口号为 80。例如，http://www.sbs.edu.cn/ index.html，协议是 http，主机域名是 www.sbs.edu.cn，端口号是 80，因为是知名端口号，故可以省略。目录是根目录，文件名是 index.html。

随着 Web 上新应用的不断涌现，新的协议不断被设计出来。例如，安全的 HTTP（HTTPS）负责 Web 服务器和 Web 浏览器之间的安全通信，用于处理信用卡交易和其他的敏感数据传输。统一资源标识符（URI）是一个用于标识某一互联网资源名称的标准，　可以方便地对 Web 上可用的每种资源（如 HTML 文档、图像、视频片段、程序等）进行定位，弥补 URL 的缺点。

2．Web 页面

使用 Web 的目的是将 Web 页面（又称网页）从服务器传输到客户端。客户端浏览器访问一个 Web 网站，浏览器获得的第一个网页为主页。网页文件的扩展名一般为.html 或者.htm。每个网页的组成分为两个主要部分：头部和正文。头部包含网页的描述信息，而正文则包含了网页的大部分信息。例如，一个 HTML 文档以标签<HTML>开始，以标签</HTML>结束；一对标签<HEAD>…</HEAD>之间是文档的头部。标签<BODY>…</BODY>之间是网页的正文部分。在头部中，标签<TITLE>…</ TITLE>之间是文档标题内容。

网页可分为静态网页和动态网页，静态网页是一个存储于 Web 服务器中的文档，每次被客户端获取并显示时，显示出来都是一样的。动态网页不是以一个预先定义的格式存在的，而是在浏览器访问 Web 服务器时才创建，动态的内容可以由服务器上或浏览器内运行的程序产生。例如，一个图书馆目录的页面应该能反映出客户访问时哪些书籍当前可借和哪些书籍已经借出；一个显示股市行情的网页可以连续自动显示股市信息。

静态网页大多数以 HTML 编写，后来引入层叠样式表（CSS）文件来编制显示的样式模板，以减少网页代码，使结构清晰且增加易用性。生成动态网页的后端服务器的程序通常是用脚本语言来编写，如 Python、Ruby 和 Perl 等。在 HTML 页面嵌入少量的脚本，然后让服务器或浏览器执行生成页面，这类脚本语言包括 PHP、JSP、ASP 等。

3. Web 搜索和移动 Web 概述

Web 搜索也称为搜索引擎，是一个最成功的 Web 应用程序，成为现代人们日常生活中不可缺少的一项工具。据统计，每天有超过几十亿个网页被搜索，人们常把搜索引擎作为寻找其他信息的起点。例如，要找出在上海哪里卖五香豆和小笼包，就可以先通过搜索引擎，找出一些有需要信息的网页，快速引导用户找出答案。

搜索引擎为用户提供一个信息"检索"服务的网站，如 www.google.cn（谷歌）、www.baidu.com（百度）均是著名的搜索引擎网站。Web 搜索引擎使用 Web 爬虫程序，获取网页文件，再对这些页面进行有效的存储，制作索引，以帮助人们在茫茫的网海中搜寻到所需要的信息。如果将因特网看作是一个包罗万象的巨大数据库，而搜索引擎就像是一个能帮助人们找到所需信息的数据库管理员。常用的搜索引擎有 Google、Baidu、Yahoo 和新浪等。

随着因特网移动用户的飞速增长，移动 Web 技术正在快速发展和应用中。由于移动设备、移动生态系统和移动用户具有独特的特性，简单地把传统的桌面 Web 内容作为移动 Web 的内容是不切实际的。如何构建适应性强、响应迅速并且符合标准的移动 Web 站点，并确保可以在任意移动浏览器上运行，在桌面 Web 的实践基础上，移动 Web 领域已提出了更适合移动传输的协议标准、软件和内容开发标准。例如，各种标记语言 WML、CHTML、XHTML Basic、XHTML-MP、XHTML、HTML，移动 Web 站点的架构模式等，移动 Web 将会发展成一个新的因特网的应用热点。

8.2.3 电子邮件服务

虽然即时通信服务已非常流行，但电子邮件（E-mail）服务依然是当下使用广泛的服务之一。电子邮件服务有着如下优点：易于保存、低廉的价格、快速的投递（几秒之内就可以发送到世界上任何目的地）和多样的形式（可以是文字、图像、声音等各种方式）。

电子邮件服务、Intermet
服务的发展视频

1. 电子邮箱、邮件服务器

用户在发送和接收电子邮件之前，应该首先拥有一个属于自己的电子邮箱。电子邮箱是由提供电子邮件服务的机构为每个注册的用户提供的（包括用户名和密码），相当于在邮局里租了一个信箱。任何人都可以通过因特网向该电子邮箱中发送邮件，但只有电子邮箱的拥有者输入正确的用户名和密码后，才能打开邮箱查看电子邮件的内容或对邮件进行处理。

每个电子邮箱都有一个邮箱地址，称为电子邮件地址。在因特网上每个用户的电子邮件地址都是不同的。电子邮件的格式是：用户名@邮件服务器的域名。例如，在电子邮件地址 xiaowang@163.com 中，163.com 就是邮件服务器的域名，符号"@"读作"at"，xiaowang 是用户注册电子邮箱时的用户名，即收件人的邮箱名。

电子邮件服务机构运行邮件服务器，为每个注册用户提供邮箱，保障邮件服务器 24 小时不间断工作。邮件服务器的功能是发送和接收邮件，同时向发件人报告邮件传送的结果（已交付、被拒绝和丢失等）。邮件服务器按照客户/服务器方式工作，采用异步通信、存储转发的服务方式，使用两种不同的协议：一种是用户代理向邮件服务器发送邮件或在邮件服务器之间发送邮件的协议，如 SMTP；另一种是用于用户代理从邮件服务器读取邮件，如邮局协议 POP3、IMAP。

2．简单邮件传输协议

简单邮件传输协议（SMTP）是邮件传送程序所用的标准协议，用于发件人通过因特网向邮件服务器传送 E-mail 报文和邮件服务器之间传送 E-mail 报文，属于 TCP/IP 协议栈的应用层，默认端口号为 25。基于 SMTP 协议的发送方和接收方的邮件通信主要分为 3 个阶段：首先是建立连接，进入邮件传送，最后是连接释放。SMTP 协议的主要特点是仅限于文本内容的传送，明文传输过程中，没有任何加密机制可用来防止窥探隐私，也没有支持认证的功能，容易被垃圾邮件利用。

虽然 SMTP 是迄今使用最广泛的电子邮件协议，但它只能够传输 ASCII 文本形式的邮件，存在局限性，所以又制定了多用途互联网邮件扩展标准（MIME）。MIME 是对 SMTP 的扩充，使其允许在报文中传输非文本数据，规定了如何将二进制文件编码成为一系列可打印的字符，包含在原来的 E-mail 报文中，再由接收方解码。使用 MIME 时，用户可以发送纯文本的报文，再发送电子表格、图像、动画、音频和视频剪辑等，弥补了原来信息格式的不足。MIME 已经结合到 HTTP 协议的内容中。

3．邮件访问协议 POP3、IMAP

目前已经开发了多种提供电子邮件访问协议，访问协议不同于邮件传输协议，仅涉及单个用户和单个邮箱之间的交互。邮局协议版本 3（POP3）是一个非常简单的协议，默认端口号为 110。它是因特网电子邮件的第一个离线协议标准，允许用户从电子邮件服务器上把邮件下载到本地计算机上，同时可以删除保存在邮件服务器上的邮件。当用户主机和邮件服务器之间采用低速连接时，下载后才能阅读的方式会带来很多不便或增加传输费用。

于是，提出了交互式邮件访问协议版本 4（IMAP4）。IMAP 像 POP3 那样提供了方便的邮件下载服务，除了让用户能进行离线阅读外，还提供了在线浏览摘要信息等功能，可以在线阅读完所有邮件的到达时间、主题、发件人、大小等信息，然后做出是否下载邮件的决定。IMAP 的默认端口号为 143。

4．电子邮件格式

一份标准的电子邮件由如下部分组成：

（1）To：收信人电子邮件地址（必须填写）。如果收信人有多人，则不同收信邮件地址之间需要用英文分号或者逗号进行分隔。

（2）From：发信人电子邮件地址（一般由邮件服务器自动填写）。

（3）Subject：信件主题（必需填写）。

（4）CC：信件副本的收信人地址，也被称为抄送——Carbon Copy（可选）。

（5）BCC：信件副本暗的收信人地址，也被称为暗送——Blind Carbon Copy（可选）。

（6）Attachment：随同信件一起发送的文件，称为附件（可选）。

（7）邮件的正文。

5．邮件访问

用户使用邮件服务，有两种邮件访问途径可选：使用专用的用户代理软件，或者使用 Web 浏览器访问网页。

用户代理是一个程序，它安装在用户主机或移动设备端，它有各种各样的命令，如接收、发送、回复等。目前流行的用户代理有许多，其中包括谷歌的 Gmail、微软的 Outlook 和苹果的 Apple Mail，以及各种移动设备上的专用软件。这些用户代理在外形和功能上相差不大，大多数代理软件使用窗体式的图形化界面，使用鼠标操作，在移动设备上是触摸界面。

6．基于 Web 的电子邮件

使用 Web 浏览器的方法是一种简捷的途径，用户只要启动 Web 浏览器并输入 ISP 的邮件服务器域名，例如 mail.163.com，即进入网易免费邮的登录页面。输入注册用户名和密码，打开 ISP 提供的可访问和操作用户邮箱属性的客户端网页，方便地提取邮件并阅读，编辑和发送邮件，管理邮件和用户邮箱等操作。

使用 Web 浏览器的电子邮件系统的主要优点是：可以在任意一台连接因特网的主机上接收、阅读和发送邮件，不需要其他特殊设备或代理软件，给用户带来极大的便利性。

8.2.4　Internet 服务的发展

因特网服务的发展离不开创新这个主题，融合再创新是因特网服务发展的持续推动力。因特网服务未来的发展轨迹将体现出更多业务人性化、操作技术简捷化、服务平台融合化和网站服务多样化的趋势。

1．社交网络服务

社交网络是 21 世纪初产生的基于 Web 技术的同类人群之间的社区交互模式，允许任何用户创建内容，可以上传文字、图像、音频和视频等类型的数据，涌现了腾讯 QQ 和微信、新浪微博等网站，并随着移动互联网络的发展，这种应用在移动设备上快速普及和发展，吸引了大量年轻的用户。许多年轻人通过这种在线服务相互认识、了解社会和人际互动，很大程度上改变了社会生态。

2．网络电话服务

网络电话（VoIP），也称为 IP 电话，是基于 TCP/IP 网络技术开通的电话业务。利用因特网作为语音传输的媒介，可提供统一的消息业务，便捷地传送语音、传真、视频和数据等整合业务，例如，虚拟电话、虚拟语音、呼叫管理和电话视频会议。网络电话的通信费用低廉，常用的网络电话软件包括 WebEx、Skype 等。

3．数字视频服务

数字视频和以前意义上的传统电视相比，具有传播范围更广（几乎不受地理位置的限制）、传输速度更快、价格更低廉的特点。因特网上视频会议有的采用点对点方式，有的则提供了一对多的传输方式，即多个站点可以同时看到一个站点输出的视频。常见的这类软件有 Active Meeting 和 Net Meeting 等。

4．三重播放

三重播放业务是一种融合了话音、数据和视频业务的捆绑业务模式。三重播放业务不仅能够满足用户对数据业务的需求，同时也能满足用户对高端业务的需求。三重播放业务中最关键的是以 IPTV 业务为代表的视频业务。运营商提供包含视频在内的业务捆绑，使用户能够享受到业务捆绑所带来的资费优惠。

5．数字家庭

数字家庭也称为智能家居，主要由 3 部分组成：家庭网关、各种信息终端设备、智能家电设备和家庭智能联网环境。数字家庭网络系统指的是融合家庭控制网络和多媒体信息网络引起的家庭信息化平台，是在家庭实现信息设备、娱乐设备、家用电器、自动化设备以及数据和多媒体数据共享的信息系统。

6．云计算

云计算的兴起，较大程度上改变了现有大型公司或企事业单位 IT 业务的模式，公司或单位可以将 IT 运行外包给云服务提供商。由云服务提供商来运行、维护企事业单位的数据中心，包括计算和存储服务、软件的升级服务和安全可靠的备份服务。云服务所具有的弹性优势，利于公司或企事业单位按需要购买对应的服务，大大降低了 IT 业务的运营成本。著名的云服务商有亚马逊云、阿里云和腾讯云等。

自 测 题

一、单选题

1．经互联网地址和域名分配机构（ICANN）认证的我国域名注册公司不包括（　　）。

    A．中国百度公司   B．商务中国

    C．中网科技   D．北京万网志成科技有限公司。

2．按照域名层次结构的定义，判断以下哪个域名是不符合规定的（　　）。

    A．C.computer. spoc. sbs. edu. cn   B．sbs. edu. cn. edu

    C．edu. cn   D．sbs. edu. cn

3．生成动态网页后端服务器的程序通常是用脚本语言来编写，不包括（　　）。

    A．Python   B．Ruby   C．Perl   D．C

4．对用户来说，使用邮件访问协议 POP3 和 IMAP 之间的主要区别是（　　）。

    A．提供阅读邮件的方式不同   B．端口号不同，分别是 110 和 143

    C．访问邮件的途径不同   D．邮箱的登录方法不一样

5. 将域名解析成相应 IP 地址的过程称为域名解析，完成这项解析工作的软件称
为（　　　）。

    A. Web 爬虫程序　　　　　　　　　　B. 搜索引擎

    C. 域名解析器　　　　　　　　　　　D. 本地域名服务器

二、填空题

1. 因特网的传统服务是基于_____模式，即服务器应用程序先启动，等待客
户机应用程序的连接请求，然后服务器提供服务。

2. 因特网上提供的_____，用户只需要记住 www.baidu.com，就可以访问百
度网站。

3. 域名是分等级的，DNS 系统只规定域名中最重要的段，称为_____，其含
义是由 ICANN 所管控。

4. 可以把域名服务器分为 3 种类型：_____服务器、顶级域名服务器和
_____域名服务器。

5. 域名服务器在查询域名时，可采用两种查询方式：_____查询和_____查询。

6. _____是一个存储于 Web 服务器中的文档，每次被客户端获取并显示时，
显示出来都是一样的。

7. 邮件服务器按照客户/服务器方式工作，采用异步通信、存储转发的服务方式，
使用两种不同的协议，分别是_____协议和_____协议 。

8. 用户使用因特网的邮件服务，一般使用专用的_____，或 Web 浏览器访问
网页。

9. _____是 21 世纪初产生的基于因特网的同类人群之间的社区交互模式。

10. 因特网上的_____是指应用程序之间的交互过程要遵循标准的协议的规范。

8.3　Internet 的接入方式

8.3.1　ISP 和 Internet 接入概述

因特网服务提供商（ISP）是向广大用户提供因特网接入
业务、信息业务和增值业务的电信运营商。因特网接入是指因
特网用户（一般指住户、商业机构或单位）通过各种通信线路
连接到 ISP 的接入网络上，再通过 ISP 网络和因特网连接。ISP
的网络提供了用户接入因特网的入口。国内的主要 ISP 包括：

Internet 的接入方式视频
中国公用计算机互联网（CHINANET，即中国电信网）、中国网通公用互联网（CNCNET，
包括金桥网 CHINAGBN）、中国移动互联网（CMNET）、中国联通互联网（UNINET）、
中国卫星集团互联网（CSNET）、中国科技网（CSTNET）、中国教育和科研计算机网
（CERNET）、中国国际经济贸易互联网（CIETNET）、中国长城互联网（CGWNET）。

国内的因特网服务提供商一般都会设立本地 ISP，提供各种接入服务。例如，中
国电信网的 ADSL 宽带接入、3G/4G 蜂窝无线宽带接入。用户在接入因特网时，可根
据实际需要选择合适的 ISP 和接入方式。选择一个合适的 ISP，将关系到用户日后使

用时，主机到因特网的信息通道的可靠性、信息资源访问的效率、日常维护和售后服务的质量。选择 ISP 时应考虑以下因素：

（1）ISP 连接因特网的带宽。随着因特网资源和应用的不断丰富，用户从因特网接收的信息量日益增加，这就要求 ISP 连接到因特网的信道有足够高的带宽，否则会形成瓶颈，影响用户对信息资源访问和服务的使用效率。

（2）ISP 所处的地理位置。若无其他特殊的服务要求，尽可能选择地理位置靠近自己主机的 ISP，通信线路距离短，可能的故障率低，可以得到较好的售后服务和维护。

（3）ISP 的可靠性。选择有良好的市场信誉度和技术实力的 ISP，保证提供可靠稳定的通信信道和迅速正常的服务。

（4）良好性价比。在保证一定的接入带宽和可靠服务的前提下，要充分考虑其接入和后续服务费用。

根据接入因特网后能提供的上网数据传输速率，接入技术可以划分为窄带接入和宽带接入两类。窄带接入通常是指传输数据的速率低于 128 kbit/s，例如，利用传统电话线路的拨号连接，能获得的最大传输速率为 56 kbit/s。窄带接入技术主要包括：拨号电话接入（PSTN）、使用调制解调器的租用电路和 ISDN 等电信数据服务。

宽带接入一般是指提供高速数据传输速率，通常是指传输速率大于 1 Mbit/s 或上下行传输的速率应 4 Mbit/s 以上，包括 DSL 技术接入、电缆调制解调技术接入、无线接入或更高速率的电信数据服务等。

随着国内宽带产业发展所需的硬性条件、软性条件、ISP 内外部网络环境条件都已经得到了全面的升级和发展，宽带接入将全面替代窄带接入，是必然的发展趋势。

8.3.2 常见的 Internet 接入方式

1. 非对称数字用户线路接入

非对称数字用户线路（ADSL）是应用数字技术对现有的模拟电话用户线进行改造，使其能够承载宽带数字业务。针对用户在上网时从因特网上下载信息量一般远大于向因特网发送的信息量，ADSL 的下行（从 ISP 到用户）带宽通常远远大于上行（从用户到 ISP）带宽，是一种上行和下行传输速率不对称的接入技术。

一个家庭 ADSL 接入方式如图 8-4 所示，每个用户都有单独的一条线路与 ADSL 局端相连，称为用户线。在用户线两端安装一对 ADSL 调制解调器，一个在用户侧，另一个在 ISP 侧，ISP 侧是由大量调制解调器集合构建起来的一个集合，称为数字用户线接入复用器（DSLAM），可以进行统一的配置、监视和控制。

用户的 ADSL 通电后，一对 ADSL 调制解调器探测彼此间的线路以发现线路特征，接着协商使用对于当前线路最优的方式进行通信。ADSL 使用一个称为分路器的设备，这个设备用于对线路的带宽进行划分，将低频部分作为一个输出，连接到模拟电话线路，而将高频部分作为另外一个输出，连接到 ADSL 调制解调器，目的是隔离电话话筒可能产生的干扰 DSL 信号的噪声。

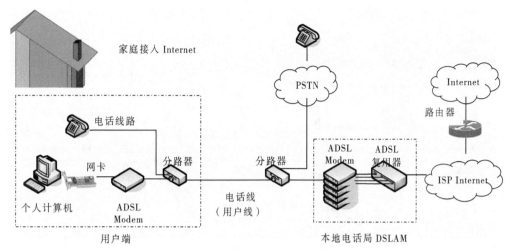

图 8-4　ADSL 接入示意式图

ADSL 使用频分复用技术把用户线路的带宽划分为 3 个区域，其中一个区域（0～4 kHz）对应模拟电话服务，其他两个区域提供数据通信服务，包括上行频带（26～138 kHz）和下行频带（138～1 100 kHz）。ADSL 调制解调器采用一种离散多音频（DMT）调制方法，用频分复用技术将 26～1 100 kHz 的线路带宽划分成多个分离的频率段，称为子信道。例如，划分成 286 个子信道，其中 255 个子信道用于下行数据传输，31 个用于上行数据传输。ADSL 启动后，两端的调制解调器探测可用的频率、各子信道受到的干扰情况，评测可用频率的信号质量，这样就使得 ADSL 能选择合适的调制方法以获得尽可能高的数据传输速率。实际上，由于电话线路自身的局限性，ADSL 不能保证固定的数据传输速率，ADSL 支持上行速率 640 kbit/s～1 Mbit/s，下行速率 1～8 Mbit/s。

ADSL 接入技术的最大好处就是可以利用现有电话网中的用户线，不需要重新布线。其有效的传输距离在 3～5 km 范围以内，数据传输带宽是由每一个用户独享的。ADSL 受到家庭住户欢迎，不适合企业用户需求。为了满足企事业单位需要，ADSL 技术有几种改进，比如第 2 类不对称用户线（ADSL2），可以提供比普通 ADSL 快 3 倍的速度。对称用户线（SDSL），带宽平均分配到上行和下行通道，适合商业用户。高比特率用户线（HDSL），适合距离大于 3km 的企业用户，甚高速用户线（VDSL），下行速率最高达到 50 Mbit/s，上行速率达到 2.5 Mbit/s。

2．电缆调制解调器接入

另一种接入方法是利用已经广泛部署的有线电视网，开发的一种居民宽带接入网，除传送电视节目外，还能提供电话、数据和其他宽带交互型业务。早期的有线电视网使用的线路是铜轴电缆，采用频分复用技术（FDM）实现单向同时传输很多的电视频道。由于用户对高带宽传输的需求，现在的有线电视网大都已改造成光纤和同轴混合网（HFC），HFC 网把原有线电视网络中的要求高带宽的网络部分的线路换成光纤，光纤从头端（提供商）连接到光纤结点，在光纤结点处光信号转换成电信号，然后通过同轴电缆传送到每个用户家庭，提高了传输的可靠性和传输质量。HFC 有线电视网络结构示意图如 8-5 所示。

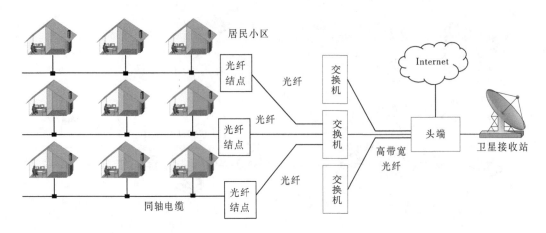

图 8-5　HFC 网络结构示意图

为了使用户能够利用 HFC 网络接入因特网，需要增加一个 HFC 网络所使用的调制解调器，称为电缆调制解调器（Cable Modem），电缆调制解调器可以做成类似于 ADSL Modem 大小的单独设备，也可以嵌入到电视机顶盒中（机顶盒是模拟电视机用来接收数字电视信号），用户只要把计算机连接电缆调制解调器，就可以接入因特网。

电缆的调制解调器不需要成对使用，而只需要安装在用户端。理论上用户线可以达到的数据上传速率为 500 kbit/s～10Mbit/s 之间，下载速率为 2～40 Mbit/s。实际上，在同轴电缆这一段用户是共享信道的，电缆调制解调器必须解决共享信道中可能出现的冲突问题，用户所享用的最高传输速率是不确定的，因为每个用户所享用的数据传输速率大小取决于这段电缆上现在有多少个用户正在传输数据。若一个电视运营商宣称其电缆调制解调接入的传输速率达到 30 Mbit/s，实际上是多个用户共享的。例如，一根同轴电缆由 200 个用户共享，最差的情况下，每个用户获得的上网速率可能不超过 150 kbit/s

3. 采用光纤接入技术接入

近年来，宽带上网的普及率快速增长，为了满足用户更好地下载或上传视频文件、更流畅地欣赏网上各种高清视频节目、进行视屏会话等，ISP 宽带接入服务的重点转向如何尽快地升级用户上网速率。

ISP 已经提出多种光纤接入技术，统称为 FTTx，这里的字母 x 可代表不同的光纤接入地点。例如，FTTC 表示光纤到路边，C 表示 Curb，这和 HFC 概念类似，高带宽的主干线上使用光纤，到了临近用户住处的地方，才转为铜缆。FTTZ 表示光纤到小区，Z 表示 Zone；FTTB 表示光纤到大楼，B 表示 Building；FTTO 表示光纤到办公室，O 表示 Office。FTTH 表示光纤到户，H 表示 Home。从技术上讲，光纤到户（FTTH）属于最好的一种选择，把光纤一直铺设到用户家庭，光纤进入家门后，才把光信号转换成电信号，可以为用户提供更高下行数据速率的接入技术，提供更多的视频和娱乐信道。

一般来说，一个家庭用户远远用不了一根光纤的通信容量，为了有效地利用光纤资源，在光纤干线和广大用户之间，通常需要铺设一段无源的光配线网络，称为无源光网（PON）。无源表明网中无须配备电源，维护和管理成本低。图 8-6 所示为无源光网结构示意图。

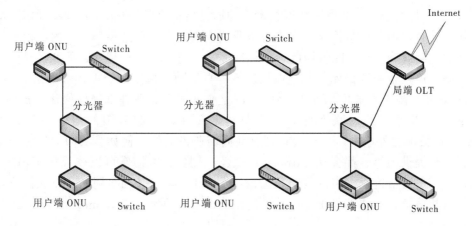

图 8-6　无源光网结构示意图

无源光网是一种点对多点的光纤传输和接入技术，下行采用广播方式，上行采用时分多址方式，可以灵活地组成树状、星状、总线等拓扑结构，在光分支点安装一个简单的光分器，使得数十个家庭用户能够共享一根光纤干线。在图 8-6 中，光线路终端（OLT）是连接到光纤干线的终端设备，OLT 把收到的下行数据发往无源的 1:N 光分路器，然后用广播方式向所有用户的光网络单元（ONU）发送。每个 ONU 根据特有的标识只接收发送给自己的数据，然后转换成电信号发往用户家。每个 ONU 到用户家中的距离可根据具体情况来设置，如果 ONU 设置在用户家中，那就是光纤到家的接入方式。

当 ONU 发送上行数据时，先把电信号转换成光信号，光分路器把各个 ONU 发来的上行数据汇总，以时分多址发往 OLT，OLT 再向外发送。

4．无线接入

虽然有线接入可以为大多数用户提供数据服务，但不少偏远地区是很难使用有线接入的。此外，智能手机等移动设备的普及，移动通信的需求量也飞速增加。为了解决这些需要，工程研究人员已探索了多种无线接入技术。例如，第三代（3G）、第四代（4G）和第五代（5G）蜂窝移动电话的数据服务；802.16 标准的无线城域网的宽带接入；卫星移动通信网提供因特网接入；使用最多的是蜂窝移动通信接入。

蜂窝移动通信网近几年发展最为迅速，其信号覆盖面已相当广阔，除了一些很偏僻的地方，如荒山、沙漠和大洋可能没有无线信号，在大多数地方人们都可以进行可靠的无线通信。因此，要想在移动环境下能方便地接入因特网，可以利用蜂窝无线通信网。只要在 3G/4G 信号的覆盖区域，用户计算机只要插入 3G/4G 上网卡，就能够通过 3G/4G 蜂窝无线通信系统接入因特网，实现高速移动上网服务。

卫星接入因特网有其特殊的适用场景，尤其是在一些地面基础设施难以部署到的地方，如海上或沙漠中，使用卫星通信网络将通信延伸到地球上的每个角落，甚至南极或北极，满足人们走到任何地方都能通信的目的。

8.4 Intranet 与 Extranet

Intranet 与 Extranet 是由因特网技术延伸而发展而来的。Intranet 是指利用因特网技术建立的企业内部信息网络，也称为企业网或内联网。它是一个企业内部信息管理和交换的基础设施，基于因特网的通信标准、Web 技术和建构形式，是可以提供 Web 信息服务、连接企业数据库等其他应用服务的自成独立体系的企业内部网络。

Intranet 只限于企业内部使用，Extranet 是企业网向企业外部合作伙伴的扩展，在两个或更多的公司的内联网计算机资源间定义并建立起有限的信任关系，所以 Extranet 也被称为外联网。任何公司拥有共同商业投资的，例如，共同运作、合作项目、客户与提供商等，都会从 Extranet 中获益。例如，人们常可以登录到 FedEx（联邦快递公司）网站检查发出的货物状况，登录 Dell（戴尔公司）网站检查或修改客户服务等级和信息，这些都是 Extranet 的应用。图 8-7 所示为 Extranet 与 Intranet 的结构示意图。

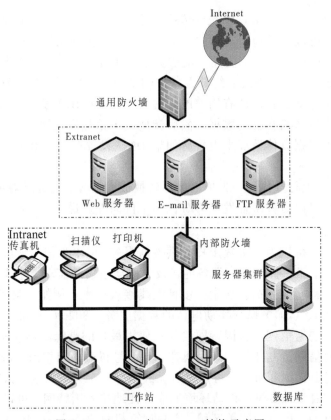

图 8-7 Intranet 与 Extranet 结构示意图

1. Intranet

Intranet 局限于企业内部使用，用于组织和共享一个企业内部信息，完成企业内部事务的数字化处理，只有企业内部的人员才能使用。Intranet 通过防火墙系统连接到因特网，用防火墙隔离企业网与外部的因特网，外部访问者的访问受到防火墙的限制，只能访问企业内部对社会开放的公开信息，如产品广告和销售商品信息等，无法访问到企业内部使用的信息和数据。通常，Intranet 提供的服务包括 Web 服务、文件传送服务 FTP、远程登录服务 Telnet、电子邮件服务、数据库查询服务、打印共享管理、用户管理、视频会议、视频点播和网络管理等，支持企业内部办公业务的自动化、电子化和网络化管理。使用 Intranet 的主要优点如下：

（1）促进企业组织结构的优化和管理。企业采用树状结构组织，层次分明。每个部门都可以有自己的主页，可以包含部门的任何信息，如人员、资源、通报等。能够方便地把用户所有的应用、数据结合在一起，用户可以方便地接入自己的业务子系统和扩充系统功能。

（2）提供易用的文件共享、信息处理操作环境。由于 Web 主页简单易用，企业内的各部门可以通过浏览器存取信息，使得信息很容易共享和操作，加快信息的提供及更新速度。

（3）使用内部邮件通信和发布文件。将单位内部的一些文件，包括日常新闻、通告以及与职工切身利益相关的信息，通过内部邮件通信形式发送给全体职工，并进行交互。

（4）简单易用，培训成本低。由于浏览器易于使用，所以企业内部信息系统的应用培训负担较轻。培训教材更新使用内部 Web 服务，可为职工提供包括声音与影视信息等的最新教材，而且职工可根据本人条件掌握培训进度。

（5）跨平台易集成。由于 Intranet 使用因特网相关技术，易于集成各种信息系统。

2. Extranet

Extranet 是指企业网通过 Internet 等公共互联网络与分支机构或其他公司建立内部连接，进行安全通信。这就要解决 Intranet 与这些远程结点连接通信所用的公共传输网的传输安全、费用和方便性的问题。目前最常用的方法是应用虚拟专用网（VPN）技术。

VPN 是采用隧道、加密和身份认证等技术，在公共网络上建立与 Intranet 安全连接的技术，其核心是隧道技术。VPN 使用隧道协议将不同协议的数据包进行重新封装，然后把被封装的数据包在隧道的两个网络端点之间通过公共互联网络进行传送，被封装的数据包一旦到达另一个端点，就会被解包并转发到最终的目的地。被封装的数据包在公共互联网上传输时所经过的逻辑路径称为隧道。

为创建隧道，隧道的客户机和服务器必须使用相同的隧道协议。隧道协议可以分为第二层和第三层协议。第三层隧道协议工作在网络层，使用包作为数据交换的单位，常见的协议有 IPSec（安全 IP 隧道协议）和 IPoverIP（隧道模式的数据包格式）等，它们都是将 IP 包封装在附加的 IP 包头中通过因特网传送的。

利用 Extranet，既可以使 Intranet 摆脱部分繁重的网络升级维护工作，又可以使因特网得到有效的利用。新的用户要想进入 Intranet，只需要连接到因特网并支付接入费用，企业网不必再支付大量的专业的长途电话费，Intranet 的扩展性大大提高，从而降低了网络使用和升级维护的费用。

自 测 题

一、单选题

1. 宽带接入一般是指提供高速数据传输速率，不包括（　　）。
　　A．DSL 技术接入　　　　　　　　　　B．电缆调制解调技术接入
　　C．ISDN 接入　　　　　　　　　　　　D．4G 无线接入

2. ADSL 使用一个（　　）的设备，此设备用于对线路的带宽进行划分，将低频部分输出连接到模拟电话线路，而将高频部分作为另外一个输出，连接到 ADSL 调制解调器。
　　A．复用器　　　　B．分路器　　　　C．调制解调器　　　D．DMT 调制

3. 使用 Cable Modem 接入因特网时，宣称上网速度为 30 Mbit/s，如果一根同轴电缆由 300 个用户共享，最差的情况下，每个用户获得的上网速率可能不超过（　　）。
　　A．不能确定　　　B．150 kbit/s　　　C．30M bit/s　　　D．100 kbit/s

4. 多种光纤接入技术，统称为（　　），这里的字母 x 可代表不同的光纤接入地点。
　　A．FTTH　　　　B．FTTP　　　　C．FTTB　　　　D．FTTx

5. 使用 Intranet 的主要优点不包括（　　）。
　　A．利用公用网络进行安全的通信　　　B．简单易用，培训成本低
　　C．促进企业组织结构的优化和管理　　　D．跨平台易集成

二、填空题

1. 由接入因特网后能提供的上网数据传输速率，接入技术可以划分为窄带和＿＿＿＿接入。

2. 窄带接入技术主要包括：＿＿＿＿、使用调制解调器的租用电路和 ISDN 等接入。

3. 非对称数字用户线路（ADSL）是应用＿＿＿＿对现有的模拟电话用户线进行改造，使其能够承载宽带数字业务。

4. 每个用户都有单独的一条线路与 ADSL 局端相连，称为＿＿＿＿。在用户线两端安装一对＿＿＿＿调制解调器。

5. ADSL 不能保证固定的数据传输速率，ADSL 支持上行速率＿＿＿＿，下行速率 1～8 Mbit/s。

6. 为了使用户能够利用 HFC 网络接入因特网，需要增加一个 HFC 网络所使用的调制解调器，称为＿＿＿＿调制解调器。

7. ＿＿＿＿是把光纤一直铺设到用户家庭，光纤进入家门后，才把光信号转换成电信号，可以为用户提供更高下行数据传输速率的接入技术。

8. Intranet 与＿＿＿＿是由因特网（Internet）技术延伸而发展而来的，＿＿＿＿是指利用因特网技术建立的企业内部信息网络，也称为企业网或内联网。

9. VPN 是采用＿＿＿＿、加密和＿＿＿＿等技术，在因特网上建立与 Intranet 安全连接的技术。

10. 多种无线接入技术包括 3G/4G/5G 蜂窝移动通信接入；＿＿＿＿的宽带接入；卫星移动通信网接入，使用最多的是蜂窝移动通信接入。

8.5 TCP/IP 配置和实用命令

TCP/IP 协议是在操作系统内核中实现的，是系统的内核组件，普通用户是无法访问的。TCP/IP 正常工作之前需要配置参数，配置正确与否，将影响系统的网络通信状态。

TCP/IP 配置和
实用命令视频

1. TCP/IP 参数配置

在操作系统中，TCP/IP 组件的配置方法分为自动获取其配置参数和人工指定配置参数。

（1）自动配置：指"自动获取 IP 地址"，当操作系统启动时，TCP/IP 组件将尝试查找一个运行动态主机配置协议（DHCP）的服务器并获取配置参数。系统默认为自动配置。

（2）手动配置：指配置以下几个参数。

- IP 地址/子网掩码。
- 默认网关的 IP 地址。
- 首选本地域名服务器和备用域名服务器的 IP 地址。

2. TCP/IP 实用命令

TCP/IP 带有一套实用的诊断和管理命令，可以帮助用户进行网络配置、查看网络运行状态、TCP/IP 参数和域名的信息、检测当前网络的性能、测试和跟踪 TCP/IP 网络故障、维护网络正常运行。现以 Windows 操作系统下的命令格式为例，介绍一些命令的使用。这些命令需要在命令提示符(cmd.exe)窗口下运行。

（1）netsh 命令是一个功能强大的网络配置命令，可用来显示和修改正在运行中的计算机的网络配置，可以利用脚本对特定的计算机以批处理方式进行配置。使用 netsh 命令，进入 netsh>环境。在 netsh 环境中，使用 help 命令，查找可用的操作命令和功能解释，并使用命令显示、配置 IP 地址、网关、DNS 和 MAC 地址等，使用 quit 命令，退出 netsh 环境。利用脚本配置，允许从本地或远程显示或修改当前正在运行的计算机的网络配置。例如，导出配置脚本 netsh –c interface ip dump > c:\interface.txt，导入配置脚本 netsh –f c:\interface.txt。

（2）arp 命令常用来查看和修改本机 ARP 缓存中的表项。使用 arp -a 命令，输出显示当前 ARP 缓存中存放的 IP 地址和网卡地址对应项；使用 arp –s 命令，在本机当前 ARP 缓存中添加一个静态的 IP 地址和网卡地址对应项，例如，使用 arp –s 202.123.23.45 00–e4–6a–e4–28–7q 命令，则在 ARP 缓存中增加一项；使用 arp –d*命令，删除包括静态项在内的表项。

（3）ipconfig 命令用来获取显示和网络配置相关的信息。使用 ipconfig 命令，显示本机各个网络接口的 TCP/IP 配置的主要参数；使用 ipconfig /all 命令，显示本机所有网络接口的 TCP/IP 配置的完整信息，包括每一个网络接口的 MAC 地址、IP 地址、子网掩码、默认网关、DNS 服务器 IP 地址，以及动态主机配置协议（DHCP）是否可用于网卡 IP 地址的自动配置等信息；使用 ipconfig/renew 命令，调用 DHCP 服务进行 IP 地址的更新。

（4）ping 命令用来检测网络的联通情况和分析网络速度，可检测主机是否在线，可访问 TCP/IP 协议栈的工作状态。使用 ping 回送地址，例如 ping 127.0.0.1，显示的 4 条信息均为"Reply from 127.0.0.1：bytes=32 time<1ms TTL=128"，可以确定本机的 TCP/IP 栈运行正常。ping 其他主机的 IP 地址，例如，ping 210.22.70.227，显示的 4 条信息均为"Reply from 210.22.70.227：bytes=32 time<2ms TTL=122"，说明该主机在线并可以访问，到该主机的网络联通。ping 默认网关 IP 地址，用于测试本机是否能访问默认网关。ping 主机的域名，如 ping nal.toronto.edu，若收到如图 8-8 所示的 4 条消息，说明该主机在线并可以访问，平均用时为 88ms，也说明域名解析正确。

```
Microsoft(R) Windows DOS
(c)Copyright Microsoft Corp 1990-2001.

C:\DOCUME~1\1>ping nal.toronto.edu

Pinging nal.toronto.edu [128.100.244.3] with 32 bytes of data:

Reply from 128.100.244.3: bytes=32 time=84ms TTL=240
Reply from 128.100.244.3: bytes=32 time=110ms TTL=240
Reply from 128.100.244.3: bytes=32 time=81ms TTL=240
Reply from 128.100.244.3: bytes=32 time=79ms TTL=240

Ping statistics for 128.100.244.3:
    Packets: Sent = 4, Received = 4, Lost = 0 (0% loss),
Approximate round trip times in milli-seconds:
    Minimum = 79ms, Maximum = 110ms, Average = 88ms

C:\DOCUME~1\1>
```

图 8-8　使用 ping 命令确定主机的联通性和域名解析

（5）netstat 命令可以向主机查询有关传输层协议运行状态的信息、获取网卡、分组、帧的状态信息等。使用 netstat 命令，可以向主机查询有关 TCP/UDP 运行的状态信息；使用 netstat –e 命令，用于获取网络驱动器及其接口卡的状态信息，如发送分组、接收分组和错误分组的数量等；使用 netstat –r 命令，可以检查主机路由表的情况；使用 netstat –a 命令，用于确认主机中哪些 TCP 或 UDP 服务进程处于活动状态，以及哪些 TCP 连接是可用的。

（6）nslookup 命令可以用于查询因特网域名信息或诊断域名服务器问题，可以获得本地主机设置的 DNS 服务器的主机名和对应的 IP 地址。使用 nslookup 域名，可以查找到该域名对应的 IP 地址，例如，nslookup www.baidu.com，可以获知其对应的 IP 地址是 61.135.169.125、61.135.169.121；利用 nslookup IP 地址，可以找到其对应的域名。

（7）tracert 命令可以进行网络路由跟踪。tracert 命令用来显示数据包到达目标主机所经过的全部路径、结点的 IP 地址和花费的时间。使用命令 tracert www.baidu.com，获得如图 8-9 所示的数据包到达目的主机的详细路径信息。

```
通过最多30个跃点跟踪
到 www.a.shifen.com [61.135.169.125] 的路由:
  1    5 ms     4 ms     4 ms   192.168.3.1
  2    9 ms    11 ms     6 ms   100.65.96.1
  3    8 ms     *        *      112.64.248.9
  4    6 ms    10 ms    13 ms   139.226.225.149
  5   42 ms    32 ms    30 ms   219.158.7.233
  6   81 ms     *     2797 ms   202.96.12.78
  7   45 ms    30 ms    32 ms   bt-227-010.bta.net.cn
[202.106.227.10]
  8   33 ms    43 ms    32 ms   61.49.168.78
  9    *        *        *      请求超时。
 10   29 ms    31 ms    29 ms   61.135.169.125
跟踪完成。
```

图 8-9　数据包经过的详细路径信息

自测题

一、单选题

1. 手动配置 TCP/IP 的参数时，需要配置的几个参数中，不包括（　　　）。

    A. IP 地址/子网掩码　　　　　　　　B. 默认网关的 IP 地址

    C. DHCP 服务器　　　　　　　　　　D. 本地域名服务器

2. 在本机当前 ARP 缓存中添加一个静态的 IP 地址和网卡地址对应项的命令是（　　　）。

    A. arp –s–ip 地址 MAC 地址　　　　　B. arp -d*

    C. arp -a　　　　　　　　　　　　　D. arp –p ip 地址 MAC 地址

3. 使用（　　　）命令，可以检查主机路由表的情况。

    A. netstat –a　　　B. netstat –e　　　C. netstat –f　　　D. netstat –r

4. （　　　）命令可以用于查询因特网域名信息或诊断域名服务器问题。

    A. ipconfig　　　　B. nslookup　　　　C. netstat　　　　D. tracert

5. 利用 netsh（　　　）特点，允许从本地或远程显示或修改当前正在运行的计算机的网络配置。

    A. 脚本导出　　　B. 脚本配置　　　　C. 脚本导入　　　D. 操作命令

二、填空题

1. ＿＿＿＿＿＿＿是在操作系统内核中实现的，是系统的内核组件，普通用户是无法访问的。

2. 在操作系统中，TCP/IP 组件可配置为＿＿＿＿＿＿＿其配置参数或人工指定配置参数。

3. TCP/IP 实用命令，需要在＿＿＿＿＿＿＿程序窗口下运行。

4. ＿＿＿＿＿＿＿命令是一个功能强大的网络配置命令，可用来显示和修改正在运行中的计算机的网络配置，可以利用脚本对特定的计算机以批处理方式进行配置。

5. 使用 arp -a 命令，输出显示当前 ARP 缓存中存放的＿＿＿＿＿＿＿对应项。

6. 使用＿＿＿＿＿＿＿命令，显示本机所有网络接口的 TCP/IP 配置的完整信息。

7. ping 命令用来检测网络的联通情况和分析＿＿＿＿＿＿＿。

8. 使用＿＿＿＿＿＿＿命令，用于确认主机中哪些 TCP 或 UDP 服务进程处于活动状态，以及哪些 TCP 连接是可用的。

9. 使用＿＿＿＿＿＿＿＿命令，可以获知其对应的 IP 地址是 61.135.169.125、61.135.169.121。

10. ＿＿＿＿＿＿＿命令用来显示数据包到达目标主机所经过的全部路径、结点的 IP 地址和花费的时间。

【自测题参考答案】

8.1

一、单选题：1. D　2. A　3. C　4. B　5. C

二、填空题：1. Internet　2. 三层 ISP 结构　3. 主干　4. 本地　5. 正式接入　6. 互联网号码分配机构　7. 因特网　8. 社交网络　9. 云计算、数据中心　10. 通用的通信、多媒体文档

8.2

一、单选题：1. A　2. B　3. D　4. A　5. C

二、填空题：1. 客户/服务器　2. 域名服务　3. 顶级域　4. 根域名、权威　5. 递归、迭代　6. 静态网页　7. 邮件传输、邮件访问　8. 用户代理软件　9. 社交网络　10. 标准化服务

8.3、8.4

一、单选题：1. C　2. B　3. D　4. D　5. A

二、填空题：1. 宽带　2. 拨号电话　3. 数字技术　4. 用户线、ADSL　5. 640 kbit/s～1Mbit/s　6. 电缆　7. 光纤到户（FTTH）　8. Extranet、Intranet　9. 隧道、身份认证　10. 无线城域网。

8.5

一、单选题：1. C　2. A　3. D　4. B　5. B

二、填空题：1. TCP/IP 协议　2. 自动获取　3. 命令提示符　4. netsh　5. IP 地址和网卡地址　6. ipconfig/all　7. 网络速度　8. netstat –a　9. nslookup www.baidu.com　10. tracert

【重要术语】

阿帕网络（ARPANet）：Advanced Research Project Agency Network
因特网名字和数字分配机构（ICANN）：Internet Corporation for Assigned Names and Numbers
中国互联网络信息中心(CNNIC)：China Internet Network Information Center
非对称数字用户线路（ADSL）：Asymmetrical Digital Subscriber Line

Internet 协会（ISOC）：Internet Society
Web 服务：World Wide Web Services
电子邮件服务：E-mail Services
文件传输服务：File Transfer Services
域名解析：Name resolution
企业内联网：Intranet
企业外联网：Extranet
宽带：Broadband
窄带：Narrowband
主页：Homepage

公共网关接口（CGI）：Common Gateway Interface
域名服务（DNS）：Domain Name Services
统一资源标识符(URI)：Uniform Resource Identify
因特网架构委员会(IAB)：Internet Architecture Board
通用顶级域名（gTLD）：Generic Top-Level Domains
因特网研究部（IRTF）：Internet Research Task Force
因特网工程部（IETF）：Internet Engineering Task Force
互联网服务提供商（ISP）：Internet Service Provider
因特网交换点（IXP）：Internet eXchange Point
数字用户线(DSL)：Digital Subscriber Line
网络电话（VOIP）：Voice over Internet Protocol

【练 习 题】

一、单选题

1. Internet 上有许多基本服务，主要用来浏览网页的是（   ）。

  A. E-mail   B. FTP   C. Telnet   D. WWW

2. 为了提高传输效率，地区 ISP 也通过（   ）相互连接，形成地区核心或商业网络。

  A. 主干 ISP   B. 电信网络   C. IPX   D. 计算机网络

3. DNS 未规定域名中段的数目，通常划分为 4～5 段，也不区分大小写，常见格式为（   ）。

  A. 主机名.机构名.二级域名.顶级域名

  B. 顶级域名.二级域名.机构名.主机名.

  C. 域名.机构名.主机名

  D. 机构名.主机名.域名

4. SMTP 是使用最广泛的电子邮件协议，只能够传输文本邮件，（   ）是对 SMTP 的扩充。

  A. POP3   B. MIME   C. IMAP   D. FTP

5. （   ）必须解决共享信道中可能出现的冲突问题，用户享用的最高速率是不确定的。

  A. ADSL 调制解调器   B. 无源光网（PON）

  C. 电缆调制解调器   D. FTTH

6. 在 HTML 网页文档中，<HTML >...</HTML>标记的作用为（   ）。

  A. 将文本分段显示   B. 按照文本原样进行显示

  C. 将文本变为斜体字显示   D. 文档的开始和结束符

7. 如果用户希望查找因特网上某种特定主题的信息资源，可以使用（   ）。

  A. Telnet   B. 搜索引擎   C. 浏览器   D. OICQ

8. 利用（   ）地址，可以找到其对应的域名

  A. nslookup IP B. 不区分大小写 C. 全大写 D. 全小写

9. VPN 是不采用（   ）技术，在公共网络上建立与 Intranet 安全连接的技术。

  A. 隧道   B. 防病毒   C. 加密   D. 身份认证

10. （   ）指企业网通过 Internet 等公共互联网络与分支机构建立内部连接，进行安全通信。

  A. Intranet   B. VPN   C. Extranet   D. IPoverIP

二、多选题（在下面的描述中有一个或多个符合题意，请用 ABCD 标示之）

1. 基于因特网的云计算模型，使得用户可在一个数据中心（   ）。

  A. 发送保密信息   B. 付费购买需要的计算机和存储

  C. 存储数据   D. 运行程序

2. 根据域名服务器的层次结构，域名服务器包括（   ）。

A. 根域名服务器、   B. 顶级域名服务器

C. 和权威域名服务器   D. 本地域名服务器

3. 宽带接入包括（   ）接入或更高速率的电信数据服务。

A. DSL 技术   B. 无线接入

C. 以太网   D. Cable Modem

4. Web 服务的复杂性，Web 协议是指多个协议标准的集合，包括（   ）3 个关键标准协议。

     A. HTML   B. URL   C. HTTP   D. XHTML

5. （   ）属于 TCP/IP 实用诊断和管理命令集，可以在 Windows 的命令提示符窗口下运行。

     A. ping   B. copy   C. netsh   D. user

三、简答题

1. 相对于传统的应用，请列举出 4 个新的因特网应用，并解释各自适合的应用群体。

2. 解释域名服务的主要用途是什么？如果公司注册了一个域名，请问公司内部还可以划分子域吗？假设划分了 7 个子域，请问需要配置多少个权威域名服务器？

3. 假设一个公司将 Web 服务器从计算机 A 搬到计算机 B，如果用户使用旧的域名访问到 Web 服务器，公司管理员应该怎样做？

4. 用什么命令可以查看主机全部网络接口的 TCP/IP 详细配置信息？

5. 一个 URL 的 4 个组成部分是什么？分别用什么符号来分隔？每个部分的作用是什么？

6. 因特网邮件的两种访问协议是什么？两者之间有何不同？为何要制定 MIME 协议？

7. 请解释在 ADSL 接入技术中，使用什么方法使得用户线路（不到 1 MHz 的带宽）可提供高达每秒几兆比特的传输速率？

8. 试从速度、费用、服务和稳定性等方面，比较 ADSL、HFC、FTTx 和无线接入技术的优缺点。

9. 什么是 Intranet？什么是 Extranet？它们和 Internet 有什么异同？

10. 用 ping 命令检测网络主机之间的联通性时，如果 ping 一台主机失败，解释可能是什么问题？

<<<<<<<<<<<<<<<<<<<<<<<<<<<<<<<<<<<<<<<<<<<<<<<<<<<<<<<<<<<<

【扩展读物】

[1] PRESTON G, MICHAEL T. 因特网的奥秘[M]. 6 版. 孙巍，译. 北京：清华大学出版社，2003.

[2] 林腾. Internet 应用协议实例剖析与服务器配置[M]. 北京：人民邮电出版社，2004.

[3] 万维网联盟，https://www.w3.org/.

[4] 中国互联网络信息中心，www.cnnic.net.cn.

[5] Internet 的管理协调机构（Internet 协会），https://www.internetsociety.org/.

[6] W3School 在线教程，http://www.w3school.com.cn/index.html.

📖 **学习过程自评表**（请在对应的空格上打"√"或选择答案）

知识点学习-自我评定

项目 / 学习内容	预 习			概 念			定 义			技 术 方 法		
	难以阅读	能够阅读	基本读懂	不能理解	基本理解	完全理解	无法理解	有点理解	完全理解	有点了解	完全理解	基本掌握
Internet 的基本概念												
Internet 上的服务												
Internet 的接入方式和 Intranet 与 Extranet 概述												
TCP/IP 配置和实用命令												
疑难知识点和个人收获（没有，一般，有）												

完成作业-自我评定

项目 / 学习内容	完 成 过 程			难 易 程 度			完 成 时 间			有助知识理解		
	独立完成	较少帮助	需要帮助	轻松完成	有点困难	难以完成	较少时间	规定时间	较多时间	促进理解	有点帮助	没有关系
同步测试												
本章练习												
能力提升程度（没有，一般，有）												

网络安全技术 ‹‹‹

第 9 章

【本章导读】

　　随着计算机网路和应用的快速发展，一系列的网络安全问题随之产生并日趋严峻。本章介绍网络安全的基础知识，包括网络安全的定义、安全威胁和不安全的因素，以及相应的网络安全规范。接着介绍了加解密概念、对称加密和非对称加密的基本原理和应用，以及在数字签名、报文摘要等技术中的应用。然后，探讨了防火墙、包过滤防火墙和应用层代理的工作过程和应用，最后介绍常用的网络攻击和对策，网络病毒的特征、识别、清除和防范技术。

【学习目标】

- 了解：网络安全的定义、安全威胁和防范措施。
- 理解：对称加密、非对称加密和不可逆加密算法的基本工作原理及应用。
- 理解：数字签名、报文摘要等概念和应用。
- 熟悉：防火墙的基本功能、包过滤和应用程序网关技术的应用。
- 了解：常用的网络攻击方法和对策，网络病毒的特征、分类和防范。

【内容架构】

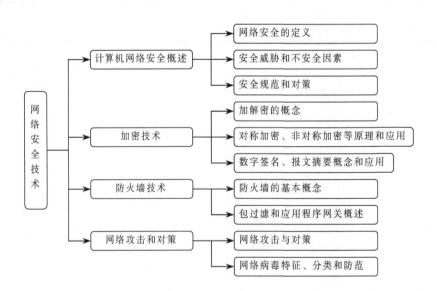

9.1 计算机网络安全概述

随着社会信息化的到来，尤其是因特网服务和应用的深入发展，使得普通的市民也经常使用网络来处理银行事务、买卖股票、购物和纳税等，网络安全逐渐成为一个与国家安全和主权、社会稳定、经济发展密切相关的重大问题，是一个系统的社会工程，涉及技术、管理、道德与法制环境等多个方面。

计算机网络安全概述视频

9.1.1 网络安全的概念

从本质上说，网络安全就是要保证网络信息的安全，实现安全通信。

例如，用 Alice 和 Bob 代表通信双方，（这里 Alice 和 Bob 可以是两台需要安全地交换路由表的路由器，也可以是希望建立一个安全传输连接的客户机和服务器，或者是两个需要安全交换电子合同的电子商务软件）。Alice 和 Bob 在进行通信时，希望他们之间的通信是"安全"的：

- Alice 希望在一个不安全的因特网上通信时，只有 Bob 能够明白她所发送的报文内容，其他任何人都无法明白报文的内容。
- Bob 需要确保从 Alice 接收到的报文确实是由 Alice 所发送的，同样 Alice 也需要确保和她进行通信的人一定是 Bob。
- Alice 和 Bob 还要确保他们的报文内容在传输过程中一点也没有被篡改过。

针对安全通信的需要，可以总结出安全通信系统应具备的 6 个特性和对应的技术要素：

（1）保密性：尽管传输的报文可能被窃听者截取，但只有发送方和预定的接收方能够理解传输报文的内容。这就要求对报文进行加密，使得截获者不能解密截取到的报文。保密通信涉及数据加密和解密的密码学技术。

（2）身份鉴别：发送方和接收方都应该能证实通信的另一方确实具有他们所声称的身份。这在人类面对面通信时，可以通过视觉轻松解决，而在通信双方无法看到对方的情况下，身份鉴别就不是那么容易的事。例如，如果收到一份电子邮件，该邮件中包含的文本信息显示这份电子邮件来自你的一位朋友，你如何相信这封邮件确实是你的那个朋友所发送的呢？身份鉴别也可以用密码技术来解决。

（3）不可否认性：发送方和接收方除了能互相鉴别对方身份外，还需保证接收方能证实一个报文确实来自所宣称的发送方。不可否认性可用密码技术来实现。

（4）报文完整性：发送方和接收方需要确保传输的报文内容在传输过程中未被改变（恶意篡改或意外改动）。报文完整性也可用密码技术来实现。

（5）可用性：安全通信的一个关键前提是能进行通信。也就是说，任何非法的用户（或攻击者）不能阻止合法用户使用网络基础设施，例如，网络信道、主机、网站或其他基础设施等。目前无单一技术可用来实现可用性。

（6）访问控制：访问控制机制可区分网络的合法用户和非法用户，只允许拥有适当访问权限的用户以定义明确的方式对资源进行访问。通过防火墙技术等实现这一特性。

安全通信所具有的保密性、鉴别、完整性和不可否认性可以保证网络中的信息资源在传输中的安全，而可用性和访问控制是安全通信概念的扩展，确保攻击者无法进入被保护网络和进入被保护资源的有效方法。在图 9-1 中，借助 5 个通俗的说法（进不来、看不懂、改不了、拿不走、跑不掉）和对应关系，来理解安全通信的特性。

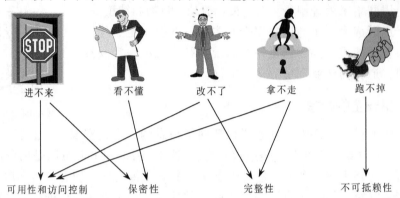

图 9-1　网络安全通信的特性

从广义来说，凡是涉及网络上信息的保密性、真实性、完整性、不可否认性、可用性和可控性的相关技术和理论都是网络安全所要研究的领域。但网络安全不仅涉及安全通信，还涉及网络的系统安全、安全通信的攻击和破坏的检测、对基础设施攻击的应对等，具体来讲，网络安全是指网络系统的硬件、软件及其系统中的数据受到保护，不因偶然的或者恶意的原因而遭到破坏、更改、泄露，系统连续、可靠、正常地运行，网络服务不中断。

此外，网络安全还涉及管理方面的问题，技术和管理两方面是相互补充、缺一不可的。技术方面侧重于防范外部非法用户的攻击，管理方面侧重于内部人为因素的防范。

9.1.2　计算机网络系统面临的威胁

1. 网络通信面临的威胁

在计算机网络上进行通信时，面临的安全威胁主要包括：

（1）截获：攻击者从网络上窃听信息。

（2）中断：攻击者有意中断网络上的通信。

（3）篡改：攻击者有意更改网络上的信息，

（4）伪造：攻击者使用假的信息在网络上传输。

截获信息称为被动攻击，攻击者只是被动地观察和分析信息，而不干扰信息流，一般用于对网络上传输的信息内容进行了解，被动攻击是难以被检测出来的。中断、篡改和伪造信息称为主动攻击，主动攻击对信息进行各种处理，如有选择地更改、删除或伪造等。对于被动攻击可以采用信息加密来应对，主动攻击除了进行信息加密以外，还需要采取鉴别等措施。

2. 网络系统自身面临的威胁

（1）物理设备的安全威胁。例如，偷窃、废物搜寻和间谍活动等。有时主机中存储的数据价值远远超过设备本身，偷窃行为造成的损失往往高于被偷设备的价值。

（2）计算机系统的脆弱性。主要在于计算机操作系统与网络通信协议的不安全性。达到 C2 级的操作系统（如 Windows、UNIX、Linux）的安全性高，能用作服务器操作系统。但 C2 级系统也存在网络安全漏洞，例如，入侵者得到系统的管理员账号，整个系统将完全受控于入侵者，系统将面临巨大的危险。或者，系统开发者有意设置系统后门，恶意用户可以借此进入系统。

9.1.3 网络系统的不安全因素

当前，造成网络系统不安全因素是多方面的，这里列举一些方面：

（1）来自外部的不安全因素。在网络上，存在着很多敏感信息，有许多信息都是一些有关国家政府、军事、科学研究、经济以及金融方面的信息，有些别有用心的人企图通过网络攻击的手段来截获敏感信息。

（2）来自网络系统本身的因素。网络中存在着硬件、软件、通信、操作系统或其他方面的自身缺陷与漏洞，给了网络攻击者可乘之机，也为一些网络爱好者编制攻击程序提供练习场所。

（3）网络安全管理方面因素。网络管理者缺乏警惕性、忽视网络安全，或对网络安全技术不了解，没有制定切实可行的网络安全策略和措施。例如，允许网络内部的用户越权访问那些不允许其使用的资源和服务器，从而造成系统或网络的错误操作或崩溃。据统计，网络安全管理上的疏忽造成了大量的网络安全问题。

（4）网络协议因素。TCP/IP 协议栈在设计之初未考虑网络安全问题，协议栈本身存在着一些安全性问题，带来一些难以避免的不安全因素。

9.1.4 网络安全规范和措施

网络安全是一个涉及面非常广泛的问题，在技术方面涉及计算机、通信和安全技术；在基础理论方面涉及数学、密码学等多个学科；在实际应用环境中，涉及管理和法律等方面。所以，网络的安全性是不可判定的，即无法用形式化的方法（比如数学公式）来证明，只能针对具体的攻击来讨论其安全性，试图设计绝对安全可靠的网络是不可能的。

解决网络安全问题必须全方位地考虑，包括安全的技术、安全检测与评估、构筑安全体系结构、加强安全管理、制定网络安全的法律和法规等。

1．在安全检测和评估方面

安全检测和评估主要包括网络系统、保密性以及操作系统的检测与评估。由于操作系统是网络系统的核心软件，操作系统的安全检测和评估是非常重要。目前主要可参照的标准是最初由美国计算机中心于 1983 年发表的并经过多次修改的可信任计算机标准评价准则（TCSEC），标准把计算机操作系统分为 4 个等级（A、B、C、D）和 7 个级别（A、B1、B2、B3、C1、C2、D），A 级最高。操作系统的安全都处于 D 与 A 级之间。

中国国家计算机安全规范是国内的标准规范。在规范中，对网络安全进行了分类，将计算机的安全大致分为 3 类：实体安全，包括机房、线路和主机等的安全；网络与信息安全，包括网络的畅通、准确以及网上信息的安全；应用安全，包括程序开发运行、I/O、数据库等的安全。

2．在安全体系结构方面

在安全体系结构方面，目前主要参照 ISO 于 1989 年制定的 OSI 网络安全体系结构，包括安全服务和安全机制。

（1）OSI 安全服务主要包括对等实体鉴别服务、访问控制服务、数据保密服务、数据完整性服务、数据源鉴别服务和禁止否认服务等。

（2）OSI 加密机制主要包括加密机制、数字签名机制、访问控制机制、数据完整性机制、交换鉴别机制、业务流量填充机制、路由控制机制和公证机制等。加密机制是提供数据保密最常用的方法。

- 数字签名机制是防止网络通信中否认、伪造、冒充和篡改的常用方法之一。
- 访问控制机制是检测按照事先规定的规则决定对系统的访问是否合法；数据完整性用于确定信息在传输过程中是否被修改过。
- 交换鉴别机制是以交换信息的方式来确认用户的身份。
- 业务流量填充机制是在业务信息的间隙填充伪随机序列，以对抗监听。
- 路由控制机制是使信息发送者选择特殊的、安全的路由，以保证传输的安全。
- 公正机制是设立一个各方都信任的公正机构提供公正服务以及仲裁服务等。

3．安全管理

安全管理可以分为技术管理和行政管理两方面。技术管理包括系统安全管理、安全服务管理、安全机制管理、安全事件处理、安全审计管理、安全恢复管理和密钥管理等。行政管理的重点是设立安全组织机构、安全人事管理和安全责任管理与监督机制等。

4．安全措施

（1）用备份和镜像技术提高数据完整性。备份系统是最常用的提高数据完整性的措施，可以手工完成和定时自动完成。镜像是两套部件执行完全相同的功能，若其中一个出现故障，则另一个系统仍可以继续工作。

（2）定期检测病毒。对移动存储设备、下载的软件和文档进行定期安全检测，例如，使用前进行病毒检查，及时更新杀毒软件的版本和病毒库。

（3）安装补丁程序。及时安装各种补丁程序，不要给入侵者可乘之机。一些安全公司的网站上都有系统安全漏洞说明，并附有解决方法，用户可以经常访问这些站点以获取有用的信息。

（4）提高物理安全。保证机房物理安全，确保在机房中的计算机和网络设备安全，例如，用高强度电缆在计算机机箱旁穿过。

（5）采用因特网防火墙，（防火墙是一个非常有效的防御措施），并配置一个有经验的防火墙维护人员。

（6）仔细阅读日志。日志是网络管理人员判断和解决问题的一个重要的依据，因此管理员必须养成仔细阅读日志的习惯。

（7）加密文件。对网络通信加密，以防止信息被窃听和截取，对绝密文件更应实施加密，以保证数据或数据通信的可靠和安全。

自 测 题

一、单选题

1. 针对安全通信的需要，可以总结出安全通信系统应具备的（   ）个特性和对应的技术要素。

    A. 4   B. 6   C. 3   D. 4

2. 造成网络系统不安全因素是多方面的，不包括以下（   ）。

    A. 来自内部人员的攻击   B. 来自网络系统本身

    C. 来自外部的不安全   D. 网络安全管理方面

3. Windows、UNIX 服务器操作系统均属于（   ）级。

    A. A1   B. B2   C. C2   D. C3

4. （   ）是防止网络通信中否认、伪造、冒充和篡改的常用方法之一。

    A. 访问控制机制   B. 加密机制

    C. 路由控制机制   D. 数字签名机制

5. （   ）对信息进行各种处理，如有选择地更改、删除或伪造等。

    A. 被动攻击   B. 泄露   C. 主动攻击   D. 中断

二、填空题

1. 从本质上说，网络安全就是要保证网络信息的安全，要实现_____。

2. 安全通信所具有的_____、鉴别、_____和不可否认性可以保证网络中的信息资源在传输中的安全，_____是确保攻击者无法进入被保护资源的有效方法。

3. 在计算机网络上进行通信时，面临的安全威胁主要包括：截获、_____、篡改和_____。

4. 截获信息称为_____，攻击者只被动地观察和分析信息，是难以被检测出来的。

5. 网络安全还涉及_____的问题，这些是和技术面是相互补充 。

6. 计算机系统的脆弱性。主要来自计算机_____与网络通信协议的不安全性。

7. _____是指发送方和接收方都应能证实通信的另一方确实具有他们所声称的身份。

8. 中国国家计算机安全规范对计算机的安全大致分为 3 类：实体安全、_____和应用安全。

9. 在安全体系结构方面，目前主要参照 ISO 于 1989 年制定的 OSI_____，包括安全服务和安全机制。

10. 网络安全管理可以分为技术管理和_____管理两方面，管理的重点是设立安全组织机构、安全人事管理和安全责任管理与监督机制等。

9.2 加密技术

计算机加密技术是研究计算机信息加密、解密及其变换的科学，是数学和计算机的交叉学科，也是一门新兴的学科。随着计算机网络和通信技术的发展，加密技术不仅是实现数据保密性的基础，对于提供鉴别、报文完整性、不可否认性和访问控制也起到核心作用，成为网络安全的基石。

加密技术视频

9.2.1 加密的概念

出于信息保密的目的，在信息传输或存储中，采用密码技术对需要保密的信息进行处理，使得处理后的信息不能被入侵者或非法授权者读懂或解读，而接收者能从被处理过的数据中恢复出原始数据，这一过程称为加密。在加密处理过程中，需要保密的信息称为"明文"，经加密处理后的信息称为"密文"。加密即是将"明文"转变为"密文"的过程；将"密文"转变为"明文"的过程称为解密。

具体来讲，加密技术是指对信息进行编码和解码的技术，编码是把原来明文转变成密文，其逆过程就是解码。根据所使用的加解密算法类别的不同，加密技术可以分为对称加密、非对称加密和不可逆加密 3 类。实现任何一种加密技术的系统至少包括以下 4 个组成部分：

（1）明文报文：可能是位序列、文本文件、位图、数字化的语音序列或视频图像。

（2）密文报文：即加密后的报文。

（3）加解密的算法：可认为加解密的步骤，可以用数学函数来形式化地描述。

（4）加密解密的密钥：是一串数字或字符，作为加解密算法的输入。

9.2.2 加密算法

常用的加密算法分为对称加密算法、公钥加密算法、不可逆加密算法。

1．对称加密算法

对称加密算法是应用较早的加密算法，技术成熟。在对称加密算法中，收信方和发信方使用相同的密钥，即加密密钥和解密密钥是相同的。加密解密过程如图 9-2 所示。

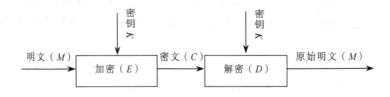

图 9-2　对称加密算法

用 M 表示明文，C 表示密文，E 表示加密函数，K 表示密钥，那么基于密钥（K）的加密函数（E）作用于明文（M）得到密文（C），用数学表达式表示：$E_k(M)=C$。

相反的，用 D 表示解密函数，基于密钥（K）的解密函数（D）作用于密文（C）产生明文（M），用数学表达式表示：$D_k(C)=M$。

以上过程可描述为：发送方用加密密钥，通过加密算法，将信息加密后发送出去；接收方在收到密文后，用解密密钥将密文解密，恢复为明文。如果传输中有人窃取，他只能得到无法理解的密文，从而对信息起到保密作用。

在众多的对称加密算法中，常用的有数据加密标准（DES）、国际数据加密算法（IDEA），对称加密算法的特点是：算法公开、计算量小、加密速度快和效率高。不足之处是交易双方都使用同样的密钥，存在密钥安全管理问题。

2．公钥加密算法

公钥加密算法收信方和发信方使用的密钥互不相同，而且几乎不可能从加密密钥推导出解密密钥。加密解密过程如图 9-3 所示。

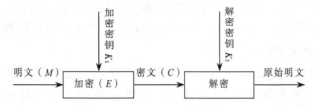

图 9-3　公钥加密算法

用 K_1 表示加密密钥，K_2 表示解密密钥，用函数表达式表示以上过程为：$EK_1(M)=C$，$EK_2(C)=M$。在这个算法中，加密密钥可完全公开，因此被称作公用密钥，解密密钥被称为私有密钥。以上过程可描述为发送方用公用密钥，通过加密算法，将信息加密后发送出去；接收方在收到密文后，用私有密钥将密文解密，恢复为明文。

公钥加密的优点是可以适应网络的开放性要求，密钥管理问题比较简单，可方便地实现数字签名和验证。但加密算法复杂，加密数据的速率较低。较有影响的公钥加密算法是 RSA。

3．不可逆加密算法

不可逆加密算法的特征是加密过程中不需要使用密钥。输入明文后，由系统直接经过加密算法处理成密文，这种加密后的数据是无法被解密的，只有重新输入明文，经过同样不可逆的加密算法进行处理，得到相同的加密密文并被系统重新识别后，才能真正解密。

不可逆加密算法不存在密钥保管和分发问题，非常适合在分布式网络系统上使用，但因加密计算复杂，工作量相当繁重，通常只在数据量有限的情形下使用。例如，计算机系统中的口令加密，用的就是不可逆加密算法。近年来，随着计算机系统性能的不断提高，不可逆加密的应用领域逐渐增大。在计算机网络中用得较多的不可逆加密算法有：RSA 公司发明的消息摘要算法 5（md5）、美国国家标准局建议的安全杂凑信息标准（SHS）等。

9.2.3　常用的加密标准

1．数据加密标准

数据加密标准（DES）是美国国家标准局修订的一种对称密钥加密标准，用于商业和非机密政府事务中。DES 用 64 位密钥加密 64 位明文块。实际上，64 位密钥中的 8 位用作奇偶校验位（即一个 8 位字节），所以 DES 密钥中只有 56 位是有效的。

DES 采用置换和移位的方法加密。每次加密可对 64 位的输入数据进行 16 轮编码，一系列替换和移位后，转换成与原始的 64 位完全不同的 64 位输出。

DES 算法仅使用最大为 64 位的标准算术和逻辑运算，运算速度快，密钥产生容易，适合在当前大多数计算机上用软件方法实现，同时也适合在专用芯片上实现。

DES 是一种世界公认的较好的对称加密算法，在民用通信领域得到了广泛的应用，曾为全球贸易、金融等非官方部门提供了可靠的通信安全保障。其缺点是密钥太短（56 位），影响了它的保密强度。此外，由于 DES 算法完全公开，其安全性完全依赖于对密钥的保护，必须有可靠的密钥管理和分发机制，故不适合在网络环境下单独使用。美国国家标准局倡导的高级加密标准（AES）将作为新一代标准，逐渐取代 DES。

2. 国际数据加密算法

国际数据加密算法（IDEA）是在 DES 算法的基础上发展起来的，IDEA 算法的密钥长度为 128 位。IDEA 设计者尽最大努力使该算法不受差分密码分析的影响。例如，如果穷举法攻击有效，那么，即使设计一种每秒可以试验 10 亿个密钥的专用芯片，并将 10 亿片这样的芯片用于此项工作，理论上仍需 1 013 年才能攻破 IDEA 的密钥。因此， IDEA 应当是非常安全的，这么长的密钥在今后若干年内应该是安全的。

类似于 DES，IDEA 算法也是一种数据块加密算法，它设计了一系列加密轮次，每轮加密都使用从完整的加密密钥中生成的一个子密钥。与 DES 的不同处在于，它采用软件实现和采用硬件实现同样快速。

DES 和 IDEA 都是对称密钥算法，这种密钥算法的缺点是密钥的生成、注入、存储、管理、分发等过程较复杂，特别是在用户数增加、密钥的需求量成倍增加时。

例如，若系统中有 n 个用户，其中每两个用户之间需要建立密码通信，则系统中每个用户须掌握 $(n-1)/2$ 个密钥，而系统中所需的密钥总数为 $n \times (n-1)/2$ 个。当 $n=10$ 时，每个用户必须有 9 个密钥，系统中密钥的总数为 45 个。当 $n=100$ 时，每个用户必须有 99 个密钥，系统中密钥的总数为 4 950 个。如此庞大数量的密钥生成、管理、分发确实是一个难处理的问题。

3. RSA 算法

RSA 算法取自创立人 Ron Rivest、Adi Shamir 和 Leonard Adleman 的首字母得名。

RSA 算法为公用网络上信息的加密和鉴别提供了一种基本的方法，但为了提高保密强度，RSA 密钥至少为 500 位，一般推荐使用 1 024 位，这就使加密的计算量很大。

RSA 的密钥很长，计算量大，加密速度慢，而 DES 加密速度快，正好弥补了 RSA 的缺点。RSA 可解决 DES 密钥分发的问题，所以在安全通信时采用 RSA 和 DES 相结合的方法，即用 DES 加密明文，RSA 加密 DES 密钥。美国的保密增强邮件（PEM），就是采用了 RSA 和 DES 相结合的方法，已成为 E-mail 保密通信标准。

公开密钥加密与传统的加密方法不同，加密密钥是对外公开的，任何用户都可将传送给此用户的信息用公开密钥加密发送，而该用户唯一保存的私人密钥是保密的，也只有它能将密文解密。例如，李四发送给张三信息，张三生成一对 RSA 密钥（私有密钥和公用密钥），张三自己保存私有密钥（Y），公用密钥（X）对外公开。李四用公用密钥 X 加密信息并发送信息，张三收到信息后用私有密钥 Y 解密。

9.2.4 常用加密技术

成熟的加密技术都是建立在多种加密算法组合之上，或者建立在加密算法和其他应用软件有机结合的基础之上的。下面介绍几种在网络应用领域中广泛使用的加密技术。

1. 数字签名

数字签名是公钥加密算法的一个典型应用，解决在许多应用中人们对纯数字的电子信息进行签名的需要。若要给报文签名，发送者可用自己的私有密钥对报文加密；若要验证签名，接收方就查找到该用户的公开密钥并用它对报文解密。因为只有特定的发送者知道该私有密钥，所以表明该报文确实是某个特定发送者产生的。

例如，发信人 Alice 用自己的私钥（K_A）对要发送的报文（M）加密，加密后的文档 $K_A(M)$ 就是 Alice 已签名之后的文档。Alice 将加密文档 $K_A(M)$ 发送到收信人 Bob 处。Bob 应用 Alice 的公钥解密 Alice 的数字签名 $K_A(M)$，从而得到了原始报文（M）。Bob 据此就可以认证是 Alice 签署该报文。

2. 报文摘要

报文摘要是对一个任意长度的报文用不可逆加密技术进行处理，计算生成一个固定长度的数据"指纹"，称为报文摘要 $H(M)$。报文摘要具有如下的特性：对于任意两个不同的报文 x 和 y，它们的报文摘要是不相同的，即 $H(x) \neq H(y)$，这意味着攻击者不可能用其他报文来替换由报文摘要保护的报文。

报文摘要可应用于数字签名，减少长的报文进行数字签名需要较长的运算时间和计算资源问题。把长的报文经过报文摘要算法运算后得出很短的报文摘要，然后用发送者的私钥对报文摘要进行加密（即数字签名），得出已签名的报文摘要（常称为报文鉴别码 MAC），将 MAC 和原报文合并在一起发送给接收者，接收者用发送者公钥还原出报文摘要，同时对报文进行报文摘要运算，产生新的报文摘要并和还原出来的相同，则可断定收到的报文就是特定的发送者产生的。

例如，发送者 Alice 只要对报文摘要进行数字签名，将原始报文（M）和数字签名后的报文摘要 $K_A(H(M))$ 一起发到接收者，与发送一个签名完整报文 $K_A(M)$ 的效果几乎相同。接收者 Bob 据此就可以认证只有 Alice 能签署该报文。

在网络应用中，数字签名技术能够保证用户今后无法否认该交易发生的事实。由于技术的操作过程简单且耗费的计算资源也较小，常直接包含在一些正常的电子交易规则中，成为当前用户进行电子商务、取得商务信任的重要保证。

3. PGP 技术

完美隐私（PGP）技术是一个基于 RSA 公钥体系和传统加密体系相结合的邮件加密技术，是一种操作简单、使用方便、普及程度较高的加密软件。PGP 技术不但可以对电子邮件加密，防止非授权者阅读信件；还能对电子邮件附加数字签名，使收信人能明确了解发信人的真实身份；也可以在不需要通过任何保密渠道传递密钥的情况下，使人们安全地进行保密通信。

自 测 题

一、单选题

1. 加密技术涉及的常用加密算法中，不包括以下（　　）项。

    A. 对称加密算法　　　　　　　　　　　　B. 公钥加密算法

    C. 不可逆加密算法　　　　　　　　　　　D. 检验和加密算法

2. DES 采用（　　）的方法加密。每次对 64 位的输入数据进行 16 轮编码，转换成与原始的 64 位完全不同的 64 位输出。

    A. 按位变换　　　B. 置换和移位　　　C. 字母表　　　D. 移位矩阵

3. 在计算机网络中应用较多的不可逆加密算法有（　　）。

    A. 消息摘要算法 5（md5）算法　　　　　B. RSA 算法

    C. 3DES 算法　　　　　　　　　　　　　D. PEM 算法

4. （　　）是解决在许多应用中人们对纯数字的电子信息进行签名的需要。

    A. PGP 技术　　　B. 数字签名　　　C. 报文摘要　　　D. 公钥加密

5. 加密技术不仅是实现数据保密性的基础，对于提供（　　）也起到核心作用。

    A. 鉴别和不可否认性

    B. 鉴别、完整、不可否认和访问控制

    C. 完整性和访问控制

    D. 报文鉴别和身份鉴别

二、填空题

1. 计算机＿＿＿＿＿＿＿是研究计算机信息加密、解密及其变换的科学，是数学和计算机的交叉学科，也是一门新兴的学科。

2. ＿＿＿＿＿＿＿是将明文转变为密文的过程；将密文转变为明文的过程被称为＿＿＿＿＿＿＿。

3. 用 M 表示明文，C 表示密文，E 表示加密函数，K 表示密钥，那么基于密钥（K）的加密函数（E）作用于明文（M）得到密文（C），用数学表达式表示。＿＿＿＿＿＿＿。

4. ＿＿＿＿＿＿＿算法的特点是算法公开、计算量小、加密速度快和效率高；不足之处是交易双方都使用相同的密钥，存在＿＿＿＿＿＿＿问题。

5. 在＿＿＿＿＿＿＿算法，收信方和发信方使用的密钥互不相同，而且几乎不可能从加密密钥推导出＿＿＿＿＿＿＿密钥。

6. 公开密钥加密中，任何用户可将传送给此用户的信息用其公开密钥进行加密发送，提供＿＿＿＿＿＿＿。

7. ＿＿＿＿＿＿＿算法为公用网络上信息的加密和鉴别提供了一种基本的方法，但为了提高保密强度，密钥一般推荐使用＿＿＿＿＿＿＿位，使得加密的计算量很大。

8. ＿＿＿＿＿＿＿是对一个任意长度的报文进行处理后，计算生成一个固定长度的数据"指纹"。

9. ＿＿＿＿＿＿＿加密算法的特征是加密过程中不需要使用密钥，加密后的数据是无法被解密的。

10. 在网络的应用中，_____技术能够保证用户今后无法否认该交易发生的事实。

9.3 防火墙技术

加密技术有助于解决许多安全问题，但网络安全还需要防火墙技术，用于防止不想要的外网（例如因特网）业务进入单位的网络，不让外部网络的问题扩散到内部网络的计算机上。

9.3.1 防火墙技术概述

在网络中，防火墙（Firewall）是把一个组织的内部网络与整个因特网隔离开的软件和硬件的组合。被保护的网络称为内部网络，另一方则称为外部网络或公用网络。防火墙能有效地控制内部网络与外部网络之间的访问和数据传输，例如，允许一些数据包通过，禁止另一些数据包，允许网络管理员设置访问控制规则，限制内外网络之间的访问。防火墙一般位于本单位网络和外部的因特网之间，如图 9-4 所示。

防火墙技术视频

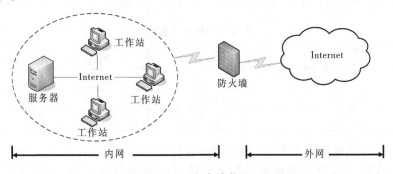

图 9-4 防火墙位置

防火墙一方面对流经它的网络通信进行扫描，过滤掉一些可能攻击内部网络的数据包。另一方面防火墙还可以关闭不使用的端口，禁止特定端口的通信。另外，还可以禁止来自外部特殊站点的访问，从而防止外来入侵。防火墙产品通常具有以下功能：

（1）防火墙是安全策略检查站，丢弃不遵循策略的任何数据包。单位所有进出的数据流都必须通过防火墙，只有满足访问策略的才能通过。通过以防火墙为中心的安全策略配置，将所有安全软件（如口令、加密、身份认证、审计等）配置在防火墙上，与将网络安全策略分散到各个主机上相比，防火墙的集中安全管理更经济。

（2）防火墙能有效防止内部网络之间的相互影响。管理员可以将内联网分割成几个不同的子网，子网之间利用防火墙隔开，减少子网之间的相互影响。

（3）防火墙是网络安全的屏障。防火墙通过过滤不安全的服务，极大地提高内部网络的安全性。屏蔽内网中不引人注意的细节却可能包含了有关安全的线索而引起外部攻击者的兴趣，甚至暴露了内部网络的某些安全漏洞，从而提高内网中的信息安全。

（4）对网络存取和访问进行监控审计。防火墙能记录下单位所有的访问并做出日志记录，同时也能提供网络使用情况的统计数据。当发生可疑动作时，防火墙能进行适当的报警，并提供网络是否受到监测和攻击的详细信息。

9.3.2 防火墙的类型

防火墙基本类型可分为：工作在网络层的包过滤防火墙和在应用层的应用程序级网关。

1. 包过滤防火墙

包过滤防火墙可以是一个独立设备，但实际上大多数包过滤防火墙都是作为一个模块嵌入到交换机或路由器当中。所有离开和进入内部网络的数据流都要经过这个路由器，这个路由器充当防火墙。用于构建防火墙的基础技术是包过滤。

过滤器由一套可配置的机制组成，它检查根据包头部的源地址、目的地址，协议端口号及协议类型等标志，决定是否让它通过或将它丢弃。管理员配置包过滤器时，要规定好在各个方向上哪些包可以通过。只有满足过滤规则的数据包才被转发到相应方向的目的地出口端，其余数据包则被丢弃。表 9-1 所示为一个基本的包过滤规则设置示例。

假定 Alice 管理一个公司的网络 193.16.10.0/24（内网），不允许来自公众网的用户访问内部网（表 9-1 中规则 C），但 Alice 公司正和 Bob 进行合作，且他位于另一所大学内。所以，Alice 要允许来自 Bob 的主机 172.16.51.50 的数据包进出本网（规则 A、B）。

表 9-1　包过滤规则

规　　则	流　　向	源　地　址	目　的　地　址	过　滤　操　作
A	外→内	172.16.51.50	92.16.10.0/24	允许
B	内→外	193.16.10.0	172.16.51.50	允许
C	双向	0.0.0.0/0	0.0.0.0/0	拒绝

由于包过滤器允许管理员指定数据包的目的地址、源地址和服务端口的组合，故管理员可以在防火墙中设置过滤规则来控制对内外网中特定计算机上的某项服务的访问。例如，如果允许外部用户访问本单位的 Web 服务器，那么包过滤器就必须允许含有任意源地址、目的地址为内网 Web 服务器的 IP 数据包且任意源端口和目的端口为 80 的那些 TCP 数据包通过。管理员还可以设置规则规定内网中哪些响应数据包被允许流出站点。

包过滤的最大优点是部署容易，对应用透明。因为它工作在网络层，与应用层服务无关，不用改动客户机和服务器上的应用程序，因此包过滤产品很容易安装到用户所需要控制的网络结点上。但大多数过滤器中缺少审计和报警机制，管理方式和用户配置界面易用性较差。对安全管理人员技术素质要求高，要求管理人员必须对协议本身及其在不同应用程序中的作用有较深入的理解。

2. 应用程序网关

包过滤使得一个组织可以根据 IP 和 TCP/UDP 首部执行粗粒度过滤，比如允许内部客户连接某个外部 FTP 站点，阻止外部客户访问组织内部的 FTP 站点。但是，包过滤防火墙却无法做到允许一部分内部特权用户访问一个外部 FTP 站点，即无法在这些内部特权用户创建向外部 FTP 站点的连接之前进行身份鉴别。

为了实现更细致的安全控制策略,防火墙系统必须把包过滤防火墙和应用程序网关结合起来。应用程序网关是一个应用程序专用服务器(常被称为代理服务器),所有应用程序数据(进入或外出的)都必须通过应用程序网关。多个应用程序网关可以在同一主机上运行。每种应用服务(如 FTP、Telnet 等)都需要专门的应用程序网关,实现监视和控制应用通信流。常用的应用程序网关有 Telnet、HTTP、FTP、E-mail 等。目前市场上有专门完成多种网关功能的代理服务器软件,如 WinRoute、Wingate 等,这些代理软件具有统一的用户窗口,便于管理员配置和管理各种网关。

为了深入了解应用程序网关,我们设计一个校园网络的防火墙,只允许内网某个教师客户访问外部的 FTP 站点,不允许任何外部客户向内部网络发起 FTP 连接。

我们将包过滤器(在一个路由器上)和 FTP 应用程序网关结合起来实现这一策略,如图 9-5 所示。该路由器的过滤规则设置为:阻塞所有的 FTP 连接,除了来自应用程序网关的 IP 地址发起的连接。这样的过滤器配置迫使所有外出的 FTP 连接都必须通过应用程序网关。

现在考虑一个要向外进行 FTP 连接的内部教师用户。这个用户必须首先和应用程序网关建立一个 FTP 会话。该网关一直运行一个 FTP 代理服务器,监听所有进入的 FTP 会话,提示用户输入用户名和密码。应用程序网关根据用户信息(用户名和密码)检查这个用户是否有权向外连接。如果没有,网关则中断这个内部用户向该网关发起的 FTP 连接。反之,则网关会按照下面的步骤操作:

(1)提示用户输入它所要连接的外部主机的主机名(如 ftp.pku.edu.cn)。

(2)在这个网关和这个外部主机之间建立一个 FTP 会话。

(3)中转这个用户发给这个外部主机的所有数据,并把来自这个外部主机的所有数据转发给这个用户。

应用程序网关不仅执行用户鉴别,而且在这个用户和远程服务器之间中转数据。应用程序网关的优点包括易于配置、能生成各项记录、能灵活地控制进出的流量和内容、能为用户提供透明的加密机制,以及方便地与其他安全手段集成。应用程序网关也存在缺陷,每个应用都需要一个不同的应用程序网关(集成在代理服务器界面下)、所有数据都由网关转发会引起性能下降、客户和应用网关都需要额外的配置。图 9-6 所示为客户 IE 中的"代理服务器设置"界面。

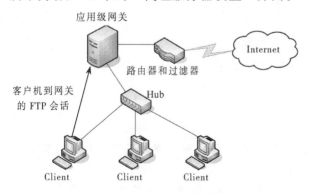

图 9-5　由应用程序网关和过滤器组成的防火墙

图 9-6　IE 中"代理服务器设置"界面

9.3.3　防火墙的发展趋势

防火墙技术的发展趋势大致分为以下类别：

（1）具有用户身份验证的防火墙。通常采用应用网关技术和包过滤技术相结合来完成。一些防火墙厂商把在其他系统上运用的用户认证及其服务扩展到防火墙中，使其拥有可以支持基于用户角色的安全策略功能。该功能在无线网络应用中非常必要，但它给网络通信带来的负面影响也很大，因为用户身份验证需要时间，特别是加密型的用户身份验证。

（2）多级过滤技术。多级过滤技术是指防火墙采用多级过滤措施，并辅以鉴别手段。在包过滤一级，过滤掉所有的源路由分组和假冒的 IP 源地址；在传输层一级，遵循过滤规则，过滤掉所有禁止出或入的协议和有害数据包，如 nuke 包、圣诞树包等；在应用网关一级，能利用 FTP、SMTP 等各种网关，控制和监测因特网提供的所有通用服务。这是针对各种已有防火墙技术的不足而产生的一种综合型过滤技术，可以弥补各种单级过滤技术的不足。

（3）防火墙具有病毒防护功能。病毒防火墙目前主要在个人防火墙中体现，因为它是纯软件形式，更容易实现。这种防火墙技术可以有效地防止病毒在网络中的传播，比等待攻击的发生更加积极。

（4）基于网络处理器的防火墙。基于网络处理器的防火墙具有软件色彩，因而更加具有灵活性，从而使防火墙同时满足灵活性和运行性能的要求。

防火墙不是解决所有安全问题的灵丹妙药。防火墙的过滤器不能防止 IP 地址和端口号的欺骗，过滤器通常使用一种"全部"或"全不"的策略（如禁止所有 UDP 或 Ping 通信流量）。应用程序网关也会有软件缺陷，使得攻击者可以渗透穿越。如果防火墙本身不安全或内部发起的通信绕过防火墙到达外部（如无线通信），则防火墙就会失去控制效果。现代防火墙系统除了落实安全策略外，还会叠加其他功能，例如，虚拟专用网络（VPN）、入侵检测系统（IDS）、入侵防御系统（IPS）、深度包检测（DPI）、网关杀毒、反垃圾邮件、Web 过滤等。

自 测 题

一、选择题

1. 位于内外网络之间的防火墙，其作用不包括（　　）。

　　A. 过滤掉一些可能攻击内部网络的数据包

　　B. 防止外来病毒的入侵

　　C. 禁止特定端口的通信

　　D. 防止内网之间的相互影响

2. 如果允许外部用户访问本单位的 Web 服务器，则管理员设置的过滤规则中，可以通过设置（　　）来对应 Web 服务。

　　A. 端口号为 8080　　　　　　　　　　B. 协议名为 TCP

　　C. 协议名为 HTTP　　　　　　　　　　D. 端口号为 80

3. 目前市场上有专门完成多种网关功能的代理服务器软件，包括（　　　）等。

A. Wingate　　　　B. Wireshark　　　　C. nuke　　　　D. Whois

4. 过滤器由一套可配置的机制组成，它检查根据包头部各部分，不包括（　　　）。

A. 源和目的地址　　　　　　　　B. 协议类型

C. 检验和　　　　　　　　　　　D. 协议端口号

5. 现代防火墙系统除了落实安全策略作用外，还可以叠加许多其他功能，不包括（　　　）。

A. 伪造 IP 地址　　　　　　　　B. 入侵检测系统（IDS）

C. 反垃圾邮件　　　　　　　　　D. 网关杀毒

二、填空题

1. 防火墙技术用于防止不想要的＿＿＿＿＿进入单位的网络，不让外部网络的问题扩散到内部网络的计算机上。

2. 防火墙是＿＿＿＿＿检查站，丢弃不遵循策略的任何数据包。

3. 防火墙基本类型可分为：工作在网络层的＿＿＿＿＿防火墙和应用层的应用程序级网关。

4. 包过滤防火墙可以是一个独立设备，但实际上大多数包过滤防火墙都是作为一个模块嵌入到交换机或＿＿＿＿＿当中。

5. 管理员可以在防火墙中设置＿＿＿＿＿来控制对内外网中特定计算机上的某项服务的访问。

6. 应用程序网关是一个应用程序专用服务器，常被称为＿＿＿＿＿，所有应用程序数据都必须通过应用程序网关。

7. ＿＿＿＿＿不仅执行用户鉴别，而且在这个用户和远程服务器之间中转数据。

8. 管理员配置包过滤器时，要规定好在＿＿＿＿＿上哪些包可以通过。只有满足过滤规则的数据包才被转发到相应方向的目的地出口端，其余数据包则被＿＿＿＿＿。

9. ＿＿＿＿＿目前主要在个人防火墙中体现，因为它是纯软件形式，更容易实现。

10. 如果防火墙＿＿＿＿＿或内部发起的通信不经过防火墙直接到达外部（例如无线通信），则防火墙就会失去＿＿＿＿＿效果。

9.4 网络攻击和对策

前面介绍了加密技术、鉴别、报文完整性和防火墙技术等。现在来看如何使用这些技术对抗目前已经存在的各种网络攻击。网络安全的攻击分成两类：一类是对网络本身发起的攻击；另一类是通过网络传播，针对计算机操作系统或应用程序软件进行的攻击。

网络攻击和对策视频

9.4.1 网络攻击的步骤

网络攻击的步骤一般可分为以下几步：

（1）收集目标的信息。在对一个网络发起攻击之前，攻击者需要知道这个网络中计算机的 IP 地址、操作系统类型以及所提供的服务。有了这些信息，攻击能够有更强的针对性、更小暴露的可能性。攻击者会利用公开的通信协议或网络工具，像端口扫描器和一些常用的网络命令，例如，Ping 、Whois、finger 等，收集网络中各个主机驻留的系统的信息。

（2）寻求目标计算机的漏洞和选择合适的入侵方法。在收集到攻击目标的一批网络信息之后，攻击者会探测网络上的每台主机，以寻求该系统的安全漏洞或安全弱点。通过发现目标计算机的漏洞直接进入系统或利用口令猜测进入系统。

（3）留下"后门"。一般是一个特洛伊木马程序，它在系统运行的同时运行，而且能在系统以后重新启动时自动运行这个程序。

（4）清除入侵记录。删除入侵系统时的各种登录信息，以防被目标系统的管理员发现。

9.4.2　扫描

扫描是网络攻击的第一步，也是维护网络安全的重要工作。通过扫描可以直接截获数据包进行信息、密码和流量分析等，查找目标系统的漏洞，例如，开放的端口、注册用户和密码、系统漏洞等。

扫描分为手工扫描和利用端口扫描软件。手工扫描是利用各种命令，如 ping、tracert、host 等；例如，运行 ping 程序，通过查看哪个地址对该 ping 报文进行响应，从而确定网络中计算机的 IP 地址。端口扫描软件是自动检测远程或本地主机安全性弱点的程序。通过使用扫描软件可以不留痕迹地发现远程服务器的各种 TCP 端口的分配、提供的服务和软件版本，这就可能间接或直观地了解到远程主机所存在的安全问题。

端口扫描的基本过程：顺序地与各台计算机的端口进行联系（通过 TCP 连接请求或者通过 UDP 数据报），并查看产生的响应。记录目标给予的响应，确定被扫描计算机所提供的服务（例如 HTTP 或 FTP）信息。例如，Nmap 作为一个广泛应用、开放源代码的端口扫描工具，它能检测目标服务器有哪些 TCP/IP 端口目前正处于打开状态。

9.4.3　嗅探器监测

嗅探器是利用计算机网络接口截获其所在的网段内部数据报文的一种软件工具，既能用于合法网络管理，也能用于窃取网络信息。例如，在共享式以太网环境下，只需把网卡设置成混杂模式，嗅探器能接收所有在这个网络上来往于各主机之间的数据报文。对于攻击者来说，也就存在着捕获密码、一些未加密的敏感信息的可能性。嗅探器也是网络管理员进行网络监控、流量分析和问题解决的强有力的工具。在一个局域网段中，网络管理员可以在所有计算机上安装软件，一旦接口被设置成混杂模式，即向管理员发出警报，也可以通过多种方式远程检测混杂模式，来防止攻击者的监听。

常用的嗅探器有 Wireshark、Sniffer、NetXray、Packetboy、Netmonitor 等，嗅探器软件操作简单、易于学习使用；缺点是只能抓取一个共享的物理网段内的报文，如果与监听目标中间有路由或其他屏蔽广播包的设备，就无法捕获到目标收发的数据报文。

9.4.4 IP 地址欺骗

IP 欺骗适用于 TCP/IP 环境下的一种复杂的攻击,是网络攻击者经常采用的一种重要手段。具有管理员权限的用户,很容易把任意一个 IP 地址放入该主机发出的数据包的源地址字段中,替换真实的源主机 IP 地址。该数据包看起来仿佛来自于一个可信 IP 地址的主机,实际上隐藏了攻击者的真实主机 IP 地址。而且,单从一个伪造源 IP 地址的数据包中,很难找出该数据包的真实发送方。

从技术方面来看,采用入口过滤可以防止 IP 欺骗。执行包过滤的防火墙检查进入的数据包的 IP 地址,以确定数据包的源地址是否在该端口所能允许的地址范围内。但在实际环境中,入口过滤规则未被广泛采用。

9.4.5 拒绝服务的攻击

可以将一大类安全攻击称为拒绝服务攻击(DoS)。拒绝服务攻击使得合法用户不能正常使用一个网络、主机或网络基础设施的其他部分。Dos 攻击通常使被攻击对象产生巨量负载,大量的系统资源被占据,没有剩余的资源给合法用户,合法工作无法执行。拒绝服务攻击降低资源的可用性,这些资源可以是处理器、磁盘空间、CPU 使用的时间、打印机、调制解调器,甚至是系统管理员的时间。

有两种类型的拒绝服务攻击,第一种攻击试图去破坏或者毁坏资源,使得无人可以使用这个资源,例如删除操作系统中的某个服务,这样无法为合法的用户提供正常服务。第二种类型是过载一些系统服务,或者消耗一些资源,这样阻止其他合法用户使用这些服务。例如,使大量主机响应一个包含伪造源 IP 地址(例如 192.198.10.1,可能是某台重要的服务器)的 ping 请求报文,从而导致大量的 ping 应答报文发往 192.168.10.1 主机,而不是发往发出 ping 请求的真实主机,可能造成该服务器过度繁忙而无法提供正常的服务。

对拒绝服务攻击,目前还没有好的解决办法。限制使用系统资源,可以部分防止拒绝服务。管理员还可以使用网络监视工具来发现这种类型的攻击,甚至发现攻击的来源。这时可以通过网络管理软件设置网络设备来丢弃这种类型的数据报。

9.4.6 其他网络攻击

其他常见的网络攻击和对策还包括:

1. 密码攻击

当前,很多系统都是通过密码来验证用户的身份,提供最基本的安全。发生在因特网上的入侵,许多都是因为系统没有密码,或者用户使用了一个容易猜测的密码,或者密码被破译。对付密码攻击的有效手段是加强密码管理,选取特殊的不容易猜测的密码,密码长度不要少于 8 个字符。

2. 缓冲区溢出

缓冲区溢出是一个非常普遍且危险的漏洞,在各种操作系统、应用软件中广泛存在。溢出带来两种后果:一是过长的字串覆盖了相邻的存储单元,引起程序运行失败,严重的可引起宕机、系统重新启动等;二是利用这种漏洞可以执行任意指令,甚至可以取得系统特权。例如，在 UNIX 系统中，利用 SUID 程序中存在的这种错误，使用一类编写精巧的程序，可以很轻易地取得系统的超级用户权限。应对缓冲区溢出的方法包括及时安装补丁软件，修复存在缓冲区溢出漏洞的软件，不断地升级操作系统。

3. 电子邮件攻击

电子邮件系统面临着巨大的安全风险，它不但要遭受前面所述的各类攻击，如恶意入侵者破坏邮件服务器系统文件，对端口 25 进行 SYN 洪泛攻击、DDOS 攻击等。此外，还包括邮件本身的安全隐患，例如，攻击者窃取或篡改邮件、伪造电子邮件的发件人和地址、用邮件炸弹攻击造成系统瘫痪，以及让电子邮件的附件隐藏病毒。如果用户毫不提防地去执行附件，病毒就会感染用户的系统。

对于电子邮件的攻击，除了常规的防御之外，企业还需要采用电子邮件内容过滤系统和机制，有效抵御各种攻击，减少电子邮件带来的威胁。

4. 其他攻击技术

其他的攻击技术主要是利用一些特殊程序进行的。例如，像陷门和后门等程序，在程序系统开发阶段，后门作为其中一个模块，是为了方便测试、更改和增强等功能。正常情况下，完成设计之后需要去掉后门，不过有时由于疏忽或者其他原因（如将其留在程序中，便于日后访问、测试或维护）没有去掉，日后被一些别有用心的人利用穷举搜索法发现，并利用这些后门进入系统并发动攻击。像逻辑炸弹、时间炸弹和邮件炸弹等一些特殊工具软件，发作后会导致短时间内向目标发送大量超出系统负荷的信息，造成目标服务器超负荷、网络堵塞、系统死机或重启。

对于这类攻击，实施常规的技术防范外，更要做好安全管理工作。建立并落实好安全策略，设置专门的安全管理人员，定期进行安全培训、强化安全意识、提升预防攻击的技术水平和应急处理能力。普通用户要安装查杀病毒和木马的软件，及时修补系统漏洞，重要的数据要加密和备份，注意个人的账号和密码保护，养成良好的上网习惯。

自 测 题

一、单选题

1. 网络攻击的步骤一般不会包含（　　　）。

  A. 安装网络嗅探器　　　　　　　　B. 收集目标的信息

  C. 寻求目标计算机的漏洞　　　　　D. 选择合适的入侵方法

2. （　　　）作为一个广泛应用、开放源代码的端口扫描工具，它能检测目标服务器有哪些 TCP/IP 端口目前正处于打开状态。

  A. Tracer　　　　　　　　　　　　B. Nmap

  C. ping　　　　　　　　　　　　　D. Netmonitor

3. 在共享式以太网环境下，只需把网卡设置成（　　　），嗅探器能接收所有在这个网络上的主机之间的数据报文。

  A. 交换模式　　　B. 广播模式　　　C. 组播模式　　　D. 混杂模式

4. 拒绝服务攻击降低资源的可用性，这些资源可以是（　　　　）。

    A. 移动硬盘   B. 管理员的密码   C. 调制解调器   D. 数据报文

5. （　　　　）软件是自动检测远程或本地主机安全性弱点的程序。

    A. 端口扫描   B. 手工扫描   C. 陷门   D. 后门

二、填空题

1. 网络安全的攻击可分成两类：一类是对＿＿＿＿＿＿发起的攻击；另一类是通过＿＿＿＿＿＿，针对计算机操作系统或应用程序软件进行的攻击。

2. 在对一个网络发起攻击之前，攻击者需要知道这个网络中计算机的＿＿＿＿＿＿、操作系统类型以及所提供的服务。

3. 通过＿＿＿＿＿＿可以直接截获数据包进行信息、密码和流量分析等。

4. 扫描分为＿＿＿＿＿＿扫描和利用＿＿＿＿＿＿扫描软件。

5. ＿＿＿＿＿＿是利用计算机网络接口截获其所在的网段内部数据报文的一种软件工具，既能用于合法网络管理，也能用于窃取网络信息。

6. ＿＿＿＿＿＿适用于 TCP/IP 环境下的一种复杂的攻击，是网络攻击者经常采用的一种重要手段。

7. ＿＿＿＿＿＿攻击使得合法用户不能正常使用一个网络、主机或网络基础设施的其他部分。

8. 对付＿＿＿＿＿＿的有效手段是加强密码管理，选取特殊的不容易猜测的密码，密码长度不要少于＿＿＿＿＿＿个字符。

9. 应对缓冲区溢出的方法处理包括及时安装补丁软件，修复存在缓冲区溢出漏洞的软件，不断地＿＿＿＿＿＿操作系统。

10. 电子邮件攻击包括：让电子邮件的＿＿＿＿＿＿隐藏病毒，如果用户毫不提防地去执行附件，病毒就会＿＿＿＿＿＿用户的系统。

9.5　网络病毒的识别与防范

网络病毒是指利用网络进行传播的一类计算机病毒的总称，可以分为两类：一类是指在计算机网络上传播扩散，专门攻击网络薄弱环节、破坏网络资源的病毒；另一类是与因特网应用相关的计算机病毒，如 HTML 病毒、E-mail 病毒、Java 病毒。常见的网络病毒包括：蠕虫病毒、木马病毒、邮件病毒、恶意网页、恶意程序与玩笑程序等。

9.5.1　常见的网络病毒类型

常见的网络病毒类型，按破坏方式可分为蠕虫、木马和攻击型病毒等；按传播方式可分为邮件型病毒、隐藏在网页中的恶意程序和 P2P 病毒等。伴随着病毒技术的发展，网络病毒逐渐变成更智能型和混合型，对网络安全造成更严重的威胁。

1. 蠕虫病毒

蠕虫（Worm）是一种与传统计算机病毒相仿的独立程序，通常不依附于其他程序。蠕虫病毒和传统计算机病毒的最大区别在于：传统的计算机病毒必须激活和运行才能发作和传播，而蠕虫病毒可以自动、独立、主动地发作和传播。它通过不停地获取网络中存在漏洞的计算机上的部分或全部控制权来进行传播。

2．木马病毒

特洛伊木马（Trojan Horse）简称"木马"，是一种计算机程序，它驻留在目标计算机里。在目标计算机系统启动时自动启动，然后在某一端口进行监听。如果在该端口收到数据，木马程序对这些数据进行识别，根据识别出的命令，在目标计算机上执行一些操作。比如窃取密码、复制文件、删除文件或重新启动计算机。隐藏着的特洛伊木马可以控制用户计算机系统、危害系统安全，它可能造成用户资料泄露、破坏或使整个系统崩溃。

完整的木马程序一般由两部分组成：一是服务器程序；二是控制器程序。"中了木马"就是指安装了木马的服务器程序，若用户的计算机被安装了服务器程序，则拥有控制器程序的人就可以通过网络控制用户的计算机，这时用户计算机上的各种文件、程序，以及在用户计算机上使用的账户、密码就无任何安全可言。

3．恶意网页

恶意网页是指网页中的"地雷"程序，它主要是利用软件或系统操作平台等存在的安全漏洞，通过执行嵌入在网页内的小应用程序、JavaScript 脚本语言程序和 ActiveX 可自动执行的代码程序等，强行修改用户操作系统的注册表、更改系统实用配置程序，或非法控制系统资源、盗取用户文件，或恶意删除硬盘文件、格式化硬盘。例如，这类病毒发作时，会禁止桌面操作、修改默认首页、使分区不可见等，甚至会格式化用户的硬盘。

4．恶意程序和玩笑程序

这是一类自身没有传染和传播特性，靠一些好事用户来主动进行传播的。玩笑程序一般没有危害，但恶意程序往往会格式化硬盘或破坏系统。例如，曾经十分流行的女鬼、别碰我的眼睛等。

5．邮件病毒

邮件病毒是指利用 E-mail 系统的安全漏洞进行匿名转发、欺骗、轰炸等行为的一种计算机网络病毒，也是传统典型计算机病毒套上邮件伪装后的一类病毒，像求职信、中国黑客就是这种类型。

9.5.2 网络病毒的特点

网络病毒除了具有可传播性、可执行性、破坏性、可触发性等计算机病毒的共性外，在网络环境下，还具有一些新的特点，例如，传染方式多、传播速度快、清除难度大、破坏性强和攻击目的明确等。

（1）传染方式多。在网络环境下，可执行程序、脚本文件、Web 页面、电子邮件、电子贺卡、图片、多媒体流文件等都有可能携带计算机病毒。

（2）传播速度快。在网络环境中，可以通过网络通信机制进行迅速扩散。根据测定，针对一个典型的计算机局域网，在正常使用情况下，只要有一台工作站有病毒，就可在几十分钟内将网上的数百台计算机全部感染。

（3）清除难度大。网络病毒难于彻底清除，只要有一台工作站未能消毒干净就可以使整个网络重新被病毒感染，甚至刚刚完成清除工作的一台工作站就有可能被网上另一台带毒的工作站所感染。因此，仅对工作站进行病毒杀除，并不能解决病毒对网络的危害。

（4）破坏性强。多样化的传播途径和应用环境使得病毒的发生频率高、潜伏性强、覆盖面广，从而造成的破坏也更大。病毒可以造成网络拥塞，甚至瘫痪。重要数据丢失，机密信息失窃，甚至通过病毒完全控制一个企业的计算机信息系统和网络资源，难以控制和根治。

（5）攻击目的明确。一些病毒出于某种政治和经济的目的被研制出来，扰乱或破坏社会政治、经济和信息秩序，例如，2007年的"熊猫烧香"病毒。用户一旦感染上该病毒，用户的账号、密码和数字证书就有可能会被窃取并发送到病毒制造者的信箱。

9.5.3 常见的网络病毒防范技术

网络病毒的防范不仅涵盖了传统病毒的防范模式，而且远远超越了传统的防范模式。随着网络病毒的传播和攻击方式的不断变化和更新，防范技术也在不断更新。下面列出一些基本的防范方法。

1. 及时修补操作系统和应用程序的漏洞

操作系统中的漏洞给网络病毒开启了方便之门。例如，红色代码蠕虫（CodeRed）在微软操作系统的IIS服务器中引起缓冲区溢出，slammer蠕虫感染Microsoft的SQL服务器，而梅丽莎病毒（Melissa）对Microsoft Word进行攻击。网络病毒以操作系统中的漏洞作为突破口时，根本不需要借助计算机操作者的任何干预，而自动感染和传播。因此，网络用户一定要及时对操作系统软件进行必要的升级，并且尽快为系统软件和应用软件打上补丁。

2. 安装防病毒软件

在网络环境下，病毒的传播速度快，仅用单机防病毒产品已难以清除网络病毒，必须有适用于局域网、广域网的全方位防病毒产品。为实现计算机病毒的防治。对于一个企业网络而言，可以设置网络病毒防治服务器，并安装网络防病毒软件，例如，诺顿（Norton）、趋势（Trend）等产品，实时扫描所有进出网络的文件，检测与过滤局域网与其他网络间的数据交换、局域网工作站与服务器、局域网服务器与服务器之间的数据交换，保证网络病毒的实时查杀与防治。在工作站上安装单机环境的反病毒软件，并经常及时升级这些防病毒系统。

3. 对下载的软件要做病毒检查处理

不要从不可靠的渠道下载软件、文件或浏览网页。尽量到一些知名的、正规的大型网站上下载或浏览，不要到一些个人站点、小型站点或者不知名的站点上浏览网页或下载文件。下载的软件在应用之前要做病毒检查处理。

4. 电子邮件病毒的防范

对于电子邮件病毒，只要删除携带电子邮件病毒的信件，就能够清除。但是，大多数的邮件病毒在客户端一被接收，就可能开始发作，基本上没有潜伏期。邮件病毒的防范方法包括：

（1）不要轻易执行附件中的 EXE 和 COM 等可执行程序。附件中的任何可执行程序都必须先检查，确定无异后才可使用。

（2）不要轻易打开附件中的文档文件。对于附件中的文档，首先要用"另存为"命令保存到本地硬盘，待用查杀病毒软件检查无毒后才可以打开使用。

（3）对于文件扩展名很奇怪的附件，或者是带有脚本文件的附件，千万不要直接打开，可以删除包含这些附件的电子邮件。

（4）若使用专用的邮件收发程序，比如 Outlook，应当进行一些必要的设置，防止有些电子邮件病毒利用软件的默认设置自动运行，破坏系统。

（5）对于自己往外传送的附件，也一定要仔细检查，确定无毒后，才可发送。安装具有电子邮件实时监控功能的防病毒软件。

（6）企业网络中，可以在电子邮件服务器上安装服务器版电子邮件防病毒软件，从外部切断电子邮件病毒的入侵途径，确保整个网络的安全。

自 测 题

一、单选题

1. 常见的通过网络传播的病毒中，不包括（　　　　）。

　　A. 恶意网页　　　B. 蠕虫病毒　　　　C. 后门程序　　　　D. 木马病毒

2. 隐藏着的（　　　　）程序可以控制主机系统、危害系统安全，如造成用户资料泄露，破坏或使整个系统崩溃。

　　A. HTML 病毒　　B. 特洛伊木马　　　C. Java 病毒　　　　D. 传输层

3. 在网络中，只要有一台计算机感染病毒，就可通过（　　　　）很快地使整个网络受到影响。

　　A. 网络　　　　　B. 防火墙机制　　　C. 电子邮件　　　　D. 网页浏览

4. 传统的计算机病毒必须激活和运行才能发作和传播，而（　　　　）可以自动、独立、主动地发作和传播。

　　A. 恶意网页　　　B. 木马病毒　　　　C. 玩笑程序　　　　D. 蠕虫病毒

5. 网络病毒具有一些新的特点，其中不包括（　　　　）。

　　A. 清除难度大　　　　　　　　　　B. 系统宕机

　　C. 传染方式多　　　　　　　　　　D. 攻击目的明确

二、填空题

1. 网络病毒可以分为两类：一类是指在计算机网络上_____；另一类是与_____有关的病毒。

2. _____是一种与传统计算机病毒相仿的独立程序，它通常通过不停地获取网络中存在漏洞的计算机上的部分或全部_____来进行传播。

3. 完整的木马程序一般由两部分组成：一是_____程序；二是控制器程序。

4. _____主要是利用软件或系统操作平台等存在的安全漏洞，通过执行嵌入在网页内的小应用程序等, 实施对目标系统的非法操作。

5. 在网络环境下, 网络病毒还具有一些新的特点, 例如_____多、_____快、清除难度大、破坏性强和攻击目的明确等。

6. _____中的漏洞给网络病毒开启了方便之门, 故用户一定要及时对操作系统软件进行必要的升级, 还要尽快为系统软件和应用软件打上补丁。

7. 对于一个企业网络而言, 可设置网络病毒防治服务器, 并安装_____软件。

8. 不要从不可靠的渠道下载或浏览网页, 下载的软件在应用之前要做_____处理。

9. 电子邮件_____中的文档文件, 首先要用"另存为"命令保存到本地硬盘, 待用查杀病毒软件检查无毒后才可以打开使用。

10. 网络病毒逐渐以_____型和混合型等变化的形式出现, 对网络安全形成了严重威胁。

【自测题参考答案】

9.1

一、单选题: 1. B　2. A　3. C　4. D　5. C

二、填空题: 1. 安全通信　2. 保密性、完整性、访问控制　3. 中断、伪造　4. 被动攻击　5. 管理方面　6. 操作系统　7. 身份鉴别　8. 网络与信息安全　9. 网络安全体系结构　10. 行政

9.2

一、单选题: 1. D　2. B　3. A　4. C　5. B

二、填空题: 1. 加密技术　2. 加密、解密　3. $E_K(M)=$ C　4. 对称加密、密钥安全管理　5. 公钥加密、解密　6. 保密性　7. RSA、1 024　8. 报文摘要　9. 不可逆　10. 数字签名

9.3

一、单选题: 1. B　2. D　3. A　4. C　5. A

二、填空题: 1. 外网业务　2. 安全策略　3. 包过滤　4. 路由器　5. 过滤规则　6. 代理服务器　7. 应用程序网关　8. 各个方向、丢弃　9. 病毒防火墙　10. 本身不安全、控制

9.4

一、单选题: 1. A　2. B　3. D　4. C　5. A

二、填空题: 1. 网络本身、网络传播　2. IP地址　3. 扫描　4. 手工、端口　5. 嗅探器　6. IP欺骗　7. 拒绝服务　8. 密码攻击、8　9. 升级　10. 附件、感染

9.5

一、单选题: 1. C　2. B　3. A　4. D　5. B

二、填空题: 1. 传播扩散、因特网应用　2. 蠕虫、控制权　3. 服务器　4. 恶意网页　5. 传染方式、传播速度　6. 操作系统　7. 网络防病毒　8. 病毒检查　9. 附

件　　10．智能

【重要术语】

网络安全：Network Security
密文：Cipher-Text
明文：Plaintext 或 Clear-Text
加密：Encryption
解密：Decryption
保密性：Confidentiality
不可否认性：Non-Repudiation
完整性：Integrity
私钥：Private Key
公钥：Public Key
数字签名：Digital Signature
报文摘要：Message Digest
身份鉴别：Authentication
RSA 算法：RSA algorithm
端口扫描：Port Scanning

可用性和访问控制：Availability and Access Control
嗅探器：Sniffer
混杂模式：Promiscuous Mode
IP 欺骗：IP Spooling
包过滤防火墙：Packet-Filtering Firewall
应用网关：Application-level Gateway
拒绝服务攻击（DoS）：Denial-of-Service Attack
可信任计算机标准评价准则（TCSEC）：Trusted Computer Standards Evaluation Criteria
数据加密标准（DES）：Data Encryption Standard
国际数据加密算法（IDEA）：International Data Encryption Algorithm
高级加密标准（AES）：Advanced Encryption Standard
安全杂凑信息标准（SHS）：Secure Hash Standard
病毒：Virus

【练　习　题】

一、单选题

1．（　　　　）是一个非常普遍且危险的漏洞，在各种操作系统、应用软件中广泛存在。

  A．口令攻击 B．缓冲区溢出   C．电子邮件攻击 D．逻辑炸弹

2．下列属于公开密钥密码体制的是（　　　　）。

  A．DES   B．IDEA   C．RSA   D．3DES

3．应用程序网关是工作在（　　　　）。

  A．传输层   B．网络层   C．数据链路层 D．应用层

4．仅采用包过滤技术的防火墙中，以下（　　　　）信息不作为允许通过或拒绝时的判断依据。

  A．包的目的地址   B．包的源地址

  C．包的传输协议   D．包的数据内容

5．公开密钥加密中，加密密钥是（　　　　）的，任何人都可用其加密信息，实现与密钥主之间的保密通信。

  A．对外公开   B．私人保管

  C．存放在因特网上   D．放在第三方

6．拒绝服务攻击主要针对的是（　　　　）。

　　A. 服务器硬件设备　　　　　　　　　B. 服务器上存储的用户信息

　　C. 服务的可用性　　　　　　　　　　D. 服务器网络通信的带宽

7. 在一台网络数据库服务器系统中，（　　　）是保障安全的第一道屏障。

　　A. 数据加密　　　　B. 密码保护　　　　C. 数据库加密　　　　D. 数据审计

8. 以下（　　　）不属于防止 IP 地址欺骗的方法。

　　A. 禁用路由表　　　　　　　　　　　B. 设置合理的访问控制列表

　　C. 阻止有风险的 IP 地址　　　　　　D. 实行 IP 地址过滤

9. 通过（　　　）可以直接截获数据包进行信息、密码和流量分析等，查找目标系统的漏洞。

　　A. 嗅探　　　　　　B. 扫描　　　　　　C. 渗透　　　　　　D. 漏洞

10. 网络病毒是指利用网络进行传播的一类（　　　）的总称。

　　A. 网页　　　　　　B. 攻击程序　　　　C. 计算机病毒　　　　D. 程序代码

二、多选题（在下面的描述中有一个或多个符合题意，请用 ABCD 标示之）

1. 网络安全是个涉及面广泛的问题，在技术、基础理论和实际应用环境方面，都会涉及（　　　）。

　　A. 数据通信　　　　　　　　　　　　B. 管理和法律

　　C. 数学和密码学　　　　　　　　　　D. 计算机、通信和安全

2. 在计算机网络上进行通信时，面临的安全威胁主要包括（　　　）。

　　A. 攻击者从网络上窃听信息　　　　　B. 攻击者有意中断网络上的通信

　　C. 攻击者有意更改网络上的信息　　　D. 攻击者将旧的信息重新插入

3. 针对电子邮件病毒的防范方法中，包括（　　　）。

　　A. 不轻易执行附件中的 EXE 和 COM 等程序

　　B. 升级防病毒系统

　　C. 使用专用的邮件收发程序，做必要的设置

　　D. 删除文件扩展名很奇怪的附件

4. 目前常用的加密标准包括（　　　）。

　　A. 数字签名　　　　　　　　　　　　B. 国际数据加密算法（IDEA）

　　C. 信息摘要　　　　　　　　　　　　D. 数据加密标准（DES）

5. 造成网络系统不安全因素是多方面的，包括以下（　　　）等方面。

　　A. 网络安全管理方面因素　　　　　　B. 来自网络系统本身的因素

　　C. 来自外部的不安全因素　　　　　　D. 网络协议因素

三、简答题

1. 网络安全要达到的主要目标是什么？网络安全主要涉及哪些方面？

2. 为何说网络安全不局限于保密性？试举例说明，仅有保密性的计算机网络不一定安全。

3. 网络通信面临的主要安全威胁包括什么？

4. 什么是防火墙？防火墙一般安装在什么位置？常嵌入哪些设备中？

5. 假设你有一个朋友拥有一把公开密钥和用于公开密钥加密的私有密钥，你的

朋友可以给你发送一份保密的信息吗？（即信息只有你自己能阅读）解释一下理由。

6. 实施网络攻击，一般要分为几步骤？每步所要完成的主要任务是什么？

7. 什么是数字证书？数字证书和数字签名、报文摘要有什么关系？

8. 如果一个用户密码是由 8 个字符组成的，其中含有大写字母、小写字母和数字，请问攻击者要破解密码可能需要尝试多少次？

9. 列出并简述 8 种网络攻击和防范。

10. 常用的网络病毒防范技术有哪些？

<<<<<<<<<<<<<<<<<<<<<<<<<<<<<<<<<<<<<<<<<<<<<<<<<<<<<<<<<<<<

【扩 展 读 物】

[1] 石志国. 计算机网络安全教程[M]. 2 版. 北京：清华大学出版社，2011.

[2] 国家计算机病毒应急处理中心，http://www.cverc.org.cn/.

[3] 国家互联网应急中心，http://www.cert.org.cn/.

[4] 中国云安，http://www.yunsec.net/.

📖 **学习过程自评表**（请在对应的空格上打"√"或选择答案）

知识点学习-自我评定

项目 / 评价 / 学习内容	预 习			概 念			定 义			技 术 方 法		
	难以阅读	能够阅读	基本读懂	不能理解	基本理解	完全理解	无法理解	有点理解	完全理解	有点了解	完全理解	基本掌握
网络安全概述												
加密技术和应用												
防火墙技术												
网络攻击和对策、网络病毒的识别与防范												
疑难知识点和个人收获（没有，一般，有）												

完成作业-自我评定

项目 / 评价 / 学习内容	完 成 过 程			难 易 程 度			完 成 时 间			有助知识理解		
	独立完成	较少帮助	需要帮助	轻松完成	有点困难	难以完成	较少时间	规定时间	较多时间	促进理解	有点帮助	没有关系
同步测试												
本章练习												
能力提升程度（没有，一般，有）												

各章练习题部分

参考答案 <<<

第1章

一、单选题

1. A 2. C 3. D 4. C 5. D 6. D 7. B 8. B 9. A 10. C

二、多选题

1. AD 2. BC 3. ACD 4. AB 5. ACD

第2章

一、单选题

1. A 2. C 3. A 4. B 5. C 6. D 7. D 8. A 9. B 10. A

二、多选题

1. ABC 2. AD 3. ABCD 4. BC 5. ABD

第3章

一、单选题

1. C 2. C 3. C 4. D 5. C 6. D 7. A 8. B 9. B 10. D

二、多选题

1. AC 2. ACD 3. ABD 4. ABC 5. ACD

第4章

一、单选题

1. C 2. D 3. D 4. B 5. B 6. C 7. A 8. D 9. C 10. C

二、多选题

1. ABC 2. AD 3. ABD 4. CD 5. BC

第5章

一、单选题

1. D 2. A 3. C 4. B 5. C 6. C 7. D 8. A 9. A 10. B

二、多选题

1. AC 2. ABC 3. ACD 4. ABCD 5. BC

第6章

一、单选题

1. A 2. C 3. B 4. D 5. C 6. D 7. D 8. A 9. B 10. A

二、多选题

1. AC 2. ABC 3. AD 4. ACD 5. BCD

第7章

一、单选题

1. C 2. D 3. D 4. B 5. A 6. D 7. D 8. A 9. B 10. C

二、多选题

1. ACD 2. ABC 3. ABD 4. BCD 5. BC

第8章

一、单选题

1. D 2. C 3. A 4. B 5. C 6. D 7. B 8. A 9. B 10. C

二、多选题

1. BCD 2. ABC 3. ABD 4. ABC 5. AC

第9章

一、单选题

1. B 2. C 3. D 4. D 5. A 6. C 7. B 8. A 9. B 10. C

二、多选题

1. BCD 2. ABC 3. ACD 4. ABC 5. ABCD

参 考 文 献

[1] 谢希仁. 计算机网络[M]. 6版. 北京：电子工业出版社，2014.

[2] TANENBAUM A S, WETHERALL D J. 计算机网络[M]. 5版. 严伟，潘爱民，译. 北京：清华大学出版社，2012.

[3] JAMES F, KURORE J F. 计算机网络自顶向下方法[M]. 6版. 陈鸣，译. 北京：机械工业出版社，2014.

[4] COMER D E. 计算机网络与因特网[M]. 6版. 范冰冰，张奇支，等译. 北京：电子工业出版社，2015.

[5] 吴功宜，吴英. 计算机网络[M]. 4版. 北京：清华大学出版社，2017.

[6] 杜文才，钟杰卓，徐绍春. 网络操作系统[M]. 北京：清华大学出版社，2013.

[7] 石志国. 计算机网络安全教程[M]. 2版. 北京：清华大学出版社，2011.

[8] 蔡开裕，朱培栋，徐明. 计算机网络[M]. 2版. 北京：机械工业出版社，2008.

[9] 高峡，陈智罡，袁宗福. 网络设备互连学习指南[M]. 北京：科学出版社，2009.